U0166416

锅炉制造工艺与检验研究

刘昱杰　胡旭明　薛　峰　著

吉林科学技术出版社

图书在版编目（ＣＩＰ）数据

锅炉制造工艺与检验研究 / 刘昱杰，胡旭明，薛峰
著. -- 长春 : 吉林科学技术出版社，2022.9
　　ISBN 978-7-5578-9788-8

　　Ⅰ. ①锅… Ⅱ. ①刘… ②胡… ③薛… Ⅲ. ①锅炉—
制造 Ⅳ. ①TK226

中国版本图书馆 CIP 数据核字 (2022) 第 179537 号

锅炉制造工艺与检验研究

著	刘昱杰　胡旭明　薛　峰	
出 版 人	宛　霞	
责任编辑	程　程	
封面设计	南昌德昭文化传媒有限公司	
制　　版	南昌德昭文化传媒有限公司	
幅面尺寸	185mm×260mm	
字　　数	336 千字	
印　　张	15.75	
印　　数	1–1500 册	
版　　次	2022年9月第1版	
印　　次	2023年4月第1次印刷	

出　　版　吉林科学技术出版社
发　　行　吉林科学技术出版社
地　　址　长春市福祉大路5788号
邮　　编　130118
发行部电话/传真　0431-81629529 81629530 81629531
　　　　　　　　　 81629532 81629533 81629534
储运部电话　0431-86059116
编辑部电话　0431-81629518
印　　刷　三河市嵩川印刷有限公司

书　　号　ISBN 978-7-5578-9788-8
定　　价　105.00元

前言 PREFACE

随着教学改革的深化科学技术的进步和专业口径的进一步拓宽，尤其是全球经济一体化进程的加快以及我国加入 WTO。近年来，全国各地质量技术监督院校办学条件不断改善，招生规模不断扩大，教学质量和水平不断提高。与此同时，在质量技术监督教育中，高等教育所占比重不断增大。为了适应这种形势，加快质量技术监督院校教材建设的步伐，根据质量技术监督院校对专业教材的实际需求，我们组织全国质量技术监督及相关院校和单位编写了有关标准化、计量及质量等方面的系列专业基础课和专业课教材。

本书重点阐述工业及电站锅炉的基本结构与工作原理，受热面的布置原则，锅炉设计的指导思想和分析解决问题的方法。锅炉热力计算、空气动力计算、强度计算、水动力计算、管壁温度校核计算等的计算部分尽可能简述，舍去具体的计算步骤及计算例题，但仍为广大工程技术人员的工程设计提供了必要的计算公式和相关图表，详细计算可查阅相关标准方法及手册。为了使教材更具系统性，锅炉材料及强度的内容仍编入，并增加有关锅炉辅助设备的章节。各章分别给出复习思考题，以帮助理解本书所阐述的内容。

检验是一种理论与实践相结合的过程，也是一门系统工程，它涉及面广，跨越学科多，因此书中错误、不当之处在所难免，恳请读者提出宝贵意见，以便改正、提高。在本书中，我们主要针对检验这一关键环节，将分析报告进行了整理、编辑，旨在使用户吸取教训，杜绝同类缺陷造成的损害再次发生，也使同业人员从我们遇到的问题中有所收益。此外，本书还介绍了有关检验单位发展和有关安全管理方面的相关内容。

目 录 CONTENTS

第一章　机械制造工艺的相关概念

第一节　零件的结构工艺性

一、锅炉结构的基本要求

锅炉的结构是根据所选用的锅炉出力、工作压力、工作温度、燃料特性和燃烧方式等参数，按照《蒸汽锅炉安全技术监察规程》（简称《蒸规》）和《热水锅炉安全技术监察规程》（简称《热水规》）等有关规定确定的。一台理想的锅炉，无论属于哪种形式，都应满足"节煤节电、消烟除尘、安全运行"的总要求。

从安全的角度考虑，对锅炉结构的要求为：选用合格的钢材，经过严格质量检验，保证各受压部件有足够的强度和稳定性；结构具有一定的强度，保证各部分在运行中能够自由膨胀；水循环要合理可靠，保证各受热面在运行中能够得到良好的冷却；水冷壁炉膛的结构应有足够的承载能力；承压部件开孔和焊缝布置应尽量避免或减少应力集中；锅炉钢架要承受载荷时，应有足够的强度、刚度和抗腐蚀性；锅炉本身应有合适的人孔、检查孔和手孔，炉墙部位应有适当的检查孔、看火孔、除灰门等；保证能对锅炉方便地进行内外部检查、修理和清扫；安全附件和自控装置应可靠；炉膛的结构应有承载能力和可靠的防爆措施。

从经济的角度考虑，对锅炉结构的要求为：合理地布置炉体和受热面，最大限度地减少各种热损失，提高热效率；合理使用钢材，尽量降低"钢汽比"（产生 1t 蒸汽所需要的钢材量），节约金属；尽量采用适宜煤种的高效机械燃烧设备，能够消耗最少的燃料达到锅炉规定的参数（压力、温度）的出力；要根据锅炉参数和给定的燃料来选定锅炉结构；要合理配置鼓风机、引风机，使燃料及风量随着燃烧工况的变化保持相应的比例；尽量减小鼓风机、引风机等与锅炉配套的辅机及出渣、运煤等辅助设备的耗电量；容量较大的锅炉应提高自动化水平，尽量采用微机控制，实现安全经济运行。

此外，还有环保等方面对锅炉结构的要求，如锅炉要具备良好的燃烧设备，保证燃料在炉膛内充分的燃烧，消除锅炉冒黑烟；同时还要具备良好除尘设施和脱硫、脱硝设备。

二、锅炉的主要受压元件

锅炉的核心构成部分是"锅"和"炉"。"锅"是容纳水和蒸汽的受压部件，包括锅筒（也叫汽包）或锅壳、受热面、集箱（也叫联箱）和管道等，组成完整的水 - 汽系统。其中进行着锅内过程：水的加热和汽化、水和蒸汽的流动、汽水分离等。"炉"是燃料燃烧的场所，即燃烧设备和燃烧室（也叫炉膛）。广义的"炉"是指燃料、烟气这一侧的全部空间。

由锅筒（锅壳）、集箱、受热面及其间的管道等所组成的整体习惯上称为"锅炉本体"。由锅炉本体、燃烧设备、出渣（除灰）设备、炉墙和构架（包括楼梯、平台）、锅炉范围内的水、汽、烟、风、燃料管道及其附属设备，测量仪表和其他附属机械等构成的整套装置称为"锅炉机组"。

锅炉的受压元件主要由锅筒（锅壳）、集箱、管板（封头）、炉胆，以及辅助受热面组成。（辅助受热面）主要包括：水冷壁、过热器、再热器、省煤器和空气预热器等。受压元件的主要连接方式是焊接和胀接。

（一）锅筒（锅壳）

锅炉一般都有锅筒（锅壳），它是十分重要的受压元件；但也有例外，如直流锅炉、小型直水管锅炉（贯流炉）、管架式锅炉等。锅筒（锅壳）是自然循环和多次强制循环锅炉中，接受省煤器来的给水，联接循环回路，向过热器输送饱和蒸汽并兼作锅炉外壳的筒形受压容器。它是由筒体和封头（管板）组成。

锅筒（锅壳）由优质厚钢板制成，是锅炉中最重的部件之一。锅筒（锅壳）的主要功能是储水、进行汽水分离、在运行中排除锅水中的盐水和泥渣，避免含有高浓度盐分和杂质的锅水随蒸汽进入过热器和汽轮机中，筒体内部装置包括汽水分离和蒸汽清洗装置、给水分配管、排污和加药设备等。其中汽水分离装置的作用是将从水冷壁来的饱和蒸汽与水分离开来，并尽量减少蒸汽中携带的细小水滴。中、低压锅炉常用挡板和缝隙挡板作为粗分离元件；中压以上的锅炉除广泛采用多种形式的旋风分离器进行粗分离外，还用百页窗、钢丝网或均汽板等进行进一步分离。此外锅筒（锅壳）上还装有水位表、安全阀等监测和保护设施。

受热面主要布置在锅壳内部的锅炉称为锅壳锅炉（旧称火管锅炉）。内燃式锅壳锅炉的炉膛设置在炉壳内，称为炉胆炉，炉胆本身也就是辐射受热面。布置在锅壳内的烟管为对流受热面。外燃式锅壳锅炉的炉膛设置在锅壳之外，此时，锅壳的一部分表面（向火部位）为辐射受热面，烟管仍布置在锅壳内部。如果在外置炉膛内还布置水管受热面作为辐射受热面，则构成为水火管锅炉。以布置在炉墙砌体空间内的水管为主要受热面的锅炉，称为水管锅炉。受热面与锅筒、集箱和炉外管道构成整个水 - 汽系统。水管锅炉的锅筒也称为汽包，如有上下两个锅筒，则上锅筒也称为汽鼓，下

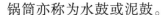

锅筒亦称为水鼓或泥鼓。

锅筒（锅壳）的作用是：作为省煤器、汽化受热面和蒸汽过热器的连接枢纽（指上锅筒）；布置锅内设备，进行汽水分离过程（指上锅筒）；作为连接多排并列管子的结合体，以构成管束受热；作为自然循环回路的组成部分；贮存锅水，形成一定的蓄热能力。

（二）集箱

集箱又叫联箱，它与水管相连接，主要用来汇聚和分配管中的汽水。集箱多用直径较大的无缝钢管加两个端盖制成，端盖上大多开有手孔。集箱有的手孔是用于检验和清洗集箱及管子的，多采用内闭式非焊接连接结构，并避免直接与火焰接触。

防焦箱是一种装设在炉排两侧炉墙内壁的水冷集箱。它除有集箱的功能外，还有防止炉墙粘附熔渣，起到保护炉墙和炉排的作用。

（三）封头（管板）

封头（管板）是锅筒的组成部分，它们位于锅筒两端，与筒体一起组成锅筒。封头有球形、椭球形和扁球形三种，目前多采用椭球形封头。管板实际上是封头的一种特殊形式，它是在冲压成平板状的封头上开许多管孔，用以连接烟（火）管，所以被称为管板。

（四）炉胆

只有锅壳式锅炉才有炉胆。炉胆和锅筒一样是受压元件，但锅筒受到的是内部压力，而炉胆受到的是外部压力，炉胆的外面是锅水，而里面是燃烧室。因此，其内部温度很高，内外壁温差很大，所以炉胆是锅壳式锅炉中工作环境最恶劣的受压部件。

炉胆的热膨胀问题是设计者必须考虑的问题。由于炉胆受高温火焰的灼烧，其平均温度要远高于锅筒（锅壳）的温度，特别是燃油、燃气锅炉的火焰温度更高，温度变化更剧烈，因此如果设计不合理，则会将很大的热膨胀应力集中于某几处，容易造成应力集中处破裂，甚至导致锅炉爆炸，所以炉胆应具有良好的热胀冷缩性能。

（五）锅炉主要辅助受热面

锅炉的主要辅助受热面有：水冷壁、锅炉管束、过热器和再热器、省煤器、空气预热器等。其中，水冷壁称为蒸发受热面，其他为对流受热面。

1. 水冷壁

在近代动力锅炉中，炉墙上均敷设了水冷壁。中压锅炉的水冷壁是蒸发受热面，高压和超高压锅炉的水冷壁主要是蒸发受热面，但炉膛顶部常布置辐射受热面。在直流锅炉中，一部分水冷壁用作加热受热面和过热受热面，但水冷壁依然主要是蒸发受热面。在超临界压力直流锅炉中，水冷壁是用作加热水和过热蒸汽。因此在低于临界压力的各种动力锅炉中，我们讨论的蒸发受热面一般即指炉膛水冷壁。它的传热方式主要是辐射换热。

水冷壁的作用：保护炉墙，减少熔渣和高温对炉墙的破坏作用。装设水冷壁后，

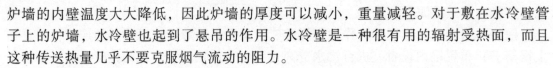

炉墙的内壁温度大大降低，因此炉墙的厚度可以减小，重量减轻。对于敷在水冷壁管子上的炉墙，水冷壁也起到了悬吊的作用。水冷壁是一种很有用的辐射受热面，而且这种传送热量几乎不要克服烟气流动的阻力。

2. 过热器

过热器是将锅炉的饱和蒸汽进一步加热到所需过热蒸汽温度的部件，有无过热器是由锅炉的用途来定的。对于电站锅炉，过热器是一个很重要的部件，过热器的出口蒸汽温度要求在一个很有限的温度范围内。对于普通工业锅炉，大多是没有过热器的，但是如果生产过程中要求用过热蒸汽，则就需装设过热器，或者工厂利用余压发电需装设过热器。

按照传热方式，过热器可分为对流、辐射和半辐射（屏式）三种形式

（1）对流过热器

对流过热器布置在锅炉的对流烟道中，主要依靠对流传热从烟气中吸收热量。在中小型锅炉中，一般采用纯对流式过热器；在大型锅炉中，采用复杂的过热器系统，然而对流过热器仍是其中主要的部分。

（2）辐射式过热器

布置在炉膛壁面上的过热器直接吸收炉膛辐射热，称为辐射式过热器，或称墙式过热器。在高参数大容量锅炉中，尤其是在有再热器的锅炉中，蒸汽过热及再热的吸热量占的比例很大，而蒸发受热所占的比例减小。因此，为了在炉膛中布置足够的受热面，就需要布置辐射过热器。在大型锅炉中，布置辐射过热器对改善气温调节特性和节省金属消耗是有利的。但因为炉膛热负荷很高，

辐射过热器管子的工作条件较差，因此对其安全性应特别注意，尤其在起动和低负荷运行时，问题更为突出。

（3）屏式过热器

屏式过热器布置在炉膛上方，同时吸收炉膛辐射热和烟气的对流传热。如果布置在炉膛出口接近后墙处，则称为后屏；如果布置在接近前墙处，则称为前屏；如果整个炉膛上部均布置屏式过热器，则称为大屏。

屏式过热器的优点：能有效地降低进入对流受热面的烟气温度，防止密集对流受热面的结渣，减轻了大型锅炉炉膛壁面积相对较小，不能布置辐射受热面的困难，因而扩大了煤种的适用范围。

装置屏式过热器后，屏式过热器受热面布置在更高的烟温区域，因而减少了过热器受热面的金属

消耗量。由于屏式过热器吸收炉膛辐射热，以及由于它布置在更高的烟温区域，并且有较大的气体辐射层厚度，气室辐射热量增加，使过热器辐射吸热的比例增大，改善了过热气温的调节特点。

3. 再热器

再热器实际上是一种中压过热器，但与中压过热器相比，它又具有气温高、流量大的特点，其工作条件不仅比中压锅炉的过热器，而且比其本身锅炉的过热器更为严重。因此，为安全起见，我国原先设计的锅炉大多采用对流式再热器，其结构与对流

式过热器相似，也是由大量平行连接的蛇形管所组成。

再热器的作用是将在高压缸做过功的蒸汽，再次加热以提高其温度，提高蒸汽做功能力、降低低压缸排汽湿度、提高机组效率。由于再热蒸汽压力低、体积大、密度小。因而再热蒸汽对管壁冷却效果差。在处于相同烟气热偏差时，较过热器而言热偏差会更大些。因此，再热器一般放置在烟气温度相对较低的烟道中。

4. 省煤器

省煤器是利用锅炉尾部的烟气热量加热给水的一种热交换装置。省煤器的应用是为了降低排烟温度，提高锅炉效率，节约燃料消耗量。省煤器通常布置在对流烟道中，一般将管圈放置成水平以利于排水；而且总是保持水由下向上流动，以便于排出其中的空气，避免引起局部的氧气腐蚀。烟气从上向下流动，既有利于吹灰，又保持烟气相对于水的逆向流动，增大传热温差。

省煤器按水在其中被加热的程度，可分为非沸腾式及沸腾式省煤器；按制造时所用的材料，可分为铸铁式及钢管式省煤器。

（1）铸铁式省煤器

铸铁式省煤器的强度不高，只用于工作压力低于4MPa的锅炉中；由于铸铁性脆，不能承受冲击，因此这种省煤器不能用作沸腾式省煤器。铸铁式省煤器的缺点是：体积、重量大，而且因为连接法兰多，容易出现漏水现象，同时又较易堵灰。因此，目前在中、大型锅炉中已不采用。

（2）钢管式省煤器

钢管式省煤器是现代锅炉中最常用的一种。钢管式省煤器可用于任何压力容量、任何形状的烟道中。与铸铁式相比，钢管式的优点是：体积小、重量轻、价格低廉。

5. 空气预热器

空气预热器是利用烟气的热量来加热燃烧所需空气的热交换设备。空气预热器可吸收烟气热量，使排烟温度降低并减少排烟热损失，提高锅炉效率；同时提高了燃烧空气的温度，有利于燃料的着火、燃烧和燃尽，增强了燃烧稳定性并可提高锅炉燃烧效率；空气预热还能提高炉膛内烟气温度，强化炉内辐射换热。因此，空气预热器已成为现代锅炉的一个重要的、不可缺少的部件。

空气预热器按照换热方式，一般可分为间壁式和蓄热式（或者称再生式）两大类。在间壁式空气预热器中，烟气和空气都各有自己的通路，之间存在一个壁面，热量是从烟气侧连续地通过壁面传给空气。在蓄热式空气预热器中，烟气和空气交替地通过中间载热体，常为金属介质。当烟气流过时，热量由烟气传给受热面金属，并被金属载热体蓄积起来；然后空气通过受热面时，金属载热体就将积累的热量释放出来传给空气。这样周而复始连续不断地循环工作，使空气加热。

（1）管式空气预热器

钢管式空气预热器是由许多薄壁钢管装在上、下管板和中间管板上形成的管箱。一般管式空气预热器都是立式布置。

（2）回转式空气预热器

回转式空气预热器是再生式空气预热器的一种。烟气和空气交替地流过中间载热

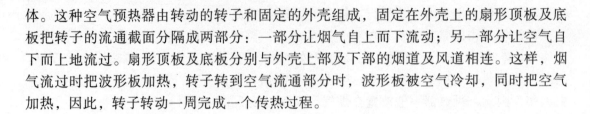

体。这种空气预热器由转动的转子和固定的外壳组成，固定在外壳上的扇形顶板及底板把转子的流通截面分隔成两部分：一部分让烟气自上而下流动；另一部分让空气自下而上地流过。扇形顶板及底板分别与外壳上部及下部的烟道及风道相连。这样，烟气流过时把波形板加热，转子转到空气流通部分时，波形板被空气冷却，同时把空气加热，因此，转子转动一周完成一个传热过程。

三、锅炉的结构介绍

（一）工业蒸汽锅炉

1. 锅壳式锅炉

（1）立式水管锅壳式锅炉

立式水管锅壳式锅炉常用的有三种，即立式直水管锅炉、立式弯水管锅炉和立式横水管锅炉。

立式直水管锅炉的常用型号是 LSG（立、水、固）型，工作压力多为 0.7MPa 以下，蒸发量可达 1t/h。其结构主要由封头、锅筒、上管板、下降管、直水管、下管板和炉胆等部分组成。燃烧设备是固定炉排，人工投煤。燃烧火焰直接冲刷炉胆，高温烟气由烟气出口管进入直水管群，围绕下降管旋转一周，对全部水管和上、下管板加热，然后至隔烟墙汇集于烟箱，最后从烟囱排出。

立式直水管锅炉的结构特点是：上、下管板都浸在水中，不易过热，传热效果好；烟气流程长，并对全部水管进行横向冲刷，排烟温度较低，热效率较高；水管多，除中部一根大直径的下降管外，其余均为上升管，水循环可靠；上管板的后部，在正对烟气出口管的位置，因为没有安装水管，所以要用角板拉撑增加。

立式弯水管锅炉是后发展起来的新炉型，它由封头、锅筒、炉胆顶、炉胆、弯水管和耳形弯水管等主要受压部件组成。锅炉炉排搁置在炉胆内 U 形下脚圈的上部，火焰直接冲刷炉胆和装在炉胆内的弯水管，高温烟气经喉管进入锅筒中部的烟箱，然后分左右两路各旋转 180°，对部分锅筒和装置在锅筒上的耳形弯水管作横向冲刷，最后汇集于烟箱的前部，从烟囱排出。

立式弯水管锅炉的结构特点是：锅筒中部被烟箱包围的部分，约占整个锅筒高度的三分之一，因受高温烟气冲刷，成为重要受热面，提高了锅炉热效率；炉胆内装有内弯水管，增加了辐射受热面积，但由于炉胆水冷程度较大，炉温相应降低，因此一般适合于烧优质煤，如在炉内加砌耐火砖，保持炉膛较高温度也可烧较差煤种；水循环较好，凡被烟气冲刷的部位都有水冷却，整个结构弹性好；锅炉的最高火界是烟箱内侧最高点或炉胆顶最高点，由两者中较高的一个来确定锅炉的最低安全水位。这种锅炉一般多运用双层炉排的燃烧方式。

立式横水管锅炉的常用型号是 LSG（立、水、固）型，其结构主要由锅筒、炉胆、封头、炉胆顶、横水管和冲天管等部件组成。横水管分顺排与错排两种布置方式。燃烧设备多为油燃烧器，或为固定炉排，人工投煤。燃烧产生的高温烟气向上冲刷炉胆和横水管，再经过冲天管由烟囱排出。这类锅炉的工作压力一般在 0.7MPa 以下，蒸

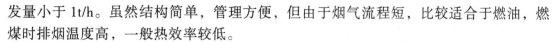

发量小于 1t/h。虽然结构简单，管理方便，但由于烟气流程短，比较适合于燃油，燃煤时排烟温度高，一般热效率较低。

立式横水管锅炉的结构特点是：这种锅炉发生爆炸时，大多从下脚部分撕开，故下脚是关键部位，结构必须合理。一般采用 U 形下脚，如用 S 形下脚焊接的，应装短拉撑加固；封头和炉胆顶一般制成凸形，中间向上扳边与冲天管焊接，周边向下扳边与锅筒焊接。扳边圆弧半径不能太小，否则扳边部位容易起槽和裂纹；锅炉应直接安装在水泥基础上，既便于操作，又可防止锅炉下部受潮腐蚀，增加使用年限。锅筒外部应包保温层，既可降低锅炉房内温度，又可减少散热损失。

（2）立式埋头火管锅炉

立式埋头火管锅炉也是一种立式锅壳式锅炉，现在的常用型号是 LHY（立、火、油）或 LHQ（立、火、气）型。其结构主要由封头、锅筒、炉胆、烟管、上下管板和上烟室等部件组成。燃烧设备多为油气燃烧器。锅炉采用埋头火管形式，"埋头"是指烟火管全部"埋"在水位线以下，以避免烟火管水位线处腐蚀，同时提高水位增加受热面积。有的在锅内水位线以下加装盘管吸收热量供应热水，即在锅内装一个水 - 水换热器。这种锅炉工作压力多为 1.0MPa 以下，出力可达 1t/h。这种锅炉烟气流程较短，燃烧器装在下炉胆，燃料自燃烧器喷入到炉胆内进行燃烧，烟气经烟管至上烟室后进入烟囱。

立式埋头火管锅炉的结构特点是：埋头烟室的管板浸入在水中（正常水位线以下），管板能得到较好的冷却；炉胆和埋头烟室的空间较大，便于管板的检查和维修；为强化低温区的传热，烟管的上半段内装有增加烟气扰动的扰流片，用来提高传热效率，降低排烟温度。

（3）立式反烧锅炉

锅炉炉胆内有数排横水管，按一定顺序、一定角度螺旋向上。在每排横水管上面铺设一层耐火拱，只留一定面积的开口，作为烟气的进出口，这样炉胆内就组成了螺旋上升的烟道，最后烟气进冲天管。燃烟煤锅炉为双层炉排反烧式，上炉排由炉排管组成，下炉排由铸件组成，上炉排以上为煤室，煤室上部装鼓风管，上下炉排之间为燃烧室。

立式反烧锅炉结构特点是：同样的内胆高度，螺旋烟道较直烟道增长 2 ~ 4 倍；烟气在炉内的流程相应延长 2 ~ 4 倍，烟道截面积与烟气流量相匹配，组织合适的烟速，提高传热效果，降低了排烟温度；螺旋烟道有 3 ~ 5 个弯折，烟尘经 3 ~ 5 次离心作用和碰撞，80% 左右的烟尘在炉内排除；燃烟煤时，鼓风从煤层上向下吹，均匀连续地将煤的挥发分吹进高温的燃烧室继续燃烧，消掉黑烟。

（4）卧式内燃锅炉

这种锅炉属于多回程烟火管锅炉，在燃油、燃气锅炉中应用得比较多。而 WNS 型锅炉作为燃油、燃气锅炉的一种，则又以其结构紧凑、体积小、自动化程度高、安装方便、运行安全可靠等优点，为大多数中小型燃油、燃气锅炉所采用，发展趋势良好。一般在 4t/h 以下，有湿背式、干背式和回燃式三种，其中湿背式较好，但制造较复杂。

①干背式锅炉。燃烧器喷出燃料点燃后生成的燃烧产物到达炉胆的另一端后，经

耐火砖隔成的烟室折转进入烟管，其优点是结构简单，制造省工时，打开锅炉后端盖后，火管和炉胆都可以检查和维护。但干背式锅炉没有回燃室，燃烧器喷出燃料点燃后生成的燃烧产物和面积有限的炉胆换热，炉胆出口的高温烟气直接冲刷后管板，内外温差较大。炉胆后部的耐火材料每隔一段时间就需要变更，锅炉容量越大，这一情况越严重。因此，一般 2t/h 以上的锅炉不采用这种结构。

②湿背式锅炉。炉胆末端和二回程的起端与浸在炉水中的回燃室相连，回燃室也能够传热，约占 5% 的传热面积，热效率高，且不存在耐火材料的更换问题，散热损失也小，锅炉后管板也不受烟气的直接冲刷，解决了干背式锅炉后管板过热的问题；同时由于湿背式结构避免了折返空间的烟气密封问题，更适合于微正压燃烧。其缺点是湿背式结构有回燃室，结构较复杂，与回燃室相连的炉胆和烟管的检修也比较困难。

③中心回燃式锅炉。炉内气流组织与前两者不同，在炉内组成反向气流，烟气第一回程和第二回程同在炉膛内，构成所谓的回焰燃烧。从传热学的角度看，本质上是大直径炉胆的二回程锅炉。该结构有如下优点：由于高速火焰对回流较冷烟气的卷吸作用，很快降低了

火焰的温度，炉内温度场更接近于均匀；而降低火焰温度是抑制 NO_x 生成的有效措施，因此这种锅炉具有很好的环保性能；这种炉型制造工艺简单，节省工时，减少制造成本；该锅炉只有一组烟管，有效地降低了烟风阻力，可减少燃烧器鼓风机的电耗；该锅炉炉胆空间大，有效辐射受热面大，燃烧室内的吸热量在吸热量中占很大比例；该锅炉结构散热损失少，可获得比其他结构高的热效率，和干背式相比，没有后烟箱盖的散热；和湿背式锅炉相比，因为本体流阻小，其前烟箱盖可采用夹层风冷的两层结构，燃烧用的空气从耐火层外侧进入，一方面起冷却作用，降低烟箱盖的表面温度，另一方面被预热的空气可强化燃烧。

（5）卧式外燃锅炉

这种锅炉与卧式内燃快装锅炉比较，主要区别在于将炉排移到锅筒之外，即由内燃改为外燃，并在两侧加装水冷壁，属于多回程烟水管锅炉，也称水火管组合式锅炉。常用型号有 DZW（单、纵、往）型和 DZL（单、纵、链）型等。

锅炉的辐射受热面由水冷壁管和锅筒的底部组成，比内燃锅炉增加很多。燃烧后的高温烟气从炉膛向后流入左侧的烟管（第一束烟管），由后向前流入前烟箱；在前烟箱内折入右侧的烟管（第二束烟管），再由前向后流入尾部换热面，最后通过引风机从烟囱排出。有些锅炉的烟管束是按照先下、后上的顺序布置的。水循环回路有两条：一条是锅筒下部的炉水经下降管流入两侧水冷壁管，吸收炉膛辐射热量后，形成汽水混合物向上流入锅筒，构成独立的水循环回路；另一条是第一束烟管周围的炉水因吸热多而向上流动，第二束烟管周围的炉水因吸热较少而向下流动，构成锅筒内部的水循环回路。

目前这种锅炉的烟管多采用螺纹烟管形式，即在烟管上加有约 2mm 深的凹槽。当管内有烟气流动时，受沟槽影响产生紊流，增加了表面传热系数。相对可减少受热面积，减少管数，减少金属耗量。卧式外燃快装锅炉的结构特点是：锅筒底部应有单独

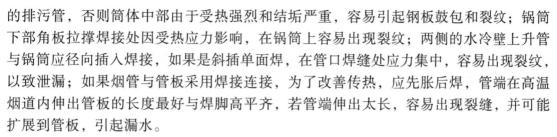

的排污管，否则筒体中部由于受热强烈和结垢严重，容易引起钢板鼓包和裂纹；锅筒下部角板拉撑焊接处因受热应力影响，在锅筒上容易出现裂纹；两侧的水冷壁上升管与锅筒应径向插入焊接，如果是斜插单面焊，在管口焊缝处应力集中，容易出现裂纹，以致泄漏；如果烟管与管板采用焊接连接，为了改善传热，应先胀后焊，管端在高温烟道内伸出管板的长度最好与焊脚高平齐，若管端伸出太长，容易出现裂缝，并可能扩展到管板，引起漏水。

由于这种锅筒容易因下部受热及积垢而引起鼓包，后管板受高温而易产生裂纹。目前一些锅炉厂采用烟气出炉膛后，经过一侧或两侧新加的对流管束（又称翼形烟道），使烟气通过这一段放热至烟管管板时，温度已较低而不再容易产生管板裂纹。又有些锅炉厂将受热面管子布置在锅筒的下部，使锅筒不受炉膛的高温辐射，而防止锅筒发生鼓包现象。也有在锅筒底部受高温区，采用绝热措施来解决鼓包问题。

2. 水管锅炉

（1）单锅筒水管锅炉

单锅筒水管锅炉主要有两种结构，一种是单锅筒纵置式水管锅炉；另一种是单锅筒横置式水管锅炉。后一种结构往往锅炉容量都比较大。

单锅筒纵置式锅炉最常见的为 DZP 型锅炉。单锅筒置于炉膛上部，呈纵向布置，并且通过两侧水冷壁及锅炉管束与下联箱连接，这种锅炉俗称为"人字形"或"A形"锅炉。此锅炉一般容量为 4 ~ 20t/h，最大可达 40t/h。这种锅炉优点是结构紧凑、耗金属量小、制造简单、疏水布置方便等。其缺点是水容量小，水质和运行水平要求较高，结构限值锅炉管束的布置。

（2）双锅筒水管锅炉

双锅筒水管锅炉也分为双锅筒纵置式和双锅筒横置式两种布置形式。

炉膛在锅炉的前部，四周布满水冷壁管。前、后墙水冷壁管的上端直接接入上锅筒，下端分别连在前、后集箱上。两侧水冷壁管又分成前、中、后三组。前、中组的下端接入两侧的防焦箱，上端接入两侧各两个单独的上集箱，并通过导汽管与上锅筒连接；后组的下端分别接入侧下集箱（位于侧墙的中下部），上端也接入后上集箱，并通过导汽管与上锅筒连通。所有的下集箱和防焦箱，均由上锅筒引出的下降管供水。

这种锅炉的设计煤种是无烟煤，因此在炉膛内采用了低而长的后拱和较高的前拱，并使前、后拱在炉膛内形成一个狭窄的喉部，促使空气和煤屑充分混合，以利燃烧。

双锅筒纵置式水管锅炉主体主要由上、下两个纵置的锅筒、对流管束、水冷壁管和集箱等受压元件组成，尾部有省煤器和空气预热器。

燃烧设备大多采用风力机械抛煤机加手摇活动炉排，也有采用链条炉排或振动炉排的。燃烧时，烟气从炉膛右上侧流入对流管束区，顺着两道挡烟墙呈水平 Z 形路线由前向后弯曲回行，横向冲刷管束，再由炉墙左侧下方进入尾部受热面，最后经过除尘器，由引风机送入烟囱排到大气。水循环系统有五六条，可概括为两大部分：一是对流受热面部分，给水进入上锅筒后，经后部的对流管束降至下锅筒，在下锅筒沉淀污垢后，由前部的对流管束上升至上锅筒，构成一条水循环系统；二是辐射受热面部分，长上锅筒锅炉的前、后、左、右四面水冷壁管，各自构成独立的水循环系统共为四条；

短上锅筒锅炉，虽无前水冷壁管，但增加了燃尽室左右两侧水冷壁管，因此一共构成了五条独立的水循环系统。

这种锅炉的优点是结构紧凑，外形尺寸较小；烟气横向冲刷管束，传热效果较好。缺点是由于采用抛煤机给煤，属于半悬浮燃烧，烟尘大，飞灰含碳量较高；对水质要求高，给水必须经过软化处理，特别是长上锅筒锅炉，如缺水或水质不良，容易使锅筒变形、鼓包。

（3）角管锅炉

角管式锅炉是四角上布置有不受热的下降管且有自支撑作用，锅筒一般布置成单锅筒型的一种水管锅炉。角管式锅炉的基本原理是用一个管路系统作为锅炉的框架（或称为骨架），这个框架同时作为下降管、下分配集箱和上集箱，并完成一定程度的汽水分离。一般情况下，该框架同时是整台锅炉的支撑框架，所有的锅炉负荷均由其承担。

（二）热水锅炉

1.热水锅炉的特点

热水锅炉进口和出口流动的都是水，大多数是通过水泵的压力进行强制循环，也有些在锅炉本体内靠水温不同所造成的密度差进行自然循环。热水锅炉与蒸汽锅炉相比具有以下特点：强制循环的热水锅炉不需要大直径的锅筒，其结构简单、制造容易、成本降低；水在锅炉中不蒸发，由恒压装置保证使用压力恒定，也无须监视水位，运行操作方便；结垢较少，对水质要求较低，只要控制补给水量及其暂时硬度，就可以减少水垢生成；烟气与水的温差较大，水垢又少，传热效果好，与相同供热量的蒸汽锅炉比较，节煤潜力较大；与相同供热量的蒸汽锅炉比较，受热面积大为减少，可节约大量钢材；锅炉内任何部分都不允许产生汽化，否则将会破坏水循环，因此必须在结构上和运行中采取可靠措施，确保各并联回路的流量和受热均衡；给水如未经除氧，氧腐蚀问题突出，尾部受热面也容易产生低温酸性腐蚀，因此运行和停炉时都应采用防腐措施；运行时会从水中析出溶解气体，结构上要考虑气体排出问题；工作压力低，热水温度又不太高，比蒸汽锅炉较为安全。但水暖系统的蓄热量比汽暖系统大好几倍，一旦发生事故，其危害也不容忽视。

2.热水锅炉的结构

热水锅炉按其工质的压力，可以分为承压热水锅炉、常压热水锅炉和负压热水锅炉。承压热水锅炉中工质（水）是有一定压力的，一般压力为 0.4 ~ 1.3MPa。常压热水锅炉的工质（水）绝对压力为一个大气压，即表压力为零。负压热水锅炉中工质压力小于大气压力，也称真空相变热水锅炉。

（1）承压热水锅炉

管式热水锅炉有管架式和蛇形管式两种。其优点是结构紧凑、体积小、节省钢材、加工简便、造价低廉、运行时起动和升温较快。缺点是水容量小，在运行中如遇忽然停电，炉水容易汽化，并可能产生水锤现象。

锅壳式烟水管热水锅炉实际是由快装水火管组合蒸汽锅炉改型而成的，目前使用较为普遍。其优点是水容量较大，因此在运行中突然停电时，应变性能优于管式热水

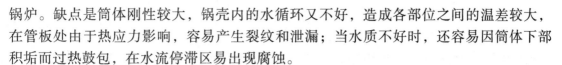

锅炉。缺点是筒体刚性较大，锅壳内的水循环又不好，造成各部位之间的温差较大，在管板处由于热应力影响，容易产生裂纹和泄漏；当水质不好时，还容易因筒体下部积垢而过热鼓包，在水流停滞区易出现腐蚀。

锅筒式水管热水锅炉是由水管蒸汽锅炉经过简单改装而成的。它比上述两种锅炉的水容量大，便于检修，适合工厂采暖用。

自然循环的热水锅炉的结构与水管蒸汽锅炉基本一样，只是适当增大了下降管的截面积，所以在紧急停炉时，可以大大缓解汽化和水锤的危险，安全性能好。

（2）常压热水锅炉

常压热水锅炉是指锅炉本体上有与大气相通的开孔，在任何情况下，锅炉顶部的表压力为零的热水锅炉。常压热水锅炉的发展很快，特别是小型常压热水锅炉的发展更为迅猛，应用日渐广泛。小型常压热水锅炉按锅筒布置方式可分为立式和卧式两种，而立式或卧式又有多种结构。常压热水锅炉基本结构与承压热水锅炉、蒸汽锅炉基本一致。

（3）负压热水锅炉

负压热水锅炉又称真空相变热水锅炉，简称真空锅炉。负压热水锅炉是指锅内压力始终低于大气压力的锅炉。

锅炉由上、下两部分组成，下半部与普通锅炉一样，由锅壳、炉胆、烟管及管板等组成，锅内装有热媒介质，上半部是一个圆柱形锅筒，内部装设换热器。上、下两部分用连通管连接。锅炉制造时，将锅内抽真空，使锅炉整体处在负压状态下。锅内热媒介质采用的是完全脱氧、软化的纯净水，锅炉不腐蚀、不结垢。在锅炉运行的全过程中，水不进、不出，只在封闭的锅炉内发生相的变化，与换热器进行热量交换。锅内换热器布置成各自独立的两组，一组供采暖，一组供热水，较小容量的锅炉一般只布置一组。锅炉起动后，燃烧产生的大量热量传给锅内的热媒介质，热媒在真空状态下蒸发变成蒸汽，这些蒸汽与换热器内的水进行热量交换，提高换热器内水的温度，蒸汽放热后变成凝结水返回，依此往复进行。

该型锅炉的主要特点是：锅炉承受负压且压力很低，安全性好，起动快，一般3～5min就能供应热，运行效率高，节约能源，锅炉不腐蚀、不结垢，寿命长等，但供水温度受到限制。

（三）有机热载体锅炉

有机热载体锅炉被人们开始使用至今已有60多年的历史。因为有机热载体锅炉有压力低、温度高、间接加热安全可靠、节约能源及投资少等优点而得到迅速发展。随着有机热载体锅炉的不断发展演化，现在已形成了一些不同的炉型和分类方法。按有机热载体工作状态分类，分为气相炉和液相炉；按热能来源分类，分为燃煤炉、燃油炉、燃气炉和电加热炉等；按有机热载体循环方式分类，分为自然循环炉和强制循环炉，强制循环导热油炉，分为注入式和抽吸式两种；按有机热载体炉本体结构分类，分为盘管式、管架式和锅壳式等；按有机热载体炉工作压力分类，分为低压炉和常压炉；按有机热载体炉整体造型分类有立式炉、卧式炉及管式导热油炉。

1. 盘管式有机热载体炉

盘管式有机热载体炉是由国外引进设备改进而形成的一种锅炉。国外的盘管式有机热载体炉多数以油、气作为燃料，而国内的盘管式有机热载体炉多数以煤作为燃料。结构及烟气流程为：盘管式有机热载体炉主要由本体和燃烧室两大部件构成。其中本体由底座、盘管、拱顶、顶盖、外壳保温层及辅助测温测压装置等部件组成。盘管可分为圆盘管和方盘管。燃烧室的炉排与以水为介质锅炉的炉排基本相似，但有机热载体炉燃烧室内因无水冷壁而炉膛温度较高，所以在设计和使用上都有一定的难度。燃料（煤）在火床上经过预热干燥、挥发分析出着火、焦炭燃烧和燃尽等四个阶段而形成灰渣。经过燃烧产生的高温烟气进入本体，以辐射传热和对流传热的方式与盘管内的有机热载体换热。有机热载体系统内由循环油泵实现闭路强制循环，在本体内获得热量的有机热载体作为热源供至用热设备，进而使有机热载体炉实现对系统供热。

2. 管架式有机热载体炉

管架式有机热载体炉是针对盘管式有机热载体炉存在的一些不足而改进设计的新一代管式有机热载体炉。它克服了盘管式有机热载体炉难以配套自动化燃煤装置及炉子造型不美观等问题，从而使炉子便于制成快装式、大容量，提高了炉子的燃烧效率和消烟除尘效果，方便了安装和运输，降低了锅炉房的高度，同时也保持了盘管式有机热载体炉导热油容量小、钢材耗量小、造价低及受热面管子中导热油流速较高等优点。因此，它是目前国内使用较多的一种炉型。

管架式有机热载体炉的形状如同管架式热水锅炉。它主要由辐射受热面、对流管片、空气预热器、炉墙及燃烧装置组成。其中锅炉本体部分由门形管、顶棚管、集箱、对流管片等主要受压元件组成。燃料（煤）从煤斗进入炉膛，随着炉排自前向后运动，煤经过预热干燥、挥发分析出着火、焦炭燃烧和燃尽等四个阶段而形成灰渣。经过燃烧产生的高温烟气在炉膛里对辐射受热面（门形管和顶棚管）进行辐射传热后，进入对流受热面（对流管片），最后经空气预热器从烟囱排出。

（四）余热锅炉

余热锅炉是利用高温的烟气、工艺气等生产过程的余热，以生产蒸汽或热水的热交换设备。余热锅炉的应用对提高工业企业热能利用效率、节约燃料、降低生产成本、减轻环境污染等方面起着十分重要的作用。

余热锅炉除具有一般工业锅炉相似的锅内过程和传热过程外，由于它的热源是余热，其工作服从于生产工艺，因此余热锅炉还具有以下特点：余热锅炉的工作参数（出力、压力、温度等）不能任意选定，它取决于余热的热力参数，如烟气的流量、温度、成分等。余热锅炉的运行参数也随着余热参数的波动而变动，特别是负荷和压力不易控制。余热锅炉在设计和运行中，应充分注意余热的热力参数，主要在以下三个方面：生产工艺过程的周期性，最大、最小烟气流量及其相应的温度变化规律；烟气含尘量、烟气成分及性质；烟气中 SO_2 以及其他有毒性和爆炸性气体含量等。

余热锅炉由于其热源的温度不同，可大致分为两类：一类热源初温在 400 ~ 800℃ 之间，主要是强化对流传热，布置对流受热面；另一类热源初温在

1000℃以上，一般布置冷却室，以充分利用高温辐射热量，同时又要强化对流换热，既要布置辐射受热面，又要布置对流受热面。

余热锅炉的水循环方式可采用自然循环，也可采用强制循环，它取决于现有设备的技术条件和整体配置情况，生产工艺情况，场地情况和用户要求等。

（五）铸铁锅炉

铸铁锅炉在我国具有悠久历史。铸铁锅炉的主要优点是具有良好的耐腐蚀性、寿命长；锅炉由许多锅片组成，搬运、安装方便等。目前小型锅炉有不少采用铸铁制造。通过锅片数量的增减，就可以实现锅炉容量的变化。锅片连接后，中间圆孔就构成了一个燃烧室（类似于炉胆）。锅片上烟气流动处，均做成肋片式结构，以增加传热面积，充分提高锅炉传热效率。锅炉烟气采用三回程设计，第二、第三回程采用对称布置，可最大限度地减少锅炉（锅片）热应力，延长锅炉使用寿命。一般情况下，锅炉寿命可达 40 年甚至更长。

锅炉烟气流程为：燃烧器由炉前将油（或气）喷入燃烧室（炉胆）进行燃烧，火焰和高温烟气从燃烧室前部流向后部，形成第一回程；高温烟气在后烟室内折返，进入对称布置的第二回程内（分别从上、下四个烟气流道进入），自后部流向锅炉前部形成第二回程；烟气在前烟箱内折返，从锅片两侧烟气流道流向锅炉后部烟气出口，形成第三回程。

该锅炉的主要特点是：采用特种铸铁材料制作，具有良好的耐腐蚀性、寿命长；锅炉搬运、安装方便，特别是对狭窄的位置更显优越；锅炉体积小、结构紧凑、外形美观；锅炉热效率较高、全自动控制、操作简单等。

（六）电站锅炉

电站锅炉是火力发电厂三大主机之一，又称为蒸汽发生器。火力发电厂能量转换的基本过程为：燃料的化学能通过电站锅炉转化为蒸汽的热能；然后再通过蒸汽推动气轮机转动，转化为转轴的机械能；最后再带动发电机发电，转化为电能。

1.煤粉炉

煤粉炉是电站锅炉的一种主要形式。煤粉炉是先将煤块磨制成煤粉，再经过燃烧器喷入炉膛，在悬浮状态下燃烧的一种燃烧设备。它与层燃炉比较有以下特点：①锅炉蒸发量可以充分提高。由于层燃炉中的煤是在炉排面上燃烧，所以要提高锅炉蒸发量，就必须相应增加给煤量，也就是要扩大炉排面积。这样使锅炉在平面布置上占地面积很大，造成结构不合理。而煤粉炉因是悬浮燃烧，炉膛可以向空间充分发展。但煤粉炉不能像层燃炉那样可以压火，因此只有在稳定工况下连续运行，才能获得较好的燃烧效果。②对煤种适应性广。煤块磨成细粉后，其表面积剧增，有效地改善了与空气的良好混合，加快着火并强烈燃烧，因此适应多种燃煤。③容易实现机械化、自动化。煤粉的流动性较好，便于用气流在管道内输送，而且对锅炉负荷变化的调整反应灵敏，因此容易实现燃烧过程的机械化和自动化。④适用于不同蒸发量的锅炉。层燃锅炉的蒸发量一般限制在 75t/h 以下，而煤粉锅炉通常用于大容量、高温、高压的电站锅炉。⑤煤粉爆炸的危险。当煤粉沉积在炉膛、烟道和管道的死角时，都有可能引起爆炸事故，应引起足够的重视。

2. 循环流化床锅炉

循环流化床锅炉是电站锅炉的另一种主要形式。循环流化床锅炉技术是近几十年来迅速发展起来的一项高效、低污染、清洁燃煤技术。国际上这项技术在电站锅炉领域已得到广泛的商业应用，并向几十万千瓦规模的大型循环流化床锅炉发展。国内在这方面的研究、开发和应用也是方兴未艾，已有上百台循环流化床锅炉投入运行或正在制造之中。可以预见，未来的几年将是循环流化床锅炉快速发展的一个重要时期。

（1）流化床燃烧过程

固体粒子经与气体接触而转变为类似流体状态的过程，称为流化过程。流化过程用于燃料燃烧，即为沸腾燃烧，其炉子称为沸腾炉或流化床炉。

流化床燃烧（沸腾燃烧）是一种介于层状燃烧与悬浮燃烧之间的燃烧方式。将煤破碎至一定大小的颗粒送入炉膛，同时由高压风机产生的一次风，通过布风板吹入炉膛。炉膛中的煤粒因所受风力不同，可处于三种不同状态：当风速较小，还不足以克服煤粒重量时，煤粒基本处于静止状态；当风速增大到某一数值时，能够将煤粒吹起，并在一定的高度内呈现翻腾跳跃，煤层表面好像液面沸腾，又称为流化状态，这就是流化床的情况；当风速继续增大，未燃尽的灰粒带出炉膛，而用高温分离器把灰粒分离下来，再送回炉膛燃烧，这就是循环流化床，要获得沸腾燃烧，必须依据煤粒大小将风速控制在一定范围之内。

由于沸腾层热容量很大，送入的新煤只占整个热料层重的 5% ~ 20%，而且在炉内停留的时间较长，可达 80 ~ 100min，煤粒与空气能够很好充分混合，这就强化了传热和燃烧过程。所以，一般工业锅炉不能燃用的劣质煤，应能够在流化床内稳定燃烧。

（2）流化床炉的炉膛结构

流化床炉的炉膛结构主要由布风系统、沸腾段和悬浮段等部分组成。

图 2-47 流化床炉的炉膛结构

布风系统：由风室、布风板和风帽三部分组成。风室位于炉膛底部，主要作用是使高压一次风均匀通过布风板吹入炉膛。风室必须严密不漏，否则会降低风压，影响锅炉正常运行。风室还应留有人孔，以便清除落入风室内的灰渣等杂物。布风板位于风室上部，其作用相当于炉排，既要承受料层的重量，又要保证布风均匀、阻力不大。一般用 15 ~ 20mm 厚的钢板制成（还有水冷布风板）。风帽的作用主要是使风室的高压风均匀吹入炉膛，保证料层良好沸腾（流化），其次是防止煤粒堵塞风孔。

沸腾段：又称沸腾层，是料层和煤粒沸腾所占据的炉膛（从溢灰口的中心线到风帽通风孔的中心线）部分。通常下端呈柱体垂直段，上端呈锥形扩散段，以减少飞灰带出量。沸腾段的高度要适宜，过低时未完全燃烧的煤粒会从溢灰口排出；过高时为了维持正常的溢流，就要加大通风量，增加电耗，并加剧了煤屑的吹走量。因此，在砌筑炉体时沿溢灰口高度方向应留一个活口，以便根据不同煤种的沸腾高度，随时改变溢灰口的高度。

悬浮段：是指沸腾段上面的炉膛部分。其作用主要是使被高压一次风从沸腾段吹出的煤粒自由沉降，落回到沸腾段再燃；其次是延长细煤粒在悬浮段的停留时间，以便悬浮燃尽。悬浮段的烟气流速越小越好。

（3）循环流化床锅炉工作原理

循环流化床锅炉是在流化床炉（鼓泡床炉）的基础上发展起来的，因此流化床炉的一些理论和概念可以用于循环流化床锅炉；但又有差别，它与流化床炉的主要区别在于炉内流化速度较高，被烟气大量携带出炉膛的细小颗粒（床料或未燃尽煤粒等），经炉膛出口高温分离器分离后重新输回炉内燃烧。循环流化床炉燃烧设备是由燃烧室、点火装置、一次风室、布风板和风帽、给煤机和加脱硫剂装置、分离器等组成。来自炉膛的高温烟气经分离器净化后进入对流管速，而被分离下来的飞灰则经返料机构送回炉内，与新添加的煤一起继续燃烧，并再次被烟气携带出炉膛，如此反复不断地循环，即实现循环流化床燃烧。调节循环灰量、给煤量和风量（一、二次风），即可实现锅炉负荷调节。燃尽的灰渣则从炉膛下部的排渣口，经冷渣器冷却后排入灰渣收集处理系统。

（4）循环流化床锅炉的特点

①循环流化床炉的显著特点是可以实现煤的清洁、高效燃烧，因而受到世界各国普遍重视。②燃料适应性广。循环流化床锅炉几乎可以燃烧各种煤，甚至煤矸石、油页岩等，并能达到很高的燃烧效率，有利于环境保护。③向循环流化床内直接加脱硫剂，可达到90%以上的脱硫率。燃烧温度控制在800~950℃的范围内，这不仅有利于脱硫，而且可以抑制氮氧化物（NO_x）的生成。因此循环流化床燃烧是一种经济、有效、低污染的燃烧技术。④负荷调节性能好。循环流化床锅炉负荷调节幅度比煤粉炉大得多，一般30%~110%。⑤燃烧热强度大。循环流化床锅炉燃烧热强度比常规锅炉高得多，所以可以减小炉膛体积，降低金属消耗量。⑥灰渣综合利用功能好。循环流化床锅炉燃烧温度低，灰渣不会软化和粘结、活性较好，有利于灰渣的综合利用。⑦自动化水平要求高。由于循环流化床锅炉风烟系统和灰渣系统比常规锅炉复杂，控制点较多，所以采用计算机自动控制（PLC或DCS）比常规锅炉难得多。⑧磨损问题。循环流化床锅炉的燃料粒径较大，且炉膛内物料浓度高，虽采取了许多防磨损措施，但在实际运行中受热面的磨损速度仍比常规锅炉大得多。

3. 电站锅炉的类型

电站锅炉的形式按汽水流动的工作原理，可分为自然循环锅炉、强制循环锅炉和直流锅炉三种。自然循环锅炉中，汽水主要靠水和蒸汽的密度差产生的压头而循环流动。锅炉的工作压力越低，密度差越大，循环越可靠。在高压、超高压锅炉中，只要适当地设计锅炉的循环回路，汽水循环是很可靠的。甚至在采用亚临界压力时，虽然锅筒中压力已达到18.5MPa左右，水和蒸汽密度差已经比较小，但只要很好地了解炉内热负荷的分布规律，合理地设计循环回路，还是可以采用自然循环的形式。

强制循环锅炉主要是借助循环泵系统中的循环泵使汽水循环流动，在可以采用自然循环锅炉的参数领域中，都可以采用强制循环。但由于它的循环不但是靠水和汽的密度差，因此在锅炉工作压力大于18.5MPa时，仍可采用这种锅炉。

直流锅炉中的工质、水、汽水混合物和蒸汽，全由给水泵的压力而一次经过全部受热面，因此称为直流锅炉。它只有互相连接的受热面，没有锅筒。由于这种锅炉对给水品质和自动控制要求高,给水泵消耗功率较大,因此一般用于高压以上。当压力接近或超过临界压力时,由于汽水不容易或不可能用锅筒进行分离,只有采用直流锅炉。

电站锅炉的形式按压力可分为低压、中压、高压、超高压、亚临界压力、超临界压力、超临界压力锅炉。

(1)中压锅炉

其结构特点是:采用两侧墙布置旋流式燃烧器,或采用四角布置直流燃烧器。炉膛截面近于正方形,有的将炉膛出口处的后水冷壁设计成折烟角,以改善烟气流动及冲刷情况。过热器布置成两级。饱和蒸汽从锅筒引出沿顶棚管进入逆、顺流混合布置的第一级过热器,出来后经两侧减温器,然后通过第二级过热器两侧逆流段,经中间集箱轴向混合后,再经顺流的第二级过热器的中部热段,最后由出口集箱排出。省煤器有单级布置和两级布置两种方式,空气预热器有单级布置和两级布置两种方式,根据燃烧对空气温度的要求而定。

(2)高压锅炉

其结构特点是:由于压力提高而使汽化吸热减少,以及由于过热器气温提高而使过热吸热增加,因而有必要也有可能将一部分过热受热面布置在炉膛上部,即炉顶管及面向炉膛的屏。

(3)超高压大容量锅炉

其结构特点是:超高压锅炉带有中间再热,由于汽化热所占比例进一步减少,过热及再热所需热量增加,有必要把更多的过热器受热面放入炉膛中。除了在高压锅炉中已采用的顶棚过热器及炉膛出口的屏式过热器外,还在炉膛上部前侧安装了前屏过热器,在水平烟道的后面和垂直烟井的上部布置了再热器。

第二节 机械加工工艺过程

一、锅炉的工作过程

锅炉是国民经济中重要的热能供应设备,电力、机械、冶金、化工、纺织、造纸、食品等行业都需要锅炉供给大量的热能。

锅炉是一种利用燃料燃烧后释放的热能或工业生产中的余热,传递给容器内的水,使水达到所需要的温度(热水)或一定压力蒸汽的热力设备。它是由"锅"(即锅炉本体水压部分)、"炉"(即燃烧设备部分)、附件仪表及附属设备构成的一个完整体。水进入"锅"以后,在汽-水系统中,"锅"受热面将吸收的热量传递给水,使水加热成一定温度和压力的热水或生成蒸汽,被引出应用。在燃烧设备"炉"部分,燃料燃烧不断放出热量,燃烧产生的高温烟气通过热的传播,将热量传递给"锅"的受热面,最后由烟囱排出。"锅"与"炉"一个吸热,一个放热,是密切关联的一个整体设备。

在锅炉中进行着三个主要过程:燃料在炉内燃烧,其化学贮藏能以热能的形式释放出来，使火焰和燃烧产物（烟气和灰渣）具有高温；高温火焰和烟气通过"受热面"向工质传递热量；工质被加热，其温度升高，或者汽化为饱和蒸汽，或再次被加热成为过热蒸汽。

以上三个过程是互相关联并且同时进行的，实现着能量的转换和传递，并伴随着物质的流动和变化：工质，例如给水（或回水）进入"锅"，最后以蒸汽（或热水）的形式供出；燃料，例如煤进入"炉"内燃烧，其可燃部分燃烧后连同原含水分转化为烟气，其原含灰分则残存为灰渣；空气送入炉内，其中氧气参加燃烧反应，过剩的空气和反应剩余的惰性气体混在烟气中排出。水－汽系统、煤－灰系统和风－烟系统是锅炉的三大主要系统，这三个系统的工作是同时进行的。通常将燃料和烟气这一侧所进行的过程（包括燃烧、放热、排渣、气体流动等）总称为"炉内过程"；把水和汽这一侧所进行的过程（水和蒸汽流动、吸热、汽化、汽水分离、热化学过程等）总称为"锅内过程"。

锅炉在运行中由于水的循环流动，不断地将受热面吸收的热量全部带走，不仅使水升温或汽化成蒸汽，而且使受热面得到较好的冷却，从而保证了锅炉受热面在高温条件下安全地工作。

二、锅炉的发展简史

锅炉的发展分"锅"和"炉"两个方面。18世纪上半叶，英国煤矿使用的蒸汽机包括瓦特的初期蒸汽机在内，所用的蒸汽压力等于大气压力。18世纪后半叶改用高于大气压力的蒸汽。19世纪，常用的蒸汽压力提高到0.8MPa左右。与此相适应，最早的蒸汽锅炉是1765年俄国机械师波尔祖诺夫制造的圆筒形锅炉，之后改用卧式锅壳锅炉，在锅壳下方砖砌炉体中烧火。随着生产力的发展，需要更大的蒸发量来满足要求，增加受热面积是提高蒸发量的有效途径之一。

（一）火管锅炉

为了增加受热面积，在锅壳中加装火筒，在火筒前端烧火，烟气从火筒后面出来，通过砖砌的烟道排向烟囱并对锅壳的外部加热，称为火筒锅炉。开始只装一只火筒，称为单火筒锅炉或康尼许锅炉；后来加到两个火筒，称为双火筒锅炉或兰开夏锅炉。1830年左右，在掌握了优质钢管的生产和胀管技术之后，出现了火管锅炉。一些火管装在锅壳中，构成锅炉的主要受热面，火（烟气）在管内流过。在锅壳的存水线以下装上尽量多的火管，称为卧式外燃回火管锅炉。它的金属耗量较低，但需要较大的砌体。

火管锅炉的优点：它的构造较简单，水及蒸汽容积大，对负荷变动适应性较好，对水质的要求比水管式锅炉底，维修也较方便，故目前各国还在制造，多用于一些小型工业企业生产、交通运输及生活取暖用汽上。

火管锅炉的缺点：火管锅炉受热面积少、容量小、工作压力低、金属耗量大，锅炉效率低并且水容积大；如果发生受热面金属损裂、爆破等情况，易发生爆炸危险，因此，这种形式的锅炉，显然不能适应后来单台容量加大，汽压、汽温日益增长的电站动力的要求。

（二）水管锅炉

19 世纪中叶，出现了水管锅炉。锅炉受热面是锅壳外的水管，代替了锅壳本身和锅壳内的火筒、火管。锅炉的受热面积和蒸汽压力的增加不再受到锅壳直径的限制，有利于提高锅炉蒸发量和蒸汽压力。这种锅炉中的圆筒形锅壳遂改名为锅筒，或称为汽包。初期的水管锅炉只用直水管，直水管锅炉的压力和容量都受到限制。

20 世纪初期，汽轮机开始发展，它要求配以容量和蒸汽参数较高的锅炉。直水管锅炉已不能满足要求，随着制造工艺和水处理技术的发展，出现了弯水管式锅炉。开始是采用多锅筒式。随着水冷壁、过热器和省煤器的应用，以及锅筒内部汽、水分离元件的改进，锅筒数目逐渐减少，既节约了金属，又有利于提高锅炉的压力、温度、容量和效率。

弯水管锅炉的特点：弯水管锅炉开始时采用多锅筒式，来保证有足够多的受热面和较大的蓄水容积，因此金属耗量大，优点并不显著。虽然如此，弯水管锅炉却是锅炉发展史上一大进步。随着生产发展的需要，材料、制造工艺、水处理技术以及热工控制技术方面的进步，锅炉技术水平也得到很快的提高。特别是水冷壁式锅炉的出现，过热器及省煤器的应用，以及锅筒内部分离元件的改进，可以减少锅筒的数量，节约金属，提高锅炉热效率，以及提高锅炉的容量和参数。

以前的火筒锅炉、火管锅炉和水管锅炉都属于自然循环锅炉，水汽在上升、下降管路中因受热情况不同，造成密度差而产生自然流动。在发展自然循环锅炉的同时，从 20 世纪 30 年代开始，应用直流锅炉。20 世纪 40 年代开始，应用辅助循环锅炉。辅助循环锅炉又称强制循环锅炉，它是在自然循环锅炉的基础上发展起来的。在下降管系统内加装循环泵，以加强蒸发受热面的水循环。直流锅炉中没有锅筒，给水由给水泵送入省煤器，经水冷壁和过热器等蒸发受热面，变成过热蒸汽送往汽轮机，各部分流动阻力全由给水泵来克服。第二次世界大战以后，这两种形式的锅炉得到较快发展，因为当时发电机组要求高温、高压和大容量。发展这两种锅炉的目的是缩小或不用锅筒，可以采用小直径管子作受热面，可以比较自由地布置受热面。随着自动控制和水处理技术的进步，它们渐趋成熟。在超临界压力时，直流锅炉是唯一可以采用的一种锅炉，20 世纪 70 年代，最大的单台容量是 27MPa 压力配 1300MW 发电机组。后来又发展了由辅助循环锅炉和直流锅炉复合而成的复合循环锅炉。

在锅炉的发展过程中，燃料种类对炉膛和燃烧设备有很大的影响。所以，不但要求发展各种炉型来适应不同燃料的燃烧特点，而且还要提高燃烧效率以节约能源。此外，炉膛和燃烧设备的技术改进，还要求尽量减少锅炉排烟中的污染物（硫氧化物和氮氧化物）。早年的锅壳锅炉采用固定炉排，多燃用优质煤和木柴，加煤和除渣均用手工操作。直水管锅炉出现后，开始采用机械化炉排，其中链条炉排得到了广泛的应用。炉排下送风从不分段的"统仓风"发展成分段送风。早期炉膛低矮，燃烧效率低。后来人们认识到炉膛容积和结构在燃烧中的作用，将炉膛造高，并采用炉拱和二次风，从而提高了燃烧效率。发电机组功率超过 6MW 时，以上这些层燃炉的炉排尺寸太大，结构复杂，不易布置，所以 20 世纪 20 年代开始使用室燃炉。室燃炉燃烧煤粉和油。煤由磨煤机磨成煤粉后，用燃烧器喷入炉膛燃烧，发电机组的容量遂不再受燃烧设备的限制。自第二次世界大战初起，电站锅炉几乎全部采用室燃炉。早年制造的煤粉炉采用了 U 形火焰。燃烧器喷出的煤粉气流在炉膛中先下降，再转弯上升。后来又出现了前墙布置的旋流式燃烧器，火焰在炉膛中形成 L 形火炬。随着锅炉容量增大，旋流式燃烧器的数量也开始增加，可以布置在两侧墙，也可以布置在前后墙。20 世纪 30 年左右出现了布置在炉膛四角，且大多成切圆燃烧方式的直流燃烧器。第二次世界大战后，石油价廉，许多国家开始广泛采用燃油锅炉。燃油锅炉的自动化程度容易提高。20 世纪 70 年代石油提价后，许多国家又重新转向利用煤炭资源。这时电站锅炉的容量也越来越大，要求燃烧设备不仅能燃烧完全、着火稳定、运行可靠、低负荷性能好，还必须减少排烟中的污染物质。在燃煤（特别是燃褐煤）的电站锅炉中，采用分级燃烧或低温燃烧技术，即延迟煤粉与空气的混合或在空气中掺烟气以减缓燃烧，或把燃烧器分散开来抑制炉温，不但可抑制氮氧化物生成，还能减少结渣。沸腾燃烧方式属于一种低温燃烧，除可燃用灰分十分高的固体燃料外，还可在沸腾床中掺入石灰石用以脱硫。

从锅炉的发展史可以看出，随着蒸汽参数（温度、压力）的提高及蒸发量的增加，锅炉的体积和水容量由小到大，又由大到小；金属消耗也由少到多，又由多逐渐减少；结构和制造工艺从简到繁，再从繁到简。目前锅炉正向着体积小、重量轻、安全可靠、操作方便、机械化和自动化的方向发展；同时，对燃料要求适应性强，对环境保护要求消烟除尘效果好。

三、锅炉的分类、型号及参数

（一）锅炉的分类

由于锅炉结构形式很多，且参数各不相同，用途不一，故迄今为止，我国还没有一个统一的分类规则。其分类方法根据所需要求不同，分类情况就不同，常见锅炉的分类见表 1-1。

表 1-1 锅炉的分类

分类方法	锅炉类型	简要说明
按用途分类	电站锅炉 工业锅炉 船用锅炉 机车锅炉	为大容量、高参数锅炉，火室燃烧，热效率高，出口工质为过热蒸汽 用于工业生产和采暖，大多为低压、低温、小容量锅炉，火床燃烧居多，热效率较低；出口工质为蒸汽（或热水） 用作船舶动力，一般采用低、中参数，大多燃油。锅炉体积小、重量轻 用作机车动力，一般为小容量、低参数，火床燃烧，以燃煤为主，锅炉结构紧凑，现已少用

按结构分类	火管锅炉 水管锅炉	烟气在火管内流过，可以制成小容量、低参数锅炉，热效率较低，但结构简单，水质要求低，运行维修方便汽水在管内流过，可以制成各种容量、参数锅炉。电站锅炉均为水管锅炉，热效率较高，但对水质和运行水平的要求也较高
按锅炉的蒸发量分类	小型锅炉 中型锅炉 大型锅炉	$D < 20t/h$ $D = 20 \sim 75t/h$ $D > 75t/h$
按锅炉出口工质压力分类	低压锅炉 中压锅炉 高压锅炉 超高压锅炉 亚临界压力锅炉 超临界压力锅炉	$p \leqslant 2.45MPa$ $p = 3.0 \sim 4.9MPa$ $p = 7.8 \sim 11.0MPa$ $p = 12.0 \sim 15.0MPa$ $p = 16.0 \sim 20.0MPa$ $p > 22.0MPa$
按燃烧方式分类	火床燃烧锅炉 火室燃烧锅炉 旋风（沸腾）炉	用于工业锅炉，其中包括固定炉排炉、倒转炉排抛煤机炉、振动炉排炉、下饲式炉排炉和往复推饲炉排炉等；燃料主要在炉排上燃烧 用于电站锅炉，燃用液体燃料、气体燃料和煤粉的锅炉均为火室燃烧锅炉；火室燃烧时，燃料主要在炉膛空间悬浮燃烧 送入炉排的空气流速较高，使大粒燃煤在炉排上面的沸腾床中翻腾燃烧，小粒燃煤随空气上升并燃烧；用于燃用劣质燃料；多为工业锅炉，大型循环沸腾燃烧锅炉可用作电站锅炉
按所用燃料或能源分类	固体燃料锅炉 液体燃料锅炉 气体燃料锅炉 余热锅炉 原子能锅炉 废料锅炉 其他能源锅炉	燃用煤等固体燃料 燃用重油等液体燃料 燃用天然气等气体燃料 利用冶金、石油化工等工业的余热作热源 利用核反应堆所释放热能作为热源的蒸汽发生器 利用垃圾、树皮、废液等作为废料的锅炉 利用地热、太阳能等能源的蒸汽发生器或热水器
按排渣方式分类	固态排渣锅炉 液态排渣锅炉	燃料燃烧后生成的灰渣呈固态排出，是燃煤锅炉的主要排渣方式 燃料燃烧后生成的灰渣呈液态从渣口流出，在裂化箱的冷却水中裂化成小颗粒后排入水沟
按炉膛烟气压力分类	负压锅炉 微正压锅 炉增压锅炉	炉膛压力保持负压，有送、引风机，是燃煤锅炉主要形式 炉膛压力为 $2 \sim 5kPa$，不需引风机，宜于低氧燃烧 炉膛压力大于 $0.3MPa$，用于蒸汽-燃气联合循环

（二）锅炉的型号

型号的第一部分表示锅炉和燃烧设备的形式及锅炉容量，共分三段：第一段用两个汉语拼音字母代表锅炉整体形式；第二段用一汉语拼音字母表示燃烧设备；第三段用阿拉伯数字表示蒸汽锅炉额定蒸发量 (t/h) 或热水锅炉额定热功率。

型号的第二部分表示介质参数，共分两段（热水锅炉分三段），中间用斜线相连：第一段表示额定蒸汽压力或允许工作压力；第二段表示过热蒸汽温度（蒸汽温度为饱和温度时不表示）；热水锅炉第二段和第三段表示出水温度和进水温度。

型号的第三部分表示燃料种类，用汉语拼音字母代表，同时用罗马字母代表燃料品种分类。

（三）锅炉主要参数

锅炉的主要参数，包括锅炉产生热能的数量和质量两个方面的指标，例蒸汽锅炉的主要参数是生产蒸汽的数量和蒸汽的压力、温度；热水锅炉的主要参数是热水的流量和热水的压力和温度。

1.锅炉出力

蒸汽锅炉的出力是指每小时所产生的蒸汽数量，也称为锅炉的蒸发量，用以表示其产汽的能力。蒸发量又称为容量，用符号"D"来表示，常用的单位是吨/时 (t/l)。

新锅炉出厂时铭牌上所标示的蒸发量，指的是这台锅炉的额定蒸发量。所谓额定蒸发量，是指锅炉燃用设计的燃料品种，并在设计参数下运行，即在规定的压力、温度和一定的热效率下，长期连续运行时，每小时所产生的蒸汽量。

热水锅炉的出力是指锅炉在保证安全的前提下长期连续运行，每小时输出热水的有效供热量，称为锅炉的额定供热量。热水锅炉的额定供热量为热功率，用符号"Q"表示，单位为兆瓦 (MW)。以前用工程单位为千卡/时（$kcal/h$），$1kcal/h=1.16W$

2.锅炉压力

压力是指垂直作用在单位面积上的力，通常叫压力（也叫压强）。用符号 p 表示，单位是"MPa"。蒸汽锅炉内为什么会有压力呢？这是因为锅炉内的水吸收热量后，由液体状态变成气体状态，体积膨胀。由于锅筒是密闭容器，蒸汽不能自由膨胀，而被迫压缩在锅筒内，因此产生压力。

热水锅炉压力主要由热水本身的压力造成的。热水锅炉的水是由给水泵送入锅炉的，给水泵的出口压力减去管道阻力就是锅炉的给水压力。

表压力是指以大气压力作为测量起点，即压力表指示的压力。绝对压力是指以压力为零作为测量起点的，即实际压力。其数值就是表压力加上 0.1013MPa（大气压力）。负压是指低于大气的压力（俗称真空）。通常负压燃烧的锅炉正常燃烧时，打开炉门会感觉到周围空气吸向炉膛，这是炉膛内负压缘故，一般炉膛出口维持负压 20～30Pa。

3.温度

温度是标志物体冷热程度的一个物理量，同时也是反映物质热力状态的一个基本参数。通常温度用"t"来表示，单位是摄氏度（℃）。在锅炉设计计算中，常用的热力学温度单位符号用 K 表示。如果以 T 表示热力学温度的值，以 t 表示摄氏温度的值，其转换公式为：$T = t + 273K$ 。

　　锅炉铭牌上标出的温度是锅炉出口处介质的温度，也称额定温度。对于无过热器的蒸汽锅炉，其额定温度是指锅炉额定压力下的饱和蒸汽温度；对于有过热器的蒸汽锅炉，其额定温度是指过热汽出口处的蒸汽温度；对于热水锅炉，其额定温度是指锅炉出口的热水温度。

第三章 锅炉的制造与改造

第一节 锅炉的制造工艺

一、锅筒的制造

锅筒是锅炉中最重要的压力容器，其制造工艺是锅炉制造工艺中的关键。锅筒是由筒体、封头及管接头等零部件构成的。这些零部件以及整个产品通常采用冷加工或热加工焊接的方法进行制造，是一种典型的焊接结构。

（一）筒节、封头的成型及组焊

为了便于筒节的装配及锅筒的排孔划线，应根据展开图在钢板上划出锅筒纵向中心线，并打上铳眼，作为筒节装配及锅筒排孔划线的基准线。对于不同参数的锅炉，封头的形式是不同的。低压锅炉常采用平封头或椭圆形封头，中压锅炉，一般采用椭圆封头，高压及超高压锅炉，则采用半球形封头。

厚壁筒节的纵缝主要焊接方法有电渣焊，单丝或者多丝埋弧自动焊的常规焊接工艺以及可焊更大厚度的窄间隙焊。为保证焊接质量稳定和焊接接头性能，对每一条内、外纵缝和每一条外环缝，均采用自动焊工艺；由于板较厚、沟槽深、熔敷道数多，焊接持续时间长，应严格执行筒节的充分预热。中断焊接时充分保温，焊后及时消氢处理，焊丝必须去除油污，加强对焊接过程中焊道可能出现的问题的观察检查，以减少或避免厚壁焊缝返修。

焊接坡口尽量采用全焊透的焊接坡口形式，内部宜选小坡口，尽量减小填充金属量，外部应根据板厚，焊接方法和接头形式分别采用不同形式的坡口。

对于埋弧自动焊，若板厚＜14mm时，可不开坡口；板厚为14～22mm时，多开V形坡口；板厚＞22mm时，多开X形坡口或U形坡口。厚壁容器壳体的窄间隙埋弧焊可以采用带固定衬垫或装有陶瓷衬垫的坡口形式，且主要用于筒体纵缝焊接，环缝多采用背面封底的单面焊坡口形式。对于焊条电弧焊，环缝打底焊坡口，装配间隙及钝边为 2mm 左右。坡口加工，可运用刨边或车削，手工打底焊后的清根，可采用碳弧气刨或风铲进行。

对于焊条电弧焊，首先要检查坡口尺寸及装配质量，错边量不大于 1.5mm，焊件装配必须保证间隙均匀，高低日围要将锈蚀、油污、氧化皮、水分等杂质清理干净，露出金属光泽，焊条经 250 ~ 400℃ 2h 烘干，随取随用。对于埋弧自动焊，焊丝表面的锈蚀，油污等必须清理干净，有局部弯折必须在盘丝时校直，焊剂经 300 ~ 350℃ 烘干 2h 后方可使用。

对于电渣焊，必须将焊缝的熔合面及其附近 40 ~ 50mm 处（筒体内外）清理干净，露出金属光泽，焊缝两侧要保持平整、光滑，必要时可进行砂轮磨光或进行机械加工以使冷却铜块能贴紧工件和顺利滑行。工件装配前，为便于冷却铜块的安装和通过，多采用 Π 形"马"铁来固定工件位置，工件装配间隙一般为 20 ~ 40mm。由于电渣焊是一次焊接成形，且加入的填充金属量较多，所以焊缝的收缩量较大，装配间隙应留有收缩余量和反变形，一般焊缝上端间隙比下端要大些，其差值的大小视焊缝长度而定，焊缝越长，差值越大。装配时，接头错边量 ≤ 1.5mm，且在焊缝始端装焊 50 ~ 70mm 高的引弧板，焊缝末端装焊 75 ~ 80mm 高的引出板，焊丝除油锈，有局部折弯处盘丝时校直。焊剂在 250 ~ 300℃ 下 2h 的烘干，根据工件焊缝的体积，确定焊丝用量，每次焊接前准备的焊丝，必须保证能足够焊完一条焊缝。焊丝如需接头要事先焊好并且接头要牢固和光滑。此外，焊前应对焊机各部分进行检查调试，水冷却铜块要预先通水试验。需要有应急措施，如准备适量石棉泥，以便发生漏渣时及时堵塞，不使电渣过程的稳定遭到破坏。

近年来，随着窄间隙焊接技术的发展，在厚壁锅筒纵、环缝的焊接工作中，有用窄间间隙焊接取代电渣焊接和埋弧自动焊接的趋势。这主要是因为在厚壁锅筒上采用窄间隙焊接更能发挥其生产率高，成本低，焊接质量好的优点，而且可以去除电渣焊后所必须进行的正火处理，从而简化了锅筒的制造工艺程序。目前使用较多的窄间隙焊是窄间隙埋弧自动焊。每层单道焊工艺方案适用于 70 ~ 150mm 的工件厚度，而每层双道焊的厚度使用范围为 100 ~ 300mm，焊件厚度在 300mm 以上时可选用每层三道焊。

（二）锅筒和管件的焊接与胀接

1. 排孔划线与钻孔

在锅筒上进行排孔划线应以钢板下料时划出的锅筒纵向中心线（纵向基准线）为依据。但由于在锅筒制造过程中，此基准线可能产生偏差，因此在排孔划线前，应给予校核。将锅筒旋转在滚轮上，并使纵向基准线处于其顶部，然后在锅筒的一端搁置直尺，用水平仪找平直尺。在直尺两端挂线与锅筒外壁相切。此时，在直尺的一端用锅筒的外半径长度在锅筒顶部划出中心点。用同样方法以直尺的另一端为中心，也在锅筒上划出中心点。

根据在锅筒两端划出的这两个中心点，定出锅筒的纵向中心线。另一方面，由于锅筒是由几段筒节和两个封头拼接而成的，制成后锅筒的总长度往往与图样上规定的尺寸有偏差。根据生产实践的经验，当环缝采用埋弧自动焊接时，锅筒的总长度一定比规定尺寸略长；当采用焊条电弧焊接时，锅筒的总长度一般比规定尺寸略短。因此，为了确保管孔位置的准确性，锅筒的横向中心线（横向基准线）应根据锅筒中间一段筒节来确定，也就是根据中间筒节两端焊缝中心之间的距离定出横向中心点。在锅筒的外圆周上每隔45°划出一个横向中心点，连接这些点，便得到横向中心线（横向基准线）。接着以横向中心线为依据，按图样要求，向锅筒两端排出管孔位置。再根据排出的管孔中心的斜向节距检验管孔中心位置是否准确。管孔中心确定后，便可划出定位孔和管孔的中心线。

管孔的加工往往需分几步进行。首先是用直径较小（通常为24mm左右）的麻花钻头在锅筒上管孔中心钻出定位孔，作为大直径钻头的定位对中孔。其次用大直径钻头或扩孔割刀进行扩孔，直至所需直径。第三步进行端面扩钻，加工出管座。对于胀接管孔，最后还需进行一次精加工，以保证管孔表面有足够的光洁度。

2. 锅筒与管件的连接

锅筒与管件的连接方法，可采用焊接连接，也可采用胀接连接。这两种连接方法各有优缺点，各有其适用范围。焊接连接能保证连接部分具有较高的强度和较好 . 的严密性，但需消耗一些焊接材料，而且在检修时更换管件较不方便。胀接连接具有操作简便，更换管子方便，不需消耗其他材料等优点，但连接处的强度和严密性较差。通常，对于中压、高压、超高压及更高压力的锅炉，因为锅筒承受压力较高，为保证连接处具有较高的强度和较好的严密性，应采用焊接连接。对于低压水管锅炉和火管锅炉，由于这些锅炉对水质没有较高的要求，管内较易结垢，火管锅炉中的烟管也很易积灰，在这种情况下，如何能方便地更换管件便成为必须考虑的问题，同时因为这些锅炉承压较低，因而往往采用胀接连接，但目前这类低压锅炉的胀口在实际运行过程中由于原先胀接力的不均匀和胀接力随着时间延长而减小出现泄漏的情况很多，低压锅炉的胀接连接也已逐步被淘汰，因此，胀接目前在锅炉制造厂一般只用来消除管子和管孔内壁的间隙。

二、受压管件的制造

锅炉的热交换管件大都是由各种形状的钢管组成，在锅炉上还有许多其他管件，如下降管、汽水连通管、排污管、取样管和给水管道、蒸汽管道等，各种集箱也大都是由大直径钢管制造的，因此，在锅炉制造中，管件的制造占着很大的比例。锅炉范围内的各种管件虽然用途不同，管件的形状不同，所用的材料也不同，但是，它们制造加工的基本工序都是类似的，制造管件的主要工序是划线、割管、弯管和焊接等。

（一）管件的划线与下料

管子的划线工作应根据管件的展开长度进行，同时应尽量注意到管料的拼接，在拼接管料时，应考虑到原材料的充分利用，尽量减少废料，同时，又应设法减少拼接焊缝的数量。管子划线后的切割下料工作，通常采用各种切割机械，可用普通的锯床，也可用各种专用的切管机。对于大直径管道有时也用火焰切割后，再进行端面机械加工。管子切割下料后的端面倾斜度应满足拼接焊接的要求。

（二）管件的弯制

1. 管件弯曲应力分析

在纯弯曲情况下，管子受力矩 M 作用而发生弯曲变形。管子中性轴外侧管壁受拉应力 σ_1 作用而减薄，内侧管壁受压应力 σ_2 的作用而增厚，同时，合力 N_1 与 N_2 使管子横截面发生改变。管子弯曲时变椭圆的程度习惯上用椭圆度 e 表示：

$$e = \frac{D_{max} - D_{min}}{D_w} \times 100\%$$

式中

D_{max} ——弯管横截面上最大外径（mm）；

D_{min} ——弯管横截面上最小外径（mm）；

D_w ——管子公称外径（mm）。

管子弯曲时除产生椭圆度外，内侧管壁在压应力 σ_2 作用下，还会丧失稳定性而形成波浪形皱纹（皱折）。

为减少弯管的椭圆度，使弯管便于进行，条件允许时，应取弯管半径 $R \geqslant 3.5L$，有时也对相对弯曲半径 R_x 和相对弯曲厚度 S_x 提出限制，即 $R_x = R / D_w, S_x = S / i$。

2. 机械冷态弯管

机械冷态弯管按外力作用方式可分为压（顶）弯，滚弯和拉弯等几种形式。其中的压弯和滚弯由于弯曲时控制较难，弯管质量不稳定，应用较少。目前在锅炉厂广泛采用的是拉拔式弯管方法。+++

3. 机械热态弯管

在冷态弯管设备功率不足（如直径较大或壁厚较大）或被弯管材不允许冷弯（如高合金钢管）时，应采用先加热钢管，再进行弯曲的热态弯管方法。大直径管道的弯曲，以及各种急弯头的制造，常常采用热态弯制方法。

利用特制的火焰加热圈对管子进行局部加热，然后进行弯管称为火焰加热弯管。这种方法设备简单，制造方便，成本低廉，但温度较难控制，生产率较低。中频感应加热弯管是将特制的中频感应圈固定在弯管机上，套在管径适当位置，凭借中频电流（一般为2500Hz），对管子待弯部分进行局部感应加热，待加热到900℃左右时，利用机械传动使管子产生弯曲变形。对大直径管道的弯制，可将要弯制部分局部预先加热，而后送到大型弯管机上进行弯管。这种热态弯管可以弯制各种钢材，包括淬火倾向较大的合金钢材管道，但要设置加热钢管的加热炉，使加热弯管变得比较复杂，同时要求有大型弯管机，设备投资也比较大，一般大型锅炉制造厂采用此种工艺。

（三）管件的对焊拼接

管件的拼接工作应根据批量、管径与壁厚等具体情况采用适当的焊接方法。近年来，许多新的焊接方法已在管子拼接中得到了应用。手工气焊目前还用于焊接小直径薄壁管件，特别是已弯制的合金钢管件的拼接，因焊后可适当加热使之缓冷。但气焊生产率低，焊接质量不高，中国"八五"已淘汰这种焊接方法。焊条电弧焊通常用以拼接直径较大，管壁较厚的管件。对已弯制的水冷壁管、下降管和汽水管等的连接，都常常应用焊条电弧焊。全位置钨极氩弧焊和等离子弧焊接，目前在小直径厚壁管子的拼接中已得到广泛的应用，质量可完全满足要求。

目前锅炉厂广泛采用的管子对接方法主要是小直径管对接的联合 TIG/MIG 焊和热丝 TIG 焊。TIG/MIG 焊接方法，是一种锅炉制造厂先进的焊接工艺方法，主要进行小口径管的对接焊，具有效率高，质量好等优点。这一工艺方法是采用 TIG 打底焊接，随后用 MIG 焊进行金属填充及盖面，既利用了 TIG 焊单面焊，双面成形的优点，保证了根部焊透，又利用了 MIG 焊具有较高焊接效率的优点，提高了焊接效率和劳动生产率，特别是随着高参数，大容量锅炉的发展，蛇形管膜式壁管子的壁厚增加，其优越性更加突出。TIG/MIG 焊接工艺合理，焊接质量好，效率高，用于小口径管的直管对接在锅炉制造厂获得了广泛的应用。

热丝 TIG 焊和常规 TIG 焊相比，主要是在焊丝进入熔池之前由加热电源对填充焊丝通电，依靠电阻热将焊丝加热至预热温度，从而提高了焊丝的熔敷速度，一般情况下，热丝的熔敷速度可比通常所采用的冷丝提高 2 倍以上。

4. 蛇形管的制造

锅炉的管式受热面，如锅炉的过热器，再热器和省煤器大都采用蛇形受热面。蛇形管外径一般为 $\phi 25 \sim \phi 63.5mm$，壁厚一般为 3.5 ~ 10mm，但展开长度可达 60 ~ 80m，甚至超过 100m。由于蛇形管的需要量大，焊接接头多，弯曲半径各不相等的特点，在锅炉制造业都采取一些特殊措施，例如建立流水生产线，实现制造过程的机械化与自动化等，以提高蛇形管零部件的制造速度，并保证产品的制造质量。

蛇形管的成形方式主要有三种：一是管子弯成弯头元件后，再与直管组装拼焊成蛇形管；二是将管子预先接成长直管后，再进行连续弯曲成形；三是一边弯管一边接长，即在弯曲过程中逐渐接长管子，从而形成蛇形管，目前锅炉厂主要以第二种方法力主。

（1）弯头元件与直管组装拼焊成蛇形管

这种方法采用的弯头元件有两种。一种是将手杖形的弯头元件进行焊接。另一种是采用"标准弯头"与直管组装拼焊成蛇形管。这两种方法的优点是弯管不需要大面积场地，采用的管子较短，材料利用率高。为提高下料精度，下料速度和原材料利用率，可采用电子计算机编排管子套裁程序。这种方法自动化程度低，电站锅炉制造厂一般不采用这种工艺。

（2）用接长的直管连续弯制成蛇形管

这种方法是先把原料管子进行对接拼焊，接成符合蛇形管展开尺寸的长直管，然后再将长直管按程序控制依次进行弯曲，形成蛇形管。按这种方式制造蛇形管的生产线是专门设计布置的，用于批量生产。它包括自动选管机（选管及分类）、切管机、焊管机（TIG/MIG 焊或全位置等离子弧焊）、长管架与输送装置、液压双头弯管机（两方向弯管）等组成部分。设备台数多，占用厂房面积大，适于专业化批量生产。

（3）用边弯管边接长方法制造蛇形管

在制造蛇形管的过程中，管子被一边弯曲一边接长由于弯管和焊接过程只能依次进行，因此生产效率较低，占用厂房面积较大，目前应用较少。

5.膜式水冷壁管排制造

随着高压、超高压、亚临界锅炉技术的发展，膜式水冷壁已得到广泛使用。膜式水冷壁的制造可分为水冷壁管排的制造，管排的组装和管排的弯制三个阶段。

（1）锅炉水冷壁制造的生产工艺流程

对于合金钢和不锈钢水冷壁管屏，不管用户有无要求，一律进行热处理以消除焊后内部应力；但对于碳钢水冷壁管屏，若用户无特殊要求，则不进行焊后热处理消除内部应力。

有弯管段水冷壁管屏的生产工艺流程与直管段水冷壁管屏生产工艺流程大体相同，有所区别的是，先按图样要求在已焊成的直管段水冷壁管屏的所需位置上切割开孔，后把事先预制好的弯管，对接焊接在水冷壁管屏上，之后再将门孔或金属附件等焊接在所需位置上。

（2）膜式水冷壁管排的组合焊接

生产中采用的膜式水冷壁管排组合焊接的方法有两种，简介如下：①鳍片管间组合焊接。这种组合方式是把轧制成的鳍片管在其鳍片端部相互焊接起来。可采用单面焊一次焊成，熔深应大于鳍端厚度的70%以上。一般都使用多头埋弧自动焊或气体保护焊。这种方法的优点是制造过程简单，生产率高，但鳍片管成本高，而且在管径、管距选择上灵活性小。②光管与扁钢组合焊接。这种组合方式材料成本低，管径与管距的选择更换比较方便，因此得到了较大的应用。扁钢与光管焊接在工业锅炉厂大都采用双头（或四头）埋弧自动焊，为保证接头熔化均匀，焊丝应倾斜一定角度。光管与扁钢组焊方法接头多，效率低，工件要经常翻转。

随着动力发电设备向着大容量、高参数的发展，膜式水冷壁的制造工艺有了很大发展，目前我国各电站锅炉制造厂都从国外引进了能成排拼接管子和扁钢的十二焊枪（MIG焊）的MPM焊接生产流水线，可同时焊接三管四扁钢上、下分布的十二道焊缝，管排不需要翻转，大大提高了生产效率和生产质量。

（3）膜式水冷壁管排的组装与弯制

把膜式水冷壁管排组装成管屏，一般都使用特制的装配装置，以便提高装配速度，保证装配质量。如设有气动推动管排机构的装配架，具有上下钳口可夹持两个管排，并有保证装配定位的可移动小车等，可保证逐段装配，定位和焊接。膜式水冷壁管排的弯制，一般采用卧式或立式液压机进行，也可使用卷板机进行辐弯成形。生产批量较大的工厂，常采用专用的成排弯管机。

三、集箱的制造

锅炉中的屏式，蛇形管式受热面介质的聚集和分散都需要进出口集箱，大容量，高参数锅炉受热面为减少热偏差，还需要中间混合集箱，因此集箱是锅炉制造厂中主要部件。集箱一般为无缝钢管件，只有大口径集箱才需要钢板弯制或卷制，用钢板弯

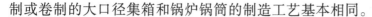

制或卷制的大口径集箱和锅炉锅筒的制造工艺基本相同。

一般工业锅炉制造厂，因锅炉容量小，锅炉本体尺寸也小，集箱一般不需要对接拼焊。其制造工艺的特点主要是下料和集箱管端旋压封口，然后在旋压封口处焊接手孔装置，集箱上一般布置有排孔，也需要焊管划线等工艺，最后进行水压试验。电站锅炉制造厂所制造的锅炉容量大，本体尺寸大，因此所需要的集箱通常需要对接拼焊，在制造上有其独特的制造工艺。

1. 集箱的对接拼焊

集箱对焊拼接工作常采用手工氩弧焊、焊条电弧焊、窄间隙埋弧自动焊。一般情况下，当集箱直径在 ϕ273mm 以下时，由于集箱直径较小、焊接时焊接区的焊剂不易保持，熔池容易流失，因此，只能采用手工氩弧焊打底，焊条电弧焊盖面，手工焊生产率比较低，焊接质量不易保证；当集箱直径在 ϕ273mm 以上时，可采用窄间隙埋弧自动焊盖面。

集箱对接环焊缝在装配前要求坡口及其内外表面两侧 20mm 内除去油污、铁锈及其有害杂质，并磨光，装配时留 2mm 左右焊缝间隙，以防错边过大。

焊后应对环焊缝进行射线检测或超声波检测，封底焊缺陷要用手工氩弧焊填丝修补。

2. 集箱管座坡口结构

锅炉集箱上都开有成排的管孔以便焊接和受热面相连接的管接头。集箱上焊接的管接头有长短之分，我国各锅炉厂一般采用短管接头。

3. 集箱端盖制造工艺

目前集箱直径 ϕ219mm 以下的集箱端盖基本上采用了热旋压工艺以取代通常所采用的焊接端盖。集箱端部旋压收封后，在端盖上采用机械加工开一小孔，然后进行盖板封焊，或者开一手孔，焊接手孔装置。当集箱直径大于 ϕ219mm 时，集箱端盖一般采用和集箱材料相同的平板形锻件经过机械加工制造而成。在集箱端盖和集箱相焊的地方开 U 形坡口，集箱端盖和集箱筒体的焊接方法和集箱筒体之间对接焊基本相同。

第二节　锅炉的制造质量控制

锅炉制造质量保证体系运用系统工程的理论，把锅炉制造的全过程和主要影响因素，按其内在联系划分为若干个相互独立，又相互联系的系统、环节和控制点。

一、原材料的质量控制

原材料质量控制主要有以下五个质量控制环节：订货的质量控制；原材料、外购件、外协件入厂验收的质量控制；保管与发放的质量控制；材料标记与移植；原材料代用质量控制。

按原设计标准要求，正确的选择锅炉的原材料并保证实际使用的材料和设计一致

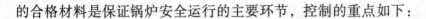

的合格材料是保证锅炉安全运行的主要环节，控制的重点如下：

（一）入厂检查

首先是质量证明书的检查（钢厂原始质量证明书）检查材料质量证明书应符合材料标准或规定要求的品种规格，抽取的试样足够，试样项目数据符合规定值。

（二）材料标记和标记移植检查

在材料上做好材料牌号和锅炉生产厂家检验编号标记，并在材料加工过程中对标记进行移植跟踪，可以起到保证使用符合设计规定的合格材料。检查的顺序：已复验合格的材料应正确地做好材料标记；材料单上的材料检验编号和所领料单上的标记应一致；材料分割后的标记，特别是割下剩余的材料应及时移植材料标记，防止使用时混料现象发生；加工和制造过程中的材料标记，一旦发现丢失应及时补上，防止用错；产品完工后最终应该核对材料标记的完整性和正确性。

（三）材料代用检查

为了保证产品质量和降低生产成本，产品材料的材质和规格代用是经常出现的，但要有严格的审批手续和明确的责任制度，代用的材料和原设计材料的规格和性能应接近，重大材料代用应征得设计单位的同意。

二、焊接质量控制

焊接是锅炉制造生产中的一道关键工序，其好坏直接影响锅炉设备安全运行的可靠性，同时关系到操作人员的人身安全。所以，必须对这一环节给予充分的重视，对其全过程进行严格的控制和管理，以保证其质量。

焊接质量控制主要有以下五个质量控制环节：焊接材料质量控制；焊接工艺试验与评定；焊接工艺文件与产品施焊管理；焊工管理；焊接设备控制。

（一）焊接前准备控制和管理

1.焊接材料质量控制

购买的焊接材料必须具有质量证明书，质量证明书内容数据要完整，焊材标志完整清晰，且必须符合相关标准要求。焊材质量证明书内容符合要求后，对其进行外表质量检查。焊条药皮应紧密、无开裂、气泡、肿胀和未调匀的药团，同时要坚固紧贴焊芯不偏心。合格后核实其化学成分、力学性能、焊接性能是否符合国家标准。对于焊丝，首先测量焊丝直径是否符合标准要求，并确认镀铜层是否牢固，缠绕后是否有起鳞及剥离现象，表面必须光滑平整不可有毛刺、划痕、氧化皮、油污、锈蚀等影响焊接性能的杂质。焊丝必须进行化学成分分析，并符合国家标准及部颁标准。

焊接材料应存放位于通风、干燥的一级库内，其温度保持在5℃以上，湿度不大于60%。按分类、牌号分批摆放，并做好挂牌工作。焊接材料应做到先入库的先使用。库存焊条如超过一年，应重新申报复验，符合要求后方可发放。焊条发放给焊工前应按焊条说明书规定进行烘焙，并应及时做好烘焙实测温度和时间记录。焊工凭焊材领用单领取焊材，发料员应在领用单上登记焊材的材料编号及实发量。焊工完成当班任务后，必须交回剩下的焊材。

2.焊接工艺评定

根据《蒸规》规定，对锅炉产品上受压元件之间的对接焊接接头、受压元件之间或者受压元件与承载的非受压元件之间连接的要求全焊透的 T 形接头或角接接头进行焊接工艺评定。焊接工艺评定必须在焊接产品以前完成。评定接头形式、材料类别、焊接工艺方法及厚度覆盖范围应满足本企业产品焊接需求，且其覆盖率必须达到100%。

3.焊工资格

从事锅炉受压件之间、受压件与非受压件间的焊接以及相关定位焊的焊工必须按照《锅炉压力容器压力管道焊工考试与管理规则》要求考试合格，并取证后方可从事考试合格项目范围内的焊接工作。合格焊工应建立技术档案，全面、完整的技术档案可使从事焊工管理工作的人员对焊工技术状况、焊工业绩等诸多方面有全面的系统的了解。一份较为完整的技术档案应该由含：焊工基本状况；培训资料；焊接质量状况记录；产品无损检测一次合格率、返修记录及奖励记录。

4.焊接设备

先进的焊接设备是焊接接头质量和提高焊接生产效率的重要保证。设备要专人保养，定期维修。设备的电流、电压等仪表都要经过计量部门检验。保证工装、胎具、卡具的完好。

（二）焊接过程控制和管理

产品施焊时，焊工应严格执行工艺纪律，严格按焊接工艺卡要求进行施焊，焊工完成焊接后，应在规定的位置打上焊工钢印，并在"制造流转卡"上作好记录，同时要求检验员签字认可，使焊接质量具有可溯性控制。按照《蒸规》规定进行产品焊接试板的焊接，产品焊接试板检验合格后，才能进入下道工序。须焊后进行热处理的锅炉，其相应的焊接试板应一起热处理，然后进行力学性能试验。当受压元件的焊接接头经无损检测发现存在不合格的缺陷时，首先应找出原因，制订可行的返修方案，然后才能进行返修。且同一位置上的返修次数一般不应超过三次，第三次返修必须经质量总监批准，并将返修情况记入产品质量档案。锅炉制造过程中，焊接环境温度低于0℃时没有预热措施，不得进行焊接。每个焊接工序周围都设有屏蔽，来防止侧向风的侵入，保证焊接质量。

三、受压元件制造质量控制

锅炉制造时控制受压元件几何尺寸偏差的主要目的，是为了避免受压元件及其连接处，产生附加应力，避免锅炉在运行过程中产生变形、裂缝，几何尺寸的超差不利于锅炉的安装，影响锅炉使用寿命，有的甚至会产生事故。

对于水管蒸汽锅炉，在任何情况下筒体的取用壁厚不得小6mm，当受热面管子与锅筒采用胀接连接时，筒体的取用壁厚不得小于12mm。对于锅壳蒸汽锅炉，当锅壳内径大于1000mm时，筒体的取用壁厚应不小于6mm；当锅壳内径不超过1000mm时，筒体的取用壁厚应不小于4mm。限制最小壁厚是为了考虑制造的工艺条件，受压元件的稳定性、强度以及腐蚀裕量，小直径锅壳锅炉壁厚比水管锅炉可以更小，是因为这些锅炉压力都比较低，而且检修要比水管锅炉方便。对胀管壁厚的限制是因为需要孔壁的弹性变形，在管子外壁产生摩擦力，将管子紧紧固定在管板中。

2. 焊缝数量及位置

锅筒筒体（锅壳）上最短筒节的长度，对热水锅炉和额定蒸汽压力不大于3.82MPa的蒸汽锅炉不小于300mm，对额定蒸汽压力大于3.82MPa的蒸汽锅炉不小于600mm。锅筒筒节上的纵缝不得多于两条，锅壳的筒节，公称内径不大于1800mm时，拼接焊缝不多于两条；公称内径大于1800mm时，拼接焊缝不多于三条。每节筒体（锅壳）纵向焊缝中心线间的外围弧长，对热水锅炉和额定蒸汽压力不大于3.82MPa的蒸汽锅炉不小于300mm，对额定蒸汽压力大于3.82MPa的蒸汽锅炉不小于600mm。相邻筒体的纵向焊缝应互相错开，两焊缝中心线间的外圆弧长，不得小于较厚钢板厚度的3倍，且不得小于100mm。

对不等壁厚的锅筒，相邻两筒节的纵缝以及封头拼接焊缝与相邻筒节的纵缝，因为条件所限无法错开允许相连。但焊接的交叉部位应进行100%无损检测。

对于卧式快装锅水等火焰直接接触的锅壳，纵向焊缝不能布置在底部，因为锅壳底部外侧受辐射热，内侧堆积水垢、水渣，纵向焊缝在这一部位易腐蚀、过热，所以应当避免。

3. 对接焊缝边缘偏差

焊缝对接边缘偏差会造成焊缝处产生附加弯曲应力，其大小与偏差值有关。当元件受力，力的大小相等，方向相反，且不在一条直线上时，会形成一个力偶，产生弯曲力矩，从而产生附加弯曲应力。因此，要限制边缘偏差，根据计算和光弹法测试，当斜率为1∶4时，应力集中系数 K_t 为 1.04～1.2。而当斜率为 1∶1 时，即没有削薄时，K_t 为 1.55～1.6。

4. 焊缝与开孔

焊缝本身已经减弱了钢板的强度，在焊缝及其热影响区开孔，就会进一步减弱强度。因此要予以控制。

焊接管孔应尽量避免开在焊缝上，并避免管孔焊缝与相邻焊缝的热影响区互相重合。如不能避免，则在同时满足下列条件时，可在焊缝及其热影响区内开孔：在开孔60mm（若管孔直径大于60mm，则取孔径）范围内的焊缝，经射线或超声波检测合格，且孔边无夹渣；管接头焊接后，经热处理消除应力。集中下降管管孔不得开在焊缝上。

胀接管孔中心与焊缝边缘的距离，应不小于 0.8d，并且不小于 0.5d +12mm。因为焊缝离胀接管孔太近，会影响金属在胀接时的弹性变形。

受压元件的主要焊缝及其邻近区域，应避免焊接零件。如不能避免时，焊接零件焊缝可以穿过拼接焊缝，而不要在拼接焊缝上及其热影响区内停止，以避免这些部位发生应力集中。

5. 几何形状和尺寸偏差：一般要检查内径偏差、椭圆度、棱角度、端面倾斜度和

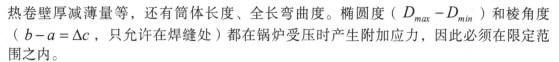

热卷壁厚减薄量等，还有筒体长度、全长弯曲度。椭圆度（$D_{max}-D_{min}$）和棱角度（$b-a=\Delta c$，只允许在焊缝处）都在锅炉受压时产生附加应力，因此必须在限定范围之内。

椭圆度主要是在加工成形及装配过程中造成的，如电焊焊接产生变形等，在筒体端面任意位置上用钢尺测量出最大直径和最小直径，它们之差即为椭圆度。棱角度主要是在滚筒加工之前，没有对两端进行预弯或焊后没有校圆所致。将外径卡样板上的基准线对准焊缝中心，用直尺在焊缝两侧测出样板到筒体的距离与样板高度之差的数值，即为棱角度。

6.表面质量

筒体制成后不允许有裂纹、重皮等缺陷。热卷筒体内外表面的凹陷和疤痕如果深度为 3 ~ 4mm 时应修磨成圆滑过渡，超过 4mm 时应焊补并修磨。冷卷筒体内外表面的凹陷和疤痕如果深度为 0.5 ~ 1mm 时应该修磨成圆滑过渡，超过 1mm 时应焊补并修磨。表面缺陷焊补后应进行无损检测。

（二）封头和管板

1.封头拼接焊缝

封头应尽量用整块钢板制成。如必须拼接时，拼接焊缝数量如下：公称内径 DN 不大于 2200mm 时，拼接焊缝不多于一条；公称内径 DN 大于 2200mm 时，拼接焊缝不多于两条。拼接焊缝离封头中心线距离心不超过 0.3DN，并且不得通过人孔，也不得布置在人孔扳边圆弧上。拼接焊缝与相邻筒体的纵向焊缝要错开 100mm 以上。人孔和封头扳边圆弧处本来就有剩余应力，焊缝再布置在这些部位会造成应力集中区重叠，对强度不利。

2.封头直边段长度

封头与筒体对接处的直边段长度 L 应符合表 2-1 规定，球形封头允许无直段。

表 2-1　封头与筒体对接处直边段长度规定　　（单位：mm）

钢板厚	直段长 L
<10	≥25
$10<t\leqslant20$	≥t+15
$20<t\leqslant50$	≥S/2+25
t>50	≥50

3.几何尺寸偏差

封头和管板的几何形状和尺寸偏差，应符合规定。

4.表面质量

表面不允许有裂纹、重皮等缺陷。对微小的表面裂纹和高度达 3mm 的个别凸起应进行修整。人孔内扳边弯曲起点大于 5mm 处的裂口可以进行修磨和补焊。修磨后的厚度不得超过规定。封头冲压后内外表面凹陷和疤痕的处理方法要求如下：热水锅炉和额定蒸汽压力小于 9.81 MPa 的蒸汽锅炉深度大于 0.5mm 但不大于公称壁厚的 10%，且不大于 3mm 的凹陷和疤痕修磨成圆滑过渡，超过以上规定时应补焊并修磨；额定压力不小于 9.81 MPa 的蒸汽锅炉，筒体内外表面的凹陷和疤痕如果深度为 3 ~ 4mm 时应修磨成圆滑过渡，超过 4mm 时应补焊并修磨。对于锅壳锅炉，冲压封头、管板上的凹陷深度在 0 ~ 5mm 至板厚的 10% 范围内，应修磨成圆滑过渡，超过板厚的 10% 时应补焊磨平。表面缺陷焊补后应进行无损检测。

（三）集箱

集箱拼接时最短一节长度不小于 500mm；集箱拼接环缝数，当集箱长度 ≤ 5m 时，不得超过一条；当 $5m < L \leqslant 10m$ 时，不得超过 2 条；当 $L > 10m$ 时，不得超过三条。

（四）炉胆

炉胆拼接焊缝方面的要求同于锅筒；U 形下脚圈的拼接焊缝一定径向布置。两焊缝中心线间最短弧长不应小于 300mm。炉胆内径不应超过 1800mm，取用壁厚不小于 8mm，且不大于 22mm；当炉胆内径小于或等于 400mm 时，其取用壁厚应不小于 6mm；卧式内燃锅炉的回燃室，其壳板的取用壁厚应不小于 10mm，并且不大于 35mm；炉胆下脚圈的厚度不小于 8mm。卧式锅壳锅炉平直炉胆的计算长度不超过 2000mm，如炉胆两端与管板扳边对接连接时，平直炉胆的计算长度可放大至 3000mm。

（四）锅炉管子

1. 管子的拼接

水冷壁管、连接管、锅炉范围内管道等管子的拼接焊缝数量，不应超过表 2-2 的规定。拼接管的最短长度不应小于 500mm。

表 2-2　拼接焊缝数量规定　　（单位：mm）

管子长度 L	$L \leqslant 2000$	$2000 < L \leqslant C5000$	$5000 < L \leqslant 10000$	$< L$ 10000
接头数量	不得拼接	1	2	3

每根（排）蛇形管全长平均每 4m 允许有一个焊缝接头，拼接管子长度一般不宜小于 2500mm，最短长度不应小于 500mm。插入管（指切取检验用或切除有缺陷焊缝后补入管子）长度不得小于 300mm。穿引孔处弯管接头、安装接头、插入管接头，以及特殊结构要求的接头数量，均可不计入接头总数内。如果为了修理需要，在受热面直管段部分的对接焊缝之间的距离可放大但不得小于 150mm。

2. 管子对接焊缝位置

因为管子弯曲起点附近存在附加弯曲应力，在管件的支、吊架存在着局部膜应力，而在锅筒、集箱的外壁，即在管孔边存在二次应力，管件对接焊缝中心离开这些部位一段距离，就是为了防止应力叠加。管子的对接焊缝应位于管子的直段部分。

四、焊后热处理质量控制

焊后热处理的目的是消除由于钢板受到不均匀加热而产生的焊接残余应力。焊缝及热影响区在高温下停留较长时间，从而使金属组织的晶粒边的粗大，同时易产生过热的魏氏组织。焊后热处理可细化晶粒，改变焊缝金属的力学性能；对于低合金珠光体耐热钢，焊后热处理可有效防止延迟裂纹产生。

焊后热处理质量控制主要有以下四个质量控制环节：热处理工艺试验；热处理工艺；热处理操作与记录；热处理设备与仪表。

低碳钢受压元件，其壁厚大于 30mm 的对接接头或内燃锅炉的筒体或管板的壁厚大于 20mm 的 T 形接头，必须进行焊后热处理。合金钢由于合金元素的存在，其可焊性一般较差，不但焊前要求进行预热，而且焊后都要求进行热处理，具体要求按锅炉专业标准规定执行。

异种钢接头焊后需要进行消除应力热处理时，其温度不应超过焊接接头两侧任一种钢的下临界点 Ac_1；以防止珠光体向奥氏体变化。对于焊后有产生延迟裂纹倾向的钢材，焊接过程中易形成淬硬组织，而且氢富集于焊缝中，所以焊后应及时进行后热消氢或热处理。

锅炉受压元件焊后热处理宜采用整体热处理。如果采用分段热处理，则加热的各段至少有 1500mm 的重叠部分，且伸出炉外部分应有绝热措施减小温度梯度。环缝局部热处理时，焊缝两侧的加热宽度应各不小于壁厚的 3 倍。

焊件与其他的检查试件（产品试板）热处理时，其设备和规范相同。焊后热处理过程中，应详细记录规范和各项参数。需要焊后热处理的受压元件，以及接管、管座、垫板和非受压元件等与其连接的全部焊接工作，应在最终热处理之前完成。

已经热处理的受压元件，应避免直接在其上焊接非受压元件。如不能避免，在同时满足下列条件时，可不再进行热处理：受压元件为碳素钢或碳锰钢材料；角焊缝的计算厚度不大于 10mm；应按经评定合格的焊接工艺施焊；应该对角焊缝进行 100% 表面检测。

四、无损检测质量控制

无损检测主要有以下六个质量控制环节：无损检测人员资格；无损检测工艺规程；无损检测程序与操作管理；暗室处理的管理；RT 底片评定审核与档案管理；无损检测设备管理。

无损检测人员应按劳动部发布的《锅炉压力容器无损探伤人员资格考核规则》进行考核。考核合格并取得资格证书的人员，可承担考试合格的种类和技术等级相应的无损检测工作。

无损检测标准、比例（含扩探）、方法、时间的要求按《蒸规》、《热水规》和《有机热载体炉安全技术监察规程》的要求进行。无损检测委托应及时、规范，原始记录清晰、准确，检测报告中各级人员签字齐全。无损探伤记录（包括底片），制造单位妥善保存至少七年或到期后可移交使用单位长期保存。

六、水压试验

水压试验是锅炉检验的重要手段之一。制造、安装、运行、修理和改造等各个环节均要进行水压试验。水压试验的目的是检验锅炉受压元件的严密性和耐压强度。水压试验前应对锅炉进行内部检查，必要时还应进行强度计算。不得用水压试验的方法确定锅炉的工作压力。

（一）试验前准备

新制造的锅炉，修理和改造的锅炉，其锅炉和受压元件的水压试验，应在无损检测及有关检验项目合格后进行。对需要热处理的锅炉受压部件和元件，则应在热处理后进行水压试验。安装中的锅炉，应在锅炉受压部件和元件安装完毕后，炉墙砌筑前进行水压试验。

对于不参加水压试验的连通部件（如锅炉范围以外的管路、安全阀）应采取可靠的隔断措施。锅炉应装两只在校验合格期内的压力表，其量程应为试验压力的 1.5 ~ 3 倍，精度应不低于 1.5 级。调试试压泵，使之能确保压力按照规定的速率缓慢升压。水压试验时，周围的环境不应低于 5℃，否则应采取有效的防冻措施。水压试验的用水应防止对锅炉材料有腐蚀，对奥氏体材料的受压部位，水中的氯离子含量不得大于 25mg/L，否则应在试验后将水吹扫干净。水压试验用水的温度不应低于大气的露点温度，一般选取 20 ~ 70℃；对于合金钢材料的受压部件，水温应高于所用钢种的脆性转变温度或按照锅炉制造厂规定的数据控制。水压试验加压前，参加试验的各个部件内部都应上满水，不得残留气体，水压试验时，锅炉使用单位的管理人员应到场。

（二）试验压力

水压试验时，薄膜应力不得超过元件材料在试验温度下屈服点的 90%。

再热器的试验压力为 1.5 p_1（p_1 为再热器的工作压力）。直流锅炉本体的水压试验压力为介质出口压力的 1.25 倍，且不小于省煤器进口压力的 1.1 倍。

散件出厂锅炉的集箱及类似元件，应以元件工作压力的 1.5 倍压力在制造单位进行水压试验，并在试验压力下保持 5min。小于或等于 2.5MPa 锅炉无管接头的集箱，可不单独进行水压试验。

对于焊接的受热面管子及其他受压管件，应在制造单位逐根进行水压试验，试验压力应为元件工作的 2 倍（对于额定蒸汽压力大于或等于 13.7MPa 的锅炉，此试验的压力可为 1.5 倍），并在此试验压力下保持 10 ~ 20s。如果对接焊接接头经氩弧焊打底并 100% 无损检测检查合格，能够保证焊接质量，在制造单位内可不做这项水压试验。工地组装的受热面管子、管道的焊接接头可与本体同时进行水压试验。

（三）试验程序

缓慢升压至工作压力，升压速率应不超过每分钟 0.5MPa；然后，暂停升压，检查是否有泄露或异常现象；继续升压至试验压力，升压速率应不超过每分钟 0.2MPa，并注意防止超压；在试验压力下至少保持 20min（对于不能进行内部检验和新安装的锅炉，

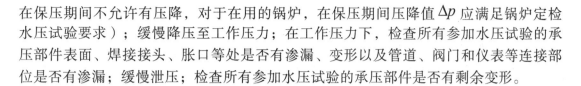

在保压期间不允许有压降，对于在用的锅炉，在保压期间压降值 Δp 应满足锅炉定检水压试验要求）；缓慢降压至工作压力；在工作压力下，检查所有参加水压试验的承压部件表面、焊接接头、胀口等处是否有渗漏、变形以及管道、阀门和仪表等连接部位是否有渗漏；缓慢泄压；检查所有参加水压试验的承压部件是否有剩余变形。

（四）注意事项

试压前，检查人员应将需要检查的部位事先列出需检项目和画出受检元件草图，以备试验时记录和防止漏检；水压试验应在白天进行，便于观察和检查；当水压试验时发现渗漏，应当使压力表降到零后方能修理；对制造、重大修理和改造中的锅炉受压部件和元件，移装时的元、部件损坏而重新制作的受压元、部件以及省煤器铸件，应单独进行水压试验，待锅炉组装后再需作整体水压试验；锅炉在水压试验时，要求用手压泵升压；水压试验后，应拆除所有管座上的盲板和堵板；水压试验必须用水进行，严禁用气压试验代替；水压试验压力必须按照规定执行，不准随意提高试验压力；试验结果应有记录备查，并有检验人员签字和注明检验日期。

（五）试验的合格标准

锅炉进行水压试验，符合下列情况时为合格：在受压元件金属壁和焊缝上没有水珠和水雾；胀口处在降到工作压力（热水锅炉为额定出水压力）后不滴水珠；水压试验后，没有发现残余变形；铸铁热水锅炉锅片的密封处在降到额定出水压力后不滴水珠。

第三节　锅炉的安装工艺

一般说来，大型锅炉安装的方法有两种。一种方法是在安装地点将锅炉的大量零件、部件一件件地吊放到配的部位，进行装接，这种方法称为分件安装法，也称为单装或散装。另一种方法是根据锅炉的结构特点，将整个炉体划分为若干起吊单元——组合件，先在地面组合场上将有关的零件拼装成较为重大的组合体，然后再一大片一大片地按顺序吊放到炉体上去拼装，这种方法称为组合安装法。

随着大型起吊机具的发展、设计与制造水平的提高以及锅炉结构的不断改进，为采用组合安装法提供了方便和有利条件。但是，随着锅炉容量和参数的提高，组件的质量迅速增大，吊高也大大增加，受热的管径也越来越小，管排的刚性越来越差，因此使组合安装的采用和组合率的提高受到一定的限定。在选择安装方法时，要因地制宜地结合现场情况和施工条件，通过科学分析、效益比较后确定。组合安装为主，单装为辅是中国大型锅.炉常用的安装方法。安装方法确定以后，还要根据机具条件等经过全面的分析比较，确定部件、零件或组件从什么路线吊到炉子上去。一般的做法是，在扩建端侧面或顶部留出"开口"，正处于"开口"位置的部件设备暂时不装，组件或部件通过"开口"，用吊车从水平途径吊进去，或将组件提升到一定高度后再从顶部"开口"放进去，并送至安装位置。不同的安装方案有不同的"开口"位置，也有不同的吊装顺序。"开口"位置要与吊车所在位置（或所能移动的位置）相配合，

而吊车位置又应与把组合场组合件送来的运输机械及其交通线相衔接。

（一）施工组织和准备

1. 施工计划的编制

施工组织和准备工作的好坏直接关系到施工能否有条不紊的、按照统一的安排与进度顺利进行，关系到施工现场广大施工人员、各班组以及各工种间能否密切密合，关系到能否充分发挥施工人员及机具的作用，关系到能否保证施工优质高速、安全节约。由于锅炉安装的工种繁多、立体和交叉作业多、质量关键多、技术要求高，因此，必须根据机具、设备及场地等具体情况，对施工中可能遇到的困难和问题，尽可能作出全面、细致、科学的分析，采取切实有效的措施，编制出一个指导施工的计划。施工计划的编制应符合国家的有关规定，尽可能选择技术先进、操作安全、经济、方便的施工方案。

2. 机具选择与布置

大型机具的合理选择与布置是锅炉安装施工关键之一，也是决定施工方案的重要依据。起重量、起重高度及幅度应能满足预制构件、设备（各大梁、锅筒等）或组件的运输、起吊和安装就位的要求；综合考虑土建构件的吊装和锅炉的安装；安装、移动、拆除应方便；机具的性能良好，生产效率高，制造容易，钢材消耗量少，运行费用低；要考虑到现场缆绳的干扰，吊车及运输铁路的布置，冬季吊装和施工等方面的问题；尽可能利用本单位已有的吊车，或将原有的吊车加固改造，提高起吊能力；需要考虑到锅炉连续安装台数、工程量的大小、施工工期的要求等。

由于各地区各工地的具体情况和条件不尽相同，应因地制宜地从实际出发，进行全面分析比较后，确定比较好的机具配置方案。机具布置的位置应使吊装范围最大，能够与全部构件设备的水平运输机械及其交通干线相衔接；拆除方便，使用期间的搬移次数要尽可能少（指非行动型吊车）；不影响地面设备的施工；吊装机具正常工作时，不碰撞建筑物和设备；缆绳和地锚应不影响现场的交通运输和其他部分的施工。

3. 组件划分、组合场地和组合支架

组件的划分、重量和外形尺寸应综合考虑锅炉的结构特点、起重机具的能力、所经路线和空间的许可尺寸、组合场地的大小、工期的缓急、设备的供应情况等因素，在条件许可时，尽可能提高组合率，减少组件的数量，增加组件的平均质量，减少高空作业量。具体说来：使每一组件的总质量（包括加固及保温材料的质量）尽可能接近吊车的起重能力；当组件超重时，应将容易安装而费工较少的部件暂不组合，而将不便单装且较为费工的零散件先组合上去；尽可能减少安装焊口数及高空不易焊接的焊口，增加组合焊口数；组件本身应有必要的刚性；组件应尽可能一次起吊就位。

（二）安装工艺的基本要求

大型锅炉的各部件、组件之间有着十分严密的相对关系，锅炉本体与辅助设备之间也通过各种（如汽、水、燃料、风、烟等）管道系统准确地连接着，而这些设备和系统长期在高温、高压条件下工作，同时经受着许多物理、化学作用（如设备及工质的荷重，工况及气候变化时的波动、冲击、振动、热应力、氧化、腐蚀、磨损等），

威胁到锅炉工作的安全性和经济性。在设备和部件的安装过程中，要求做到准确、管、箱内部畅通洁净、热胀处理恰当、压力容器及系统严密、结构牢固、可靠。

1. 装配尺寸准确性

除零部件本身的制造加工尺寸的正确度影响安装质量外，相互间装配的准确性也对安装质量有很大影响。因此，在组合及安装时，必须对每一部件及组件的相对位置严格地按图样要求进行检查和调整。设备的基础，钢筋混凝土柱梁，平台孔洞，支吊架承载点，预埋件等，应按图样要求标出中心线及标高点，以作为设备管道等就位时的找到依据。锅炉立柱在浇接时，即使有 1/1000 的歪斜，上、下部也将产生很大的偏差，柱顶承载后就难以保证重力通过柱心传至基础，从而产生巨大的弯矩。大型锅炉的水冷壁一般较长，如果在安装就位时不正直，则上、下部也将产生很大的偏差，此时，即使上部集箱位置准确，下部集箱和管排的拼缝处存在很大的间隙，使拼缝工作发生困难。此外，梁柱、悬吊管、支吊架等的安装位置如果不正，会使受力不均，产生附加应力，致使部分承力件过载而破坏。因此，在安装中应按规定保证部件的正直度。安装中仅保证中心位置正确、正直度合格，还不能保证设备和部件的空间位置符合要求，还必须使标高及水平度在指定的范围。如果标高及水平度的偏差（太高、太低、或两侧两头高低不同等）过大，会使对接的管口偏歪错开而无法对接，使吊杆倾斜，各吊杆间受力不均而产生附加应力。如果锅筒的标高不符或两端高低不同，不但影响管子对接，还可能引起汽水工况的变化。

2. 热力系统的畅通洁净

除提高给水品质，运行中进行排污，提高汽水分离效率以改善蒸汽品质外，从安装方面考虑，保证热力系统中的设备、管道、受热面等部件内部的畅通洁净，也是防止炉水品质变差，改善蒸汽品质，减小水力与热力偏差，避免管壁超温而发生爆管事故的重要措施。管道及压力容器等在制造过程、存放期间、运输途中、现场堆放及安装时难免生锈，积聚一些泥垢、油污，在加工、焊接过程中会落入一些杂屑药皮、焊渣，产生焊瘤等，在安装过程中必须进行管、箱内部的清理工作，如采取吹扫、铲刷、通球、化学清洗、蒸汽冲管等措施，确保管、箱内部的畅通洁净。

3. 热胀要求

安装工作是在常温下进行的，锅炉投运后，各部分（尤其是受热面）的温度将显著升高，而锅炉的结构和系统比较复杂，各部分的受热不同，尺寸大小不一，材料有别，胀值不等，胀向交错，如果计算不准、设计不当、安装不妥，都会阻碍受热体的自由膨胀而产生

巨大的热应力，轻则使部件变形，应力集中，重则引起破坏性事故。实际安装中预留的热胀间隙一般应比计算值取得大些（根据热胀值的大小及部件的重要性，余量可在几到几十毫米之间）。为让运行人员能够及时了解各部件的热胀状态，还应按图示位置，装设一些热胀指示器以便于监控，及时比较分析。在某些热胀量较大的直管道上，除顺热胀方向留出必要的热胀间隙外，还要采取一些热胀补偿措施，如风、烟道上的波纹伸缩节、大口径直管段上的自身补偿弯头及冷拉接口等。在两个相互连接而胀值、胀向又不一致的管子与铁件之间，还必须专门设置一些活络连接结构以保证

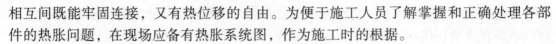

相互间既能牢固连接，又有热位移的自由。为便于施工人员了解掌握和正确处理各部件的热胀问题，在现场应备有热胀系统图，作为施工时的根据。

4. 系统防泄堵漏

锅炉的汽水系统或烟风系统若发生泄漏破坏，将给锅炉的安全经济运行带来严重威胁，造成能量损失，工作环境变坏，严重时还将造成事故，迫使锅炉停止运行。为保证锅炉各个系统的高度严密，除在设备上采用一些密封结构外，安装施工中还必须做好防泄堵漏工作。施工过程中，应对所装的设备及管道本身进行认真细致的检查，对有如裂纹、砂眼、孔穴、器壁局部过薄、用材不符合要求、严重锈蚀、焊缝存在缺陷等部件，必须进行检验、修理及处理，为检查和鉴定设备系统是否合格，是否有不严密的现象，应依照规范对单排蛇形管作 1.5 倍工作压力的超压试验。每组受热面组合之后，浇注炉墙之前，进行 1.25 倍工作压力的超压试验。对所有的焊缝、拼缝、接口、密封、防漏装置的施工，都要保证工艺质量要求，并要通过一定的办法检验其严密性，对汽水系统可通过水压试验，风、烟和煤粉系统可做漏风试验，油系统可运用水压或通油方法来检查，一旦发现渗漏，及时处理。

锅炉的组合、运吊、就位、安装过程中，各种各样的、大量的支承、悬吊结构和负重系统的稳定、牢固、可靠性，直接到施工的质量及安全，所以，必须做到正确设计，妥善装设，认真检查，严防承载时变形，更加不允许受力后发生破坏影响。

（三）钢架安装

大型锅炉都采用悬吊结构，钢架是炉体的支撑骨架，它承受着所有受热面、炉墙及其他附件的重量，并决定炉体的外形，还是本体安装时找正的依据和基础，所以，钢架的质量检验与安装十分重要。锅炉钢架的立柱可用钢筋混凝土制作，也可用型钢制作。采用钢筋混凝土立柱可节约钢材，但施工工序多，人工及木材消耗量大，不宜在严寒下施工，钢筋混凝土的重量也大，加重基础的负载。钢架的炉顶部分由金属的大梁、次梁和过渡梁等组成。锅炉本体部件通过吊杆悬吊在炉顶梁上。炉顶大梁、次梁均用具有良好低温韧性、适合用露天使用的 16Mn 钢制成。为加强大梁的稳固性，在框架的水平面（顶面）及垂直面（侧面）方向上，还布置了许多拉条，使框架形成刚性结构。

1. 组合工作

首先根据钢架结构的形式、工地的起重条件及施工方案等，对钢架组件进行划分。进行组合工作之前，还应进行组合场地、组合支架的放置与检查、设备的清点及检查、设备的划线定点、所需工具及材料等准备工作。组合的一般方法如下：按组合支架上已划好的大梁中心线、位置，放置好大梁，然后按图纸规定，采用玻璃管水平仪或水准仪进行较正。找正时，可将大梁顶起或吊空，用垫铁进行调整。考虑到大梁与次梁的焊接收缩，找正大梁间距时，应注意留出点焊收缩余量，因此，大梁间的开档一般可放大 2 ~ 4mm；用吊线锤法检查大梁的垂直度，用拉钢卷尺法检查大梁间的中心线距离，用拉对角线法检查大梁间的棱形度，用玻璃管水平仪或水准仪（也可用经纬仪或激光找准仪）检查大梁间的水平度及标高；大梁找正找平后，需临时在大梁左右两

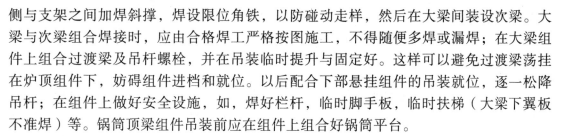

侧与支架之间加焊斜撑，焊设限位角铁，以防碰动走样，然后在大梁间装设次梁。大梁与次梁组合焊接时，应由合格焊工严格按图施工，不得随便多焊或漏焊；在大梁组件上组合过渡梁及吊杆螺栓，并在吊装临时提升与固定好。这样可以避免过渡梁荡挂在炉顶组件下，妨碍组件进档和就位。以后配合下部悬挂组件的吊装就位，逐一松降吊杆；在组件上做好安全设施，如，焊好栏杆，临时脚手板，临时扶梯（大梁下翼板不准焊）等。锅筒顶梁组件吊装前应在组件上组合好锅筒平台。

2.吊装工作

由于各立柱都处于独立的状态，为使安装人员能在柱顶安全、方便地进行吊装前的准备工作，在炉顶钢架正式吊装之前，应在立柱顶部安装柱顶划线的临时工作平台，并接通至划线平台的临时扶梯通道。施工时，先按图测量立柱的准确性，然后在柱顶复查或划出锅炉和钢架的中心线标记，作为炉顶钢架就位时的依据。采用钢立柱时，应按厂房位置基准线及图纸规定，在锅炉基础上划出锅炉的纵向及横向主中心线，然后按锅炉主中心线划出各根立柱的十字中心线，并核对各立柱间的中心距离、对角线。

柱顶划线平台吊装及柱顶划线完成之后，在立柱顶面上放置炉顶大梁支座，测量并调整其标高、水平、中心位置、间距及相应对角线等。如果支座的标高或水平度不符合要求，可采用垫铁板或刨削支座的方法进行改变。大梁支座找正后，暂不焊接，但为防止炉顶组件就位时碰动支座，可先在支座四周的预埋铁板上点焊几段限位铁，待炉顶组件就位并使支座与大梁下翼板档间隙为5mm得到保证后，再将支座与混凝土立柱顶面的预埋铁板焊牢，然后再在柱顶预埋铁板上焊上大梁就位时的限位铁。

为合理地选择起吊节点，需应用力矩平衡原理求定组件总重心的位置。组件重心确定后，可根据组件的结构、强度、刚性，机具的起吊高度、起重索具的安全要求及系结方式等因素，选定起吊节点。炉顶组件中的大梁及次梁具有足够的强度和刚性，能够承受组件的重量，所以炉顶组件均可直接用钢丝绳捆扎而不必另加临吊耳。为了保证运吊的平稳可靠，吊点一般不少于四个，并要围绕重心，与重心对称。

为防止绳索受力后受到梁边锐角的切割，钢绳与梁角间应垫衬防护物（如麻袋、木板或管瓦等）。起吊机具的吊钩应位于组件重心的正上方，不准倾斜起吊。组件吊点至吊钩的高度，应根据机具起吊能力、进档需要及不使吊绳间夹角过大等因素来确定。正式起吊重大或重要组件之前，应先进行试吊。组件稍稍吊空后，对机具、索具、夹具和组件进行全面检查。

为保证组件吊空后的平稳，调节水平方便，可根据组件尺寸的大小，在组件偏重侧拉一副适当起重量的滑车组，其出端利用链条葫芦调节控制以维持重心稳定。对需要吊空后再组装过渡梁下的吊杆的组件，更需要在吊钩与吊杆间系拉调平葫芦。组件经试吊正常并做好就位的准备工作后，即可正式起吊。在吊装过程中，应尽可能一次就位，避免不必要的中途高空停留。组件在柱顶就位后，经找正、固定之后才可松去吊钩。

四、水冷壁安装

考虑到运输与安装的方便，水冷壁在出厂时都拼焊成若干较大的管屏（片段）。

随着锅炉容量的增大，水冷壁的尺寸也增大，而刚性相应变差。为增加水冷壁的刚性和抗爆防振能力，在水冷壁外侧都设置了多道横向刚性梁，刚性梁在炉角处用滑槽连接。

（一）组合工作

大型锅炉一般采用膜式水冷壁，制造厂拼焊成管屏后出厂。可根据现场起重条件、吊装方案及组合附件的多少等划分组件，可以单片为一组件，也可两片甚至三片为一组件。将组件的各段管屏按组合位置依次吊放在组合架上之后，须核对管屏上所有的人孔门、看火孔、防爆门及测量孔的位置及方向，防止遗漏或放错，然后对管排的宽度、长度、平整度及对角线等进行认真的测量检查。

为尽可能减小管屏对接时产生的热应力，减小焊接变形，管屏预拼时必须采取合理的分批对接，交错施焊等正确工艺。将管屏间整道对口一次修齐后对焊，或依次从一侧焊到另一侧或全部对口点焊后，再全面焊接等做法都是不正确的。

对口焊接之前，应对各道焊口的对口间隙进行全面的测查，并记录好每根管子焊口间的实际间隙。管子对接坡口角度为30°～40°，若采用氩弧焊打底，电焊覆盖，则坡口角度在40°左右。为对口焊接方便，管口两边的鳍片应吹割几十毫米以减少其刚性，便于找正对口，对口完毕后再补焊上。管排焊接时，下部要用千斤顶顶实，以防焊接过程中管排变形。

组装中的拼缝间隙必须得到严格控制，一般应在30mm以内，最大不超过50mm。拼缝所用的扁钢材料及焊条应按规定选取，并经光谱分析，合格后才可使用。若拼缝间隙过大，错用拼缝钢材或焊条，易使水冷壁在运行中发生爆管事故。

（二）吊装工作

由于水冷壁组件长大单薄，刚性较差，外侧又常常敷设炉墙保温，后墙水冷壁组件，下部有炉底，上部有折焰角，形状结构更为复杂，所以水冷壁组件的运输、吊装较为困难。

吊装前，除一般的检查、准备工作外，应着重对吊点及临时节点的位置、强度等进行认真的复查与核算，同时做好组件运输和起吊的加固工作，如加固梁（或桁架）与组件刚性梁间挂钩的焊接与装配，组件上、下集箱与加固梁（或桁架）两端间用槽钢焊接固定，前、后水冷壁炉底灰斗与上端用拉条拉紧。此外还要考虑并安排好组件运吊途中需要进行的工序，如加固梁（或桁架）与组件的分离方法，组件进入开口后的中间换钩位置、方法等。水冷壁组件的吊装一般在炉顶钢架吊装和校正结束后进行。

五、锅筒安装

锅筒的固定有两种方法：一是悬吊式，二是支承式。我国产大型锅炉中，锅筒都是悬吊在炉顶锅筒钢梁上。

（一）组合工作

组合施工前，为了检查、找正和定位的需要，必须准确地划定锅筒的中心线，划线的方法一般有两种：一是利用制造厂在锅筒上所打的中心线标记（铣眼）来划线（对制造厂做的铳眼标记，现场要进行复核）；另一种是根据锅筒筒体上多数管头的位置和图纸尺寸来划线。先定出纵向管孔中心线，再分出锅筒两端的四等分线（即横断面十字中心线），划出吊环位置，并用铳头冲印，标好色记；锅筒的吊环由吊杆与链板或多层钢板和销轴组成。零散件运到工地后，需按规定要求检查其质量、尺寸，并进行光谱分析。

组合施工中应注意如下几点：由于大型锅炉的锅筒粗而长，运行中的热胀值可达40～70mm，致使吊环的热位移也较大，所以，吊环的位置要放准，保证锅筒与吊环的热胀自由，位移不受阻碍，应力最小；由于锅筒的纵、横中心线是其他受热面定位的依据，所以，锅筒两端及中部的十字中心线铳眼必须十分准确；组合锅筒内部装置时，必须严格按规定施工，使装配准确、严密、牢固，防止运行中泄漏、松动或脱落；由于锅筒壁厚，又是合金钢，组合中不允许在锅筒上引弧施焊，以防由于受热不均后，产生裂纹。

（二）吊装工作

锅筒起吊前应做好如下检查：将锅筒运放在安装位置正下方的零米层或运行层上，检查并调整锅筒的方向、位置及水平；根据锅炉纵、横向中心线，在锅筒顶梁上划出锅筒的纵、横向中心线位置，再根据锅筒横向中心线划出锅筒吊架的纵向中心线，并复核对角线。检查螺栓与吊环螺孔的连接，不应该太紧（要求有 0.5mm 的间隙），上环与下环间的连接夹板要灵活不卡。

锅筒的提升方法应根据吊车能力和现场条件来确定。通常有三种提升方法：用吊装机械直接提升。此时，吊钩可从锅筒正中上方的顶梁空档间放下；用锅筒顶梁上设置的卷扬机及滑车组提升；一端用炉顶滑车组，另一端用吊装机械进行联合提升。提升过程中，应尽可能保持锅筒水平。但在必要时（如遇到阻碍）也可略微倾斜，倾角一般应小于 15°，以确保安全。起吊时，应先稍稍吊空，经试吊检查（以利于平稳提升，同时便于上、下吊环对接）后，方可正式提升。

当锅筒提升到安装位置后，即可插进上、下吊环间的夹板，两孔重合时，拧紧连接螺钉。上、下段吊环接头处的连接工作，应两端两边同时进行。由于链板（吊环）上段悬挂在顶梁上，容易摆动，但不能上下伸缩，而下段是紧缚在锅筒上的，没有伸缩摆动的余地，要求链板与链板的相互对插必须处于自然和灵活不卡的状态，不得有扭转、重叠等情况出现。为了防止上部吊链偏斜摆动，可用角铁交叉地将上段两根吊链临时点焊起来。然后检查、调整锅筒的标高、水平，并复核其位置，锅筒找正后方可松去吊钩。吊架上所需焊接的部位，应按图纸要求全部焊好。找正后的锅筒应进行临时固定，以防碰动，影响其他组件的找正及管口对接，但筒身上不允许点焊。

以上是锅筒单独就位的情形。当条件允许时，也可采用组合后整体吊装的方法。先在平地上将锅筒炉顶与吊环上部组成一个组件，并适当加固，使其成为稳定结构，锅筒与吊环下段也组成

一个组件，并复核两个组件上吊环的位置、间距，然后将锅炉组件运到吊车力矩范围内垫实、放正、找平。

锅筒吊装时，吊环固定端弧形垫座处的楔形垫铁，调整好后一定要点焊，以防走动。锅筒采用四只吊环时，应注意保证各吊环间受力均称。此外，锅筒吊环应能保证锅筒热位移的自由，吊环固定端的弧面或球面垫块和垫圈间应接触较好，滑动灵活。

六、过热器安装

大型锅炉中，过热器受热面积所占比例很大，布置面广，种类较多，结构复杂。组合和安装过热器时，除应满足一般的工艺要求外，还要保持管子间的横向节距均匀适当，防止产生"烟气走廊"。蛇形管就位时要找正好位置，保证面平边直，与炉墙的间隙也须符合规定。过热器蛇形管上所用的铁件，如管夹、楔形板、支吊等，由于它们的工作条件比受热面还要差，必须采用较好的耐热合金钢，应十分重视其材质的检验，装配要正确、稳固。

（一）对流过热器

由于对流过热器重量大，高度大，宽度也大，但厚度较小，因此稳定性差，搬运困难，组合场地应选定在吊车的起吊力矩范围以内，以便就地起吊。

在立置组合支架上部，搁置横梁之前，应先将蛇形管束根据叠排顺序吊入组合架内临时放置。临时放置应从两侧向中间均称堆靠，不可以堆靠在一侧，以免支架单面受力而变形损坏，也防止组合支架产生不均匀下沉而倾斜。集箱的上架方法有两种：一种是随集箱上部的组合架吊梁一起上架，另一种是先将集箱放进组合架，临时悬挂之，组合架吊梁装好后再将集箱就位、找正、固定。

蛇形管片与集箱的对口焊接应从中间向两边进行。对口焊接及热处理时，一定要将管排下部弯头垫实或将管排上部弯头临时吊住，以支承管身重量，减小焊口处的拉力，防止焊口红热部分的管壁因自重而拉薄变形，并防止管排动荡或集箱走动。组装蛇形管排的同时，应将吊挂铁板、楔形卡板及其他固定零件装上去，所有管夹应调至平齐，以保证管节距正确。管排焊接结束后，应根据质量要求进行一次校管。然后对组件进行吊装。值得指出的是，由于高温对流过热器一般布置在后水冷壁折焰角上方，就位开档紧窄，不能一次就位，中途须经几次临时悬挂或接钩，才能到达安装位置。组件就位后，连接好上部吊杆，进行初步找正，使标高暂先偏高15mm，以便于调整。然后按大梁（或定位基准线）纵、横向中心线及立柱上统一的标高基准点进行第二次找正。

（二）屏式过热器

屏式过热器多采取卧置组合，以节省组合支架的钢材消耗量，增加稳定性。由于前屏出厂时已焊成单片管屏，没有现场组合焊口，所以前屏一般都是单片或几片一组进行吊装。后屏组件常包括一、二级减温器，并有较多的现场焊口，所以后屏采用组合比单装有利。

为了保持管屏间的横向间距，增加固定性，管屏间常利用凸出的一根弓形管将每两片管屏搭接在一起。组合时须对弓形管的位置、凸出的尺寸等进行检查，以确保每

对管屏连接顺利，距离准确，就位后的管屏能处于悬垂、平行状态。

在经过检查、找正好的组合支架上，划定集箱与各管片的位置线，测好间距，做好标记。集箱组合前应先完成划线定点及管座的编号工作，然后将集箱就位，找正后将集箱临时固定。对集箱内部全面清理检查后，将管口全部临时封闭

经检查、调整后与集箱焊接好，并在此两片管屏的外档，临时设置斜撑，以防管屏倾倒或走样。以两边装好的管屏为基准并在自由端拉线，依次将其余管屏一片片地就位、找正、临时固定。为防止 U 形或 W 形管变形，各片管屏两面需用临时夹板夹牢，管屏就位、找正好之后，应随即将临时夹板的底部与组合架下部的横向槽钢焊牢，各夹板的顶部也应用角铁相互拉牢，以增加组件的稳定性。

管排与集箱对口焊接之前，管口应做好角度为 30°～40°的坡口，对口间隙为 1～2mm，钝边为 0.5～1mm，距管口 10～15mm 内、外范围内应清理干净。临时固定集箱时，应采用包箍等方法进行，不可在集箱上点焊。

组合件的质量要求与对流过热器相同。屏式过热器无论是单片吊装，还是组件吊装，都由于体积、质量相对较小而较为简单。找正的质量要求也与对流过热器相同。

七、省煤器安装

省煤器可以单装，也可以组合，需根据省煤器的结构、布置以及起重条件等来确定。单装时，常以一级中的整个管片为单元，如果一级中分几段，应先在地面将几段焊接成整片后再吊装。组合时，由于省煤器较重，常以段为单元来划分组件。

组合要点如下：在组合架上放置好上、下集箱及下部支承空心梁，找正固定之后，将蛇形管排的位置标划在空心梁上；沿宽度方向装 2～3 排蛇形管（两边上各一排，若组件较宽，正中部还可装一排）作为基准管，将其尺寸、位置、平整及垂直度调整到符合要求后，与集箱对接；以基准蛇形管排为依据，按编号的顺序，将其余蛇形管排依次就位，并与集箱对接。对接可由一边到另一边，也可从中部开始，同时向两边进行；配合管排的组合，将管夹的上、下端与上、下部空心梁焊牢。为了使管夹的上、下端能与空心梁顺利焊接，组合蛇形管时，不能将管片的次序和搭配弄错，要尽量使管夹上端平齐，若管夹长短不一，应先保证上端对齐，较短管夹的下端垫以适当厚度的垫片；组合单级省煤器时，若将上、下集箱找正、固定后，再将蛇形管排就位，会发生困难。可在上集箱就位找正后，做好标记后，将其临时吊开，将蛇形管排预先吊放在组合架的下部空心梁上，紧靠一边或两边临时搁置，然后再将上部空心梁及上集箱复位、固定；为了提高组合效率，减轻劳动强度，可在组件正上方的组合架上，架设 1～2 根道轨，作为电动葫芦或猫头吊滑车的跑轨，道轨应伸至蛇形管单片堆放处的上方。也可使用型钢制造的，起吊能力为 0.5～1t 的小龙门吊；蛇形管排全部焊接完成后，应对整个组件作一次外形尺寸的复核，并进行相应的校正工作。对所有裸露管口、孔口，均应封闭；对装有防磨罩的蛇形管，防磨罩应在蛇形管组合之前装好，并应正确地留出接头处的膨胀缝隙。

若省煤器共分上、中、下三个组件，先将省煤器上组组件吊放在托架上，拖运至安装位置的正下方，在托架的前、后梁上各焊两只吊耳，与前、后包墙下集箱上悬挂

的葫芦位置相对应,组件经找正后,即可提升。提升至低温过热器下部后,用吊线锤法找准、找直,然后将省煤器管夹上的端板与低温过热器管夹下的空心梁焊接起来,同时穿装好省煤器上集箱的吊耳螺丝。全部连接完毕并经检查无误后,将托架(连同上组组合架)放至零米,然后吊走。再将省煤器中组组件吊放在托架上,拖至安装位置的正下方,经找正后提升,并与上组省煤器组件接装。最后用同样方法将下组省煤器组件与中组省煤器组件接装。

省煤器就位、找正后,应符合如下要求:集箱的标高、水平和位置的允许误差与对流过热器相同;上、中、下三组管夹连接后的位置应在同一垂直线上,管夹端部的覆板与空心梁的焊接应两边同时对称地进行;省煤器蛇形管排前、后弯头及侧面与包墙过热器管屏间,应保证规定的热胀间隙;集箱上各吊杆的松紧程度应一致,使负荷分配均匀,确保安全、可靠。

第四节　锅炉的安装质量控制

一、安装前检查

锅炉安装前,应在现场对制造的锅炉部件进行复核检查,重点包括部件编号、几何尺寸、壁厚测定及外观质量检查等。检查锅筒内外表面有无裂缝、撞伤、龟裂、分层等缺陷,焊缝的质量有无问题,检查锅筒上的管孔、管座(管接头)、法兰盘、人孔门等的数量、质量及尺寸是否符合要求;对锅筒的材质应进行分析核对,检查锅筒的弯曲度,要求弯曲度的偏差≤锅筒长度的2/1000,全长偏差≤15mm;核对锅筒内部装置和零件的数量、质量,并清除锅筒内壁和零件上的铁锈、焊渣及杂物。

受热面管在组合和安装前必须分别进行通球试验,试验用球采用钢球,且必须编号和严格管理,不得将球遗留在管内,通球后的管子应有可靠的封闭方法。过热器、省煤器管在组装前应逐根进行水压试验。对安装后出现缺陷不能处理的受热面管子,在组装前应做一次单根水压试验或无损检测。试验压力为工作压力的1.5倍,水压试验后应将管内积水吹扫干净。合金钢部件材质应符合设备技术文件的规定,安装前必须进行材质复查(100%光谱分析),并且在明显部位作出标记。

集箱和管道的对接接头,当材料为合金钢时,在同钢号、同焊接材料、同焊接工艺、同热处理设备和规范的情况下,每批做焊接接头数1%的模拟检查试件,但不得少于一个。受热面管子的对接接头,当材料为合金钢时,在同钢号、同焊接材料、同焊接工艺、同热处理设备和规范的情况下,从每批产品上切取接头数0.5%作为检查试件,但不得少于一套试样所需接头数。在产品接头上直接切开检查试件确有困难的,如锅筒和集箱上管接头与管子连接的对接接头、膜式壁管子对接接头等,可焊接模拟的检查试件。

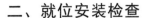

二、就位安装检查

锅炉基础：包括基础外形、几何尺寸；混凝土强度、试验报告；隐蔽工程交接等。

钢架结构：包括各立柱的位置偏差；各立柱间距离偏差；立柱、横梁的标高偏差；各立柱相互间柱高偏差；立柱的不垂直度；两柱间在铅垂面两对角线的不等长度；各立柱上水平面内或下水平面内相应两对角线的不等长度；横梁的不水平度；支持锅筒的横梁的不水平度；垫铁及二次灌浆的检查。

锅筒安装：审查锅筒的出厂资料是否与实物相符。审查吊装方案，重点审查吊装和吊架的安全系数、吊装程序、现场专职监控人员的资质。锅筒内外部应进行检查测量，对外观检查有碰撞、刮擦的损伤，应立刻进行修复。锅筒找正后，应符合如下质量要求：锅筒标高误差 ≤ ±5mm；锅筒纵向及横向水平误差 ≤ ±2mm；锅筒纵向、横向中心线与锅炉主中心线间的距离误差 ≤ ±5mm；锅筒吊架中心线间距离误差 ≤ ±5mm。这样以利于水冷壁管、对流管的组装对接。

集箱、连通管安装：根据出厂资料和锅炉安装工艺设计图复核集箱、连通管的外观质量，测量径壁厚、椭圆度，其误差必须在规范允许的范围内，尤其重点复核现场进行对装的集箱、连通管对口尺寸的偏差，如管口倾斜度、坡口角度、管端不圆度、两对口间的直径偏差。条件允许可进行造配组合，以减少对接错边量，就位找正后质量要求如下：集箱标高误差 ≤ ±5mm，集箱水平误差 ≤ 3mm，组件中心线与基准中心线的距离偏差 ≤ ±5mm。

水冷壁、对流管束安装：现场除按各项质量要求进行必要的外观质量复核外，还应依据不同管径、壁厚、煨弯半径、拼接管焊口的焊接方法，核算通球直径，通球合格后应封堵以防止异物进入。管子的焊接对口内壁应平齐，其错口不应大于壁厚的 10 倍，且 ≤ 1mm。管子由焊接引起的弯折度应采用直尺检查，在距焊缝中心 200mm 处的间距 ≤ 1mm。

过热器、省煤器安装：过热器、省煤器等蛇形管组合及安装时，应先将联箱找正固定后安装基准蛇形管，基准蛇形管安装中，应仔细检查蛇形管与联箱管头对接情况和联箱中心蛇形管端部的长度偏差，待基准蛇形管找正固定后再安装其余管排。省煤器是锅炉的尾部受热面，为了充分利用锅炉热能而设置，但该区域温度低，烟气流速大，管壁冲刷磨损大。据此，在组对装配时应重点控制组对管问题，节流板装配定位尺寸和连通导流的截面积等项参数应进行抽查。过热器组合的质量要求如下：集箱的标高偏差 ≤ ±5mm，集箱的水平偏差 ≤ 3mm，集箱间中心线距离误差 ≤ ±5mm，集箱对角线偏差 ≤ 10mm，管节距偏差 ≤ ±5mm，管排中个别管子凸出不平齐度 ≤ 20mm，蛇形管自由端不齐误差 ≤ ±10mm。省煤器组合的质量要求如下：组件宽度偏差 ≤ ±5mm，组件对角线偏差 ≤ 10mm，集箱中心线距离蛇形管弯头端部的长度误差 ≤ ±10mm，组件边管不垂直度 ≤ ±5mm，各管排间的间隙误差 ≤ ±5mm，管排中个别管子凸出 ≤ 20mm，集箱水平误差 ≤ ±2mm，集箱标高误差 ≤ ±5 mtn，进、出口集箱中心线距离误差 ≤ 3mm。

三、焊接和胀接

焊接是本体受压元件质量控制的关键工序，直接关系到承压结构的运行安全和使用寿命。

根据设计图纸、焊接工艺等技术文件的要求，检查焊接人员上岗证合格项目；施焊使用的焊接设备、焊接材料、焊接电流、电弧电压、电源极性及坡上角度对接间隙、错边量是否达到焊接工艺给定的技术参数。受压元件施焊的全过程要求人员稳定、设备固定、操作恒定。对于管件或第一批部件的焊接质量进行认真检验，如有问题及时认真查找原因，制定整改方案，及时整改。焊缝焊接结束，焊工及时进行清理自检，必须在规定位置打上自己的焊工钢印，经专职质检员检查达到标准后按检验工艺要求填写无损探伤检查通知单，由持证的无损检测人员进行规定的探伤检查。

锅炉的对流管、水冷壁管等是用焊接或胀接的方法，以联箱或汽包连接起来的。对采用胀接形式的受热面管，为保证在胀管时容易产生塑性变形，防止管端产生裂纹，应按设计文件及规范的要求进行管端退火。现在，管端退火多采用铅浴法，铅液温度应严格控制在 600 ~ 650℃范围内，并保持 10 ~ 15min，退火长度应为 100 ~ 150mm，退火后管端保温多采用石灰法。采用内径法或外径法均应有完整的施工工艺控制胀管率。基准管固定后一般应从中间分向两边胀接，同一台锅炉的超胀数量不大于 4%，且不大于 15 个。胀接管孔、管端除锈、管端伸出长度、胀管率等应符合规范要求。

四、无损检测和焊后热处理

焊缝无损检测方法有射线、超声波、磁粉、渗透等检测形式。射线和超声波检测可检测焊缝内部未熔合、未焊透、裂纹、夹渣及气孔等缺陷，经评定可判定焊缝的焊接质量。对判定不合格的焊道应认真分析不合格原因，确保返修合格并且不得超过三次。

对容易产生延迟裂纹的钢材，耐热管子及管件和壁厚大于 20mm 的普通低合金钢管道及其他经焊接工艺评定的焊件需焊后热处理。对于壁厚不大于 10mm、直径不大于 108mm，材料为 15CrMo、12CrMo 的管子；壁厚不大于 8mm、直径不大于 108mm，材料为 12CrlMoV 的管子；壁厚不大于 6mm、直径不大于 63mm，材料为 12Cr2MoWVTiB 的管子采用氩弧焊或低氢型焊条，焊前预热和焊后适当缓慢冷却的焊接接头可以不进行焊后热处理。奥氏体不锈钢管子，其焊接接头不推荐进行焊后热处理。异种钢焊接接头的焊后热处理的最高温度必须低于两侧母材及焊缝熔敷金属三者中最低 A% 温度减 20 ~ 30℃。

五、锅炉本体水压试验

在锅炉本体组装焊接完毕，各项检查均合格，检测报告及其他检验资料齐全的情况下可进行水压试验。根据相关规范要求，应按锅炉参数编制水压试验方案。锅炉的主汽阀、出水阀、排污阀和给水阀应与锅炉一起做水压试验。

六、锅炉烘、煮炉和试运行

烘炉的火焰应在炉膛中央燃烧，不能直接烧烤炉墙及烘拱，烘炉至少 4d，升温要缓慢，炉排在烘炉过程中要定期转动，烘炉中后期要根据锅炉水质定期排污。煮炉时间定为 2 ~ 3d，煮炉结束后，锅筒和集箱内壁应无油垢，擦去附着物后金属表面应无锈斑。烘、煮炉完成后，工业锅炉进行48h，电站锅炉进行72 ~ 168h的带负荷连续运行，同时进行安全阀的热状态、定压检验和调整，整个过程做好每小时的各项指标记录工作，便于对锅炉整体性能的了解和评价，如存在问题及时查找原因，制定方案进行整改处理解决。

第五节　锅炉的维修

一、修理前的准备

（一）受热面的清扫和清焦

受热面的清扫可用压缩空气先吹掉浮灰，对吹不掉的灰垢，则用刮刀、钢丝刷等工具清除。在清扫时应注意检查受压元件表面有无腐蚀、鼓包、变形、渗漏、磨损、裂纹等情况。受热面有渗漏现象时，在渗漏处一般有白色结晶物，味苦，这是锅水蒸发后余留的盐垢。受热面上有磨损时，表面一般露出金属光泽。

锅炉燃烧室的结焦大都产生在较大容量的水管锅炉上，由于炉膛温度高，燃煤的灰份熔点低，在燃烧室的炉墙上或受热面上结成硬焦。结焦严重时，不仅影响传热，还破坏水循环，威胁锅炉的安全运行。

（二）锅炉除垢

清除锅炉水垢的方法，主要有机械除垢和化学除垢两种。机械除垢是由人直接进入锅筒内部，用扁铲或洗管器清除受热面的水垢，此种方法劳动强度大，而且不易除净某些部位的水垢，所以已较少采用。化学除垢常用的是碱煮法和缓蚀盐酸清洗两种，具体方法按《锅炉化学清洗规则》规定和要求进行。

二、腐蚀和裂纹的修理

腐蚀和裂纹是锅炉常见的损坏形式，当腐蚀和裂纹并不严重时，可以采用简单的修磨、堆焊和补焊等方法进行修理。

（一）修磨

对于下列缺陷，可直接将缺陷修磨，圆滑过渡：表面裂纹、腐蚀深度不超过钢板负偏差，裂纹、腐蚀部位钢板厚度不小于强度计算所确定的最小允许值，可将裂纹、腐蚀部位进行平滑打磨；运行。

（二）堆焊

受压元件因腐蚀、磨损，剩余壁厚大于或等于原来壁厚的60%，且面积小于或等于2500cm2；局部腐蚀凹坑，当直径小于等于40mm，而且相邻两凹坑距离大于或等于120mm时，可用堆焊。

堆焊前必须将堆焊处的金属表面水垢、铁锈、油污、赃物清理干净，打磨出金属光泽并保持干燥。焊条的金属性能应与基本金属的性能接近，并采用ϕ3～4mm的厚涂料焊条进行堆焊，采用小电流焊接。焊接时，焊珠与金属面或焊珠与焊珠的交角必须大于90度；每道焊珠必须遮盖前一道焊珠宽度的1/3～1/2。

堆焊时最好采用平焊，当条件受限制时，炉钢材的品种、环境温度和焊接的工艺要求，必要时应采取预热措施。若每块的堆焊面积不超过150mm×150mm时，可以一次补焊；若每块的堆焊面积过大时，应采用分区堆焊，以避免热量过于集中而产生变形或裂纹。施焊前，将需堆焊的部位划成正方形或三角形，每边长100～150mm，并在各堆焊区排定先后施焊次序，以跳焊方式施焊，使两个焊区尽量离得远些，避免热量过于集中，相邻区域焊缝的施焊方向，正方形的应互成90°，三角形的要互成60°，以减少应力集中。

若腐蚀较深，需进行多层焊时，每层厚度不应超过3mm，其上下层的焊道方向，正方形分区应互相垂直，三角形分区时应成60°迭加，上层的分区应比下层分区稍扩大或缩小，不要在分界处出现凹坑，以免应力集中。最后一层焊肉比基本金属表面稍高出约2mm。

堆焊后应清除熔渣和飞溅物，表面上不允许有弧坑、咬边、夹渣和裂纹存在。焊后应将焊缝表面铲平、磨光，若在元件扳边处，必须将焊缝高出基本金属部分磨成与原圆弧一致。堆焊后应进行渗透探伤或磁粉探伤检查。

（三）裂纹补焊

焊缝上有裂纹时允许剔除后焊补；锅筒上深度超过钢板负偏差，但条数不多，间距大于50mm，总长度小于等于本节筒身长度的50%的焊缝外的裂纹；炉胆或封头扳边圆弧的环向裂纹，其长度小于周长的25%者，可以将裂纹剔除后开坡口焊补；立式锅炉喉管有纵向裂纹总长小于喉管长度的50%，可以开坡口焊补；炉胆或封头扳边处轻微起槽，深度超过2mm，长度不超过炉胆或封头周长的25%时，可焊补处理。

焊补前必须查清产生裂纹的原因和性质，对材质不符合要求和钢材已经变质而出现的裂纹，应根据具体情况进行处理。下述裂纹不能焊补，只能采取挖补或变更：超过焊补适用条件中所规定的；因应力腐蚀产生的裂纹；因苛性脆化产生的裂纹；因蠕变、疲劳产生的裂纹；管板上呈封闭状的裂纹；管孔向外呈辐射状的裂纹；连续穿过四个以上孔桥的裂纹；管板上连续穿过最外围两个以上孔桥的裂纹或最外一排孔桥向外延伸的裂纹；承压部件内部拉撑件的裂纹和开裂；多条裂纹聚集在一起的密集裂纹。

在锅筒焊补前，修理单位应进行焊接工艺评定；集中下降管与锅筒连接角焊缝或类似焊缝修理工作的焊工，除应取得焊工证外，还应在补焊前按规定的焊接工艺进行模拟练习并达到技术要求；在焊补前要剔除裂纹，开坡口；焊补前必须注意防止焊接处由于冷却收缩所产生的焊接内应力带来的不良后果（如产生新的裂纹）。因此应十分注意焊接工艺、焊接时的环境温度，对于低强度钢可采用加木楔和预热的方法进行焊补，以防产生变形。

每层焊接后的熔渣必须及时清除干净，焊后焊缝表面应均匀，不允许有弧坑、夹渣、咬边、气孔存在，更不能有裂纹产生；受热部位焊补后，必须将高于板面的焊缝金属铲平磨光；焊补后应按有关规定进行无损检测检查；焊补后需热处理的锅炉受压元件，焊接后原则上应参照原热处理规范进行焊后热处理。

三、变形的复位修理

锅壳锅炉的筒体、炉胆、管板、平板因局部变形产生鼓包，在一定范围内的鼓包变形允许采用顶压复位的方法修理。非材质原因造成受压元件鼓包，在受火面鼓包高度大于筒体直径的1.5%，非受火面大于2%，但鼓包处钢板减薄量小于原板厚的20%，且未发现有裂纹、过烧时，可采用顶压方法将鼓包顶回。管板局部鼓包，高度超过管板直径的2%，且大于25mm，在排除钢板质量问题和没有其他缺陷的情况下，应用顶压方法修理。

顶压复位修理方法可分为冷顶压和热顶压两种方法，冷顶压一般用于变形量较小、板厚较薄的部位修理；而热顶压用于变形量较大的部位修理。

对冷顶修理，锅内注入热水，水的深度至少要超过被顶元件的顶部，水温至少应达60~70℃，最好达到沸点，然后用千斤顶顶压。变形部位与千斤顶之间衬以与正常元件形状相吻合的胎具，在千斤顶底部用枕木加以垫实，以免顶坏元件。在顶压操作时宜缓慢，用力要均匀，以避免将元件的变形处顶裂。当变形量较大，冷顶修理发生困难时，则用火焰将变形部位加热，一般从变形边缘开始逐渐向变形中心区加热，逐步用千斤顶顶压胎具，直至将变形部位修复。

修理时，应分析产生变形的原因并采取措施，消除产生变形的隐患。热顶时，加热温度在600℃左右，加热要均匀，防止局部过热烧损。卧式炉胆经复位修理后，为了加强复位部位的稳定性，在炉胆的水侧可以焊上加强环，加强环必须采用K形坡口进行焊接，并应焊透，否则在运行时焊接处将会产生热疲劳裂纹。

检查顶压处元件，以无裂纹、无压痕为合格。因为炉胆在工作时受外压，因此炉胆的几何形状对它的稳定性影响很大，故顶压修理时必须对其椭圆度进行控制，复位后的炉胆，其椭圆度可控制在0.5%以内。

四、挖补的修理

锅炉的受压元件，如产生腐蚀、裂纹、鼓包或凹陷、变形等缺陷，由于变形较大损坏严重时，不能用堆焊、焊补或顶压、复位等比较简单的方法修理时，就要采取挖补的修理办法；因苛性脆化造成的晶间裂纹，因应力腐蚀、蠕变或疲劳产生的裂纹，必须挖补或更换，挖补的边界区必须无苛性脆化等迹象。

补板形状一般分为圆形、椭圆形、矩形等。两直边相交必须是圆弧过渡，圆角半径不小于 100mm，避免用直角连接。圆形补板一般尺寸较小，直径在 250mm 以内。其他形状补板长和宽应不小于 250mm，两条焊缝之间一定不要有锐角，否则将会因应力集中而产生裂缝。

凡适合平焊的部位，均可采用 V 形坡口的焊缝，焊完主要部分之后，再将根部焊渣及氧化物清除干净，而后补焊。如果在锅内平焊有困难确需仰焊时，可将焊缝开成 70 度 V 形坡口施焊，其根部清除干净后，也要进行补焊。Y 形坡口适合横向焊接。圆筒两侧的焊缝采用 Y 形坡口，先焊上主要部分，而后挑根补焊其根部，坡口上大下小，使熔注金属不易流出。修理锅炉时，多以 X 形作为过渡形式。如正 V 形与反 V 形坡口之间不好连接，应采用 X 形坡口作为两种坡口焊缝的过渡坡口。

补板装配一般的方法是将补板与主板对齐，点焊几处固定补板位置。这种方法往往会因先焊处焊缝收缩，将点焊拉破。若未被发现，会使焊缝处留下问题。较好的方法是用角铁或装合板装配。角铁装配的方法是在主板两侧的焊缝边缘上焊上适量的角铁，将补板卡住而不焊死，然后分段按次序焊接。先焊接的焊缝间隙要比后焊的焊缝大一些，这样，由于收缩可使两边的焊缝间隙接近。装合板装配的方法一般用于圆弧形的筒底。将补板按原样弯好，用两块与圆筒内径相同的弧形装合板，在圆筒内部与补板点焊几处，将补板按需要的位置配正，然后焊接。焊后拆除装合板，并将补板留下的焊缝空挡焊完。

受压元件的修理不得采用贴补方法。挖补、更换受压元件所用钢板应符合规程要求，钢板牌号应与所修部位原来的材料相同或类似，其强度级别应与原板材材质相同或相近，但不得低于原板材的强度。其厚度应与原板厚相等。焊接的装配不准用强力组合，必要时可以采用局部加热进行装配。焊缝尽量采用双面焊，如采用允许的角焊缝时，应按图样事先开好坡口，根部要焊透。

在锅筒（锅壳）挖补前，修理单位应进行焊接工艺评价。对于额定蒸汽压力大于或等于 0.1MPa 的锅炉，锅筒更换封头或筒节时，需要焊接模拟检查试件进行力学性能试验。受压元件更换、挖补的焊缝，应按有关规定进行无损检测并对受压元件进行水压试验。修理后需热处理的锅炉受压元件，焊接后原则上应参照原热处理规范进行焊后热处理。

五、管子的修换

锅炉上管子的修换是比较常见的，特别是受热面的管子。由于造成管子损坏的原因较多，损坏的程度不同，所以修理的方法也各有不同。因此在修换管子前一定要把造成管子损坏的准确原因找出来，在修换的同时，要消除造成管子损坏的因素。

水管、烟管胀接处管端有环向裂纹；受热面碳钢管胀粗量超过公称直径的 3.5% 或合金钢管胀粗量超过公称直径的 2.5% 时；集箱、管道胀粗量超过公称直径的 1% 时；工业锅炉水管管子直段弯曲变形量超过其长度的 2% 或管子直径，烟管管子直段弯曲变形量超过管子直径时；管子减薄较大，经强度校核计算，已不能保证安全运行到下一次大修时；管壁结垢严重，已经无法清洗使其脱落时；管子产生蠕变裂纹或疲劳裂纹时，应对管子进行更换。

胀接管端轻微渗漏，可以进行补胀的管子；水管、烟管的管端裂纹，可用砂轮磨削除去的；焊接管端渗漏时，可将原连接焊缝铲除重新焊接；管子破裂、局部鼓包、变形等，但其他部分管子完好无损时，若原位可以施工焊接的，可不抽管，在原位割除已损坏管端予以原位修理。当个别管子损坏，而生产急迫没有时间修换，或损坏管子在管群中间修换不便时，可以采取将损坏的管子从管端临时堵死的办法修理，等到大修时换管。

更换管子时，首先要将破损的管子抽出来，但要注意不能使锅筒或管板损坏。与管孔焊接的管子，在抽出时，可用气割割除，尽量不要损坏管子，气割要由技术水平较高的人员担任。与管孔胀接的管子，在抽出时，可用凿子铲除喇叭口，然后用尖头的凿子将管子劈开。大型水管锅炉，可利用气割在靠近锅筒处将管子切断，然后用风铲将残余管头去掉。

对于焊接管孔，要将残余的管子金属剔除干净。对于胀接管孔，管孔壁应研磨至发出金属光泽。清理管孔可利用电钻，电钻的旋杆上固定有木轮，外包绒布或纱布。管孔圆面应得到均匀的研磨，在管孔内不允许有环行磨痕及凹沟，表面不准涂油，并用样板测量管孔。

换管的技术要求依据参见 JB/T 1611-1993《锅炉管子制造技术条件》。新管段和原管拼接时，新管材质、焊条、焊丝等要符合规程要求，其性能和强度要和原管的材质相同或相近。修理用的管子，在装配前应将管内杂质消除干净，并进行 2 倍工作压力的水压试验，焊后应进行通球试验。割换的管段长度不能小于 300mm，焊缝距锅筒与集箱表面以及管子弯曲处与支架边缘的距离，不小于 50mm，几排管子同时更换时，其焊缝不应在同一水平线上，辐射管、对流管或蒸汽管道，在管子弯曲半径处不能焊接，不能采用拼接焊缝。

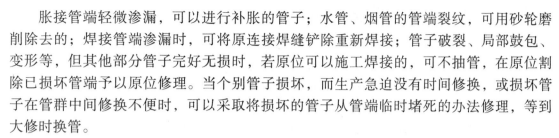

第六节　锅炉的改造

一、锅炉受热面改造

在锅炉改造中，经常对锅炉受热面系统进行改造，改造最多的通常是炉膛中增加或改装水冷壁管，为了保证锅炉水冷壁管安全可靠运行，在设计和改造过程中，必须保证水循环的安全可靠。

（一）水循环回路设计原则

锅炉自然循环回路的改造，应进行水循环计算，以保证水循环的安全。如果不进行水循环计算，必须满足下列要求：

水冷壁水循环系统越简单越好，尽可能形成单独的水循环回路，尽量不与其他循环回路相通，应具有单独的集箱、下降管和汽水导出管。减少下降管的流动阻力，可以提高循环回路的可靠性，所以要减小下降管中水的流速，减小下降管的长度和减小下降管的局部阻力。为降低下降管中水的流速，应尽可能采用直径较大的下降管。下降管的弯头应尽量减少，下降管布置不应有水平管段。下降管应从上锅筒的较低部位引出，或者下降管至少距离锅筒最低安全水位以下 300mm 处引出。若下降管从下锅筒或锅壳锅炉的锅壳上引出时，为防止筒壳底部的泥垢吸入下降管，下降管的引出位置与锅壳的垂直中心线夹角为 40°～45°。

上升管内汽水混合物的流速大，流动压头就越大，循环就越可靠，因此最好选用直径较小的上升管，但也不宜选用过小。所以一般采用外径为 ϕ（51～60）mm 的锅炉无缝钢管。上升管的弯头应尽量减少，形状尽可能简化，最好采用垂直布置。同一回路上并列的上升管高度、受热长度和形状应一致。为防止汽水分层，受热管段倾斜段的水平倾角不小于 15° 且倾斜管不要太长。上升管与上、下锅筒或集箱连接处的不受热部分的管段也不应水平布置。上升管最好直接接入上锅筒，并尽可能从水位面以下引入。

在循环回路中尽可能不用上集箱和汽水导出管，而使上升管与上锅筒直接连接，以减少有效压头的损失。如由于结构原因、避免上锅筒开过多的管孔和便于锅炉的组合装配，很多锅炉采用上升管与上集箱连接，再用汽水导出管将上集箱与上锅筒连接起来的结构，在设计循环回路时，应尽量减小汽水导出管的阻力。为了减小汽水导出管的阻力，用增大下降管截面积的措施作用是不大的，应采取增大汽水导出管的截面积、缩短其长度和尽量减少弯头的办法。同一回路的汽水导出管的几何尺寸应尽量相同，汽水导出管应从上集箱顶部接出，并在同一标高上沿上锅筒的蒸汽空间引入，并力求使汽水导出管的最高点接近于锅筒水位面，为避免汽水冲击水面，可在锅筒内装置挡板。

在锅筒的汽水导出管出口处装设导向挡板，每排导出管布置一块挡板，不要多排管子合用一块挡板，这个挡板起到汽水流动的导向作用，并能消除部分动能。当汽水导出管从锅筒水侧引入时，可装置水下孔板，并能消除汽水混合物的动能，并使蒸汽从小孔中比较均匀地窜出水面、起到初步分离作用。

下降管应沿下集箱长度上均匀分布，以免由下集箱进入上升管的水量分配不匀。同时下降管与上升管中心线应避免重合，其夹角约为 90°。上升管最好直接引入上锅筒，如通过上集箱用汽水导出管引入上锅筒时，汽水导出管应从上集箱顶部沿集箱长度均匀分布引出，且应避免上升管与汽水导出管中心线重合。

运行时为防止集箱和上升管结水垢，需将泥渣及时排出以及停炉后排放内部积水，在下集箱的最低位置要开设排污管。排污管不要与上升管的中心线重合，要相错一定的距离，以避免排污时影响上升管的水循环。排污管也不要与下降管的中心线重合，以免影响对集箱的供水，否刚将影响上升管水量的分配。

（二）炉膛内水冷壁布置的要求

水冷壁为辐射受热面，水冷壁布置的越多，炉膛的温度也就降得越多，从而炉膛出口烟气温度降低，失去了辐射受热面的优越性。所以炉膛出口烟气温度的确定是非常重要的，它是确定炉膛放热量多少的依据，是确定锅炉辐射受热面和对流受热面比

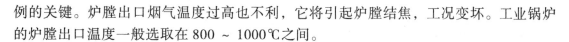

例的关键。炉膛出口烟气温度过高也不利，它将引起炉膛结焦，工况变坏。工业锅炉的炉膛出口温度一般选取在 800 ~ 1000℃之间。

工业锅炉水冷壁的管径可选用 ϕ（51 ~ 60）mm 的锅炉用无缝钢管，壁厚可取 3 ~ 3.5mm，取较小管径的目的是要取得较高的循环速度。工业锅炉炉膛容积小，炉膛燃烧温度也较低，需要布置的辐射受热面数量也不应过多。水冷壁的管距过大、过小都不好。因为如果管距过小，钢材得不到充分利用，且炉膛的水冷程度过大；管距过稀，虽每根管子的利用率增大了，但由于管子布置的数量少了，总的辐射受热面减少了，且对炉墙的保护作用也减弱了。因此对于机械层式燃烧的工业锅炉，水冷壁的管距 S 及水冷壁管离墙距离 e 的取用与煤种、蒸发量有关：一般燃烧烟煤或贫煤时，蒸发量 ≤ 10t/h 的锅炉，S 取 2.5d；对于蒸发量 > 10t/h 的锅炉，S 取 2d，水冷壁管离炉墙的距离 e 均取（0.8 ~ 1.4）d。

炉膛内水冷壁管的布置尽可能使其彼此吸收的热量相等，当个别管子受热差时易发生水循环故障而使管子损坏，炉膛转角处因温度低，该处管子常发生循环停滞而爆管，故不宜布置水冷壁管。

水冷壁管的受热高度越高，其流动压头就越大，水循环就越成功。但水冷壁管的高度受到炉型和结构布置的限制，对于低压锅炉的水冷壁管受热高度只要大于2m，就能满足正常的水循环所需的压头，有条件时最好能布置得高一些；对于工作压力 ≥ 1.3MPa 的锅炉，其水冷壁管的受热高度大于或等于 4m 时较为理想。水冷壁管的弯头越少越好，其弯曲半径不宜过小，它应能保证管子便于清洗。

如炉膛较长，为保证水冷壁管受热均匀，可以把炉膛两侧的水冷壁管分组布置成各自独立的水循环回路，当侧墙的前后高度相同时，也可以在集箱内加装隔板，把侧墙前后受热不同的管子分隔成独立的循环回路。

二、蒸汽锅炉改热水锅炉

（一）水循环要求

蒸汽锅炉内介质多为自然循环方式。而将蒸汽锅炉改装为热水锅炉后，上升管与下降管中是温度不同的水，冷热水的温度差又不会很大（一般只有 40℃左右），有时会造成自然循环难以维持，因此，往往需要采用强制循环方式。

蒸汽锅炉改为热水锅炉必须进行水动力计算，并画出水流程图，以保证水循环的安全、合理。由于改炉时，对管路的水循环安排不当，使锅炉受热面管子之间，产生热力不均匀和水力不均匀，从而产生了热水锅炉的热偏差。当受热面管子给水量小，出水温度高以及水压不高时，管内的水可能会汽化。这些都会造成较重的汽、水冲击。为了防止和解决热偏差问题，要对锅炉各管束，按其热强度的不同，划分为若干独立的循环体系，各体系分别给水，调节水量，使出口水温的偏差不超过 10℃，即热偏差不应超过 10℃。

根据《热水规》的要求，热水锅炉的水循环，应保证受热面能得到可靠的冷却。为此锅水应具有一定的流速。同时，保持一定的流速有利于水流将其溶解的氧带走，避免水附着在水管管壁上造成氧腐蚀。现在，对于锅炉受热面管道内的流速控制指标没有统一的规定。

合理的配水方案，能够保证锅水正常循环，因此，在改造时应注意以下几点：进入锅炉的回水力争全部进入自然循环的下降管；锅炉内部的水循环产生足够的流动压头和一定的循环流速，以保证受热面不产生汽化；避免使进入锅炉的冷回水立即与锅炉的某些关键部位相接触，以防止受到过度冷却引起应力变形和裂纹。

（二）防止锅水汽化

停电时，风机停止作用，机械炉排不再活动，水泵也停止供水。在这种情况下，热水锅炉特别容易产生汽化现象。造成汽化现象有两种情况：一是炉膛内的余热继续使辐射受热管束吸收热量。由于水泵停止动作，强制循环随之停止，辐射管内的水不再流动，吸热后会产生蒸汽。二是当锅水是高温水时，因为突然停电，停泵、水循环停止，水压下降，锅水的热量促使其自身汽化。

锅水发生汽化后，蒸汽进入管道遇到低温水时突然凝结，形成真空。管道四周的水迅速冲向真空的区域，从而产生强烈的冲击。蒸汽再次流来时，又会产生冲击，直至汽化消失。水击的力量是很大的，可以冲碎阀门、管道和散热器，而且会造成人身伤亡事故，因此必须防止汽化现象。

一般将热水锅炉的出水总管的上升高度，尽量限制在1m以内，其水平长度尽量缩短，这样锅炉水汽化时，可以使蒸汽不易进入水平母管，减缓水击的发生。另外，可以在进水口连接自来水或用压力上水，同时使锅炉出水口连接旁通管或向采暖系统放水，形成水循环，避免水的局部汽化。

（三）系统定压

热水循环系统必须有可靠的定压措施和循环水的膨胀装置，以保证锅炉和采暖系统的安全。常用的定压有以下方法：开式膨胀水箱利用水箱与系统中各点的静水压形成一定的静压，膨胀水箱维持在一定高度，停泵时就不易发生汽化和抽空现象；气体加压罐方式一般采用氮气为定压气源，以氮气加压罐为定压装置的系统。氮气罐接在热水锅炉和循环水泵之间。这样氮气罐的工作压力较高，当突然停电、停泵后，系统处于氮气的较高压力作用下，管网中的高温水不会汽化，锅炉内的水也同样不会汽化。氮气罐还可调节补给水泵，向锅炉补入新水，使锅炉在停泵后继续保持水循环，防止汽化；补给水箱和补给水泵定压方式是靠补给水泵间断运行来维持系统压力的。

（四）防水击破坏

当突然停泵时，热力管道中的热水流速突然降低，热水的动能变为压力能，使循环泵入口的回水压力急剧增高，产生水击。水击力的大小与系统中循环水的容量、流速，以及循环水泵停止运转时间的长短有关。水容量和流速越大，水泵停止转动的时间越短，水击力越大。

对于水击有以下几种预防措施：在循环水泵的回水和出水管路之间并联一根旁通管，在旁通管上安装道止回阀作为泄压阀。当停泵使回水管路压力上升时，可由旁路管道止回阀上排泄部分热水，降低水压，消除或减缓水击；利用安装在循环水泵入口处回水管上的除污器。除污器上装有水封式放气管，当停泵造成回水管路上水压骤升时，可以使放气管排除部分压力，减小水击力；调节安装在循环水泵入口的氮气罐，也是预防管网水击的有效措施。氮气罐可以调节管网上的压力，使管网压力稳定；注意操作要领，即要先开泵，后启动锅炉。

（五）气体排放与系统排污

热水锅炉及其管道网路的循环水中，常常有许多被补给水带入的气体。这些游离的气体如果不及时排除，会对热水锅炉及管网路造成腐蚀。另外空气易在管道的最高点积聚，造成气塞，使循环不通，为此要采取排气措施。热水锅炉要求锅炉的出水管一般应设在锅炉最高处。在出水阀前出水管的最高处应装设集气装置，每一回路的最高处以及锅筒最高处或出水管上都应装设公称直径不小于 20mm 的排气阀，在热水系统的最高处及容易集气的位置上应装设集气装置。

由于回水经过了整个采暖系统，必定携带系统管道内存留的污物，如铁锈、泥沙以及水渣等。这些污物不能再带入锅炉，因此必须在循环水泵的入口处设置除污器，除去污物。除污器直接接于循环水泵前的回水管上。有的在除污器旁并联一旁通管，以备除污器堵塞时，打开旁通管后使系统可能继续转动，并可拆卸除污器进行修理。

（六）主蒸汽管及省煤器改装

蒸汽锅炉改装热水锅炉后，蒸汽锅炉的主蒸汽管管径一般满足不了热水出水量的需要，为此，将原主蒸汽管改为主出水管时，其管径大小应经对循环流量和水流速度进行计算后确定。如原主蒸汽管管径不变，将增大热水流动阻力，影响了锅炉出力。

三、燃煤锅炉改为燃油、燃气锅炉

燃油、燃气锅炉与燃煤炉相比，具有工作环境优越，大气污染小，自动化程度高，劳动强度小，锅炉热效率高，占地面积小，燃烧易调节，安全性能可靠等特点。但是燃油、燃气锅炉并非十全十美，与燃煤锅炉相比，油容易着火，燃气泄漏易引起火灾和爆炸事故，所以燃煤锅炉改为燃油、燃气锅炉，绝不只是简单的更换燃烧设备，它是一项涉及安全、经济、环保等多方面的综合技术，必须按照国家有关规程、标准、规定等要求进行，以确保改造后的锅炉安全经济运行。

锅炉本体在改造时，要进行必要的分析、计算和校核，采取措施消除改造带来的不安全因素。在用燃煤锅炉基本上都是层燃炉，将这些锅炉改为燃油、燃气，锅炉的燃烧方式也因此变成了室燃。燃料和燃烧方式的改变将引起锅炉的燃烧特性和传热发生许多变化，其中有些变化可能影响锅炉的安全。所以在制定改造方案时，应进行一次校核性热力计算，必要时还需要对锅炉的水循环和烟风阻力进行核算，保证改造中的安全可靠。在改造时欲提高锅炉的运行参数，则必须进行充分的论证和计算，当需要改变锅炉受热面布置时，其结构必需符合规程和有关标准的规定。

由燃煤改为燃油，由于燃料油中含有钠、机等金属元素有机类，经燃烧后产生氧化物共熔晶体的熔点很低,一般约在 600℃左右,甚至更低。这些氧化物在炉膛高温下升华后,再凝结在相对温度较低的受热面上,形成有腐蚀性的高温积灰,且温度越高腐蚀越快,为此,改造时,应在易受高温腐蚀的受热面表面涂覆陶瓷、碳化硅或氮化硅等特种涂料,也可选用耐高温腐蚀性能好的材料,以提高其耐高温腐蚀性能。

机械化层燃煤炉,要改为燃油、燃气锅炉,应去掉前后拱,同时考虑增加炉膛底部受热面,以取代炉排,防止炉排过热烧坏。燃煤锅炉改为燃油、燃气锅炉,即由原来的负压燃烧变为微正压燃烧,必须注意炉墙、烟道结构及密封问题。

燃煤工业锅炉的炉墙烟道通常是由耐火层、保温层和外加护板或红砖构成。并设有用于点火、清灰和检查的各种门孔。这种结构与燃煤锅炉负压燃烧和平衡通风是相适应的,但其强度和密封性一般都较差。锅炉改造时,可以保持原有的通风方式,以保持护墙烟道的结构基本不变。但要进行检查修理,必要时还要进行改造加固。特别是对卧式锅壳和组装出厂的锅炉,其炉墙不仅单薄,而且在运输安装过程中受到不同程度的损坏;炉墙虽有外护板,但不起密封作用。检修或改造加固的重点是炉膛部位。因燃油、燃气锅炉在开炉和停炉过程中,受各种因素的影响,发生爆震(不是爆炸)是很频繁的,因此要求炉墙应具有一定的强度的密封性。同时,对设在炉膛炉墙上的各种门孔也应采取相应措施。不需要的如点火门、清灰门等可用耐火砖砌死。对需要保留的门孔,应对其门盖等活动部件进行固定,以防被爆燃气体冲开伤人。

燃煤锅炉改为燃油、燃气锅炉时,当燃油雾化不良或燃烧不完全的油滴(燃气)在炉膛或尾部受热面聚集时,就会发生着火或爆炸,因此,在锅炉的炉膛和烟道的适当部位应装设防爆门,以保证锅炉的安全运行。防爆门的种类有三种:即重力(自重)式、膜片式和水封式。重力式防爆门结构简单,制造方便、起跳灵活,可长期使用,动作时不影响锅炉的连续运行,但容易漏风。膜片式防爆门密封性好,但制造精度和材料要求高,爆破压力受各种因素影响不够准确,爆破后需重新装膜片,影响锅炉连续运行,膜片式防爆门可装于各种墙上。水封式装设不便,通常很少采用。

防爆门的开启压力是由炉墙的安全承载压力确定的。我国电站锅炉采用的炉墙承载压力是 4000 ~ 7000Pa。工业锅炉的炉墙结构和质量都不及电站锅炉,其承载压力可取 2000Pa。防爆门的设置面积要根据炉膛和烟道的泄压需要。国外有如下规定:蒸发量为 10 ~ 60t/h 的锅炉,防爆门的总面积不得小于 0.2m2;蒸发量大于 60t/h 的锅炉,防爆门总面积为 0.3m2。对于蒸发量小于 10t/h 的锅炉,可按炉膛和烟道的总烟气容积来设置,其面积为 250cm2 每立方米烟气容积。我国许多技术资料都引用这一标准。从实际使用情况来看,防爆门的设计压力取 2000Pa,其设置面积按每立方米炉膛和烟道容积取 250cm2 还是可行的。为防止爆炸气体泄出伤人,防爆门外应装设泄压导向烟道,并将其引入安全地点。

燃烧器是整个燃烧系统的中心环节,燃烧器的选型和布置与炉膛形式关系密切。选型和布置应满足以下条件:可使炉内火焰充满度比较好,且不形成气流死角,避免相邻燃烧器的火焰相互干扰;低负荷时保持火焰在炉膛中心位置,避免火焰中心偏离炉膛对称中心;未燃尽的燃气空气混合物不应接触受热面,以免形成气体不完全燃烧;高温火焰要避免高速冲刷受热面,以免受热面热强度过高使管壁过热等。燃烧器布置还要考虑燃气管道和风道布置合理，操作、检查和维修方便。

燃烧器的选配在锅炉燃煤改燃油、燃气中是一项十分重要的技术，必须重视以下两方面：一是数量合理，火焰形状适合。在单只燃烧器的热功率和调节范围、火焰形状和温度分布都能与锅炉相适应时，燃烧器的数量以选用一只为好。用单只燃烧器不仅经济优于多只，更主要的是燃烧系统简单，容易控制，不存在停用燃烧器的误操作、燃气的泄漏以及冷却保持等问题，因而安全性好。燃烧器的火焰形状一定要与炉膛形状相适合，也就是其火焰的燃烧长度不能超过炉膛结构确定的火焰长度；火焰的扩散（直径）不能冲刷受热面。这也不只是一个燃烧效率问题，更是一个锅炉运行的安全问题。所以，在选配燃烧器时，一定要了解其火焰形状的几何尺寸或向厂商提供锅炉炉膛的结构数据。二是燃烧器的布置应以不干扰火焰的扩展为原则，其位置应便于操作。也就是要保证燃烧器中心线与炉墙各壁面间和燃烧器之间（两只及以上的燃烧器）应有的距离。因燃烧器是锅炉运行的主要操作对象，所以其位置应当便于安装操作和观察。

对于炉膛和烟道，应保证烟气流动的畅通，以防止出现可燃气体在炉膛和烟道个别部位（"死区"）积聚。当几台锅炉共用一个总烟道时（最好不采用），各锅炉通向总烟道的分烟道上应装设独立的切断挡板，并力求严密，以减少对锅炉运行的干扰和可燃气体的串通。

自动操作是自动检测和自动调节两种功能的合一。它是对锅炉运行的各种参数进行自动而连续地检测，并将检测信号传送给处理装置，再由处理装置发出指令，使操作机械将工作参数调整到给定范围。燃气锅炉应有负荷自动操纵系统，它包括对锅炉水位、压力（含燃气、空气）、炉膛出口烟温和风门（鼓、引风）开度的检测和水位，燃烧及风门的自动调节等。

安全监控保护系统包括报警、联锁保护和程序控制等。锅炉应具有以下报警功能：蒸汽锅炉的高、低水位报警和蒸汽超压报警；热水锅炉水温超温报警；燃油气和空气压力的高限和低限报警；燃油气切断停炉报警；以及炉膛出口烟气温度、炉膛负压和燃气检漏报警等。锅炉还应具有以下联锁保护：蒸汽锅炉的低水位，超汽压联锁保护；热水锅炉的压力过低，水温超温和循环水泵突然停止的联锁保护；燃油气压力低于允许最低限或高于允许最高限联锁保护；空气压力过低或空气供应中断联锁保护；送风、引风机故障联锁保护；炉膛熄火联锁保护，以及安全联锁装置电源中断联锁保护等。在以上保护中，熄火保护非常重要。因为在锅炉的点火和正常运行中，受某种因素的影响，点着或燃烧的火焰可能突然熄灭，如不及时切断燃油、燃气或熄灭电火花就将造成事故。

程序控制就是用自动控制的方法来进行锅炉的起动和停炉操作。程序控制的功能是：只要按下启动开关，锅炉便自动按规定程序进行辅助设备的起动、炉膛烟道预吹扫、点火燃烧器点火、主燃烧器点火和点火燃烧器的熄火等一系列运转程序；反之，如果按下停止开关，则就按规定进行主燃烧器熄火、停炉最终吹扫和辅助设备停运等一系列运转程序。程序控制可以防止各种误操作。在编制点火程序时，必须注意点火成功与否的联锁控制，即无论是点火燃烧器还是主燃烧器，只要在规定的安全点火时间范围内未建立各自的火焰，就必须立即切断燃油、燃气的供应。并重新按吹、扫、点火程序进行。点火一旦成功，熄火保护就立即启动。

燃煤锅炉改造为燃油、燃气锅炉，其锅炉房也要进行相应的改变。就安全方面而言，应注意以下几点：燃油、燃气锅炉房在防火防爆方面比燃煤锅炉要求高，因此，应对原锅炉房进行改造安全评审，并报单位上级主管部门、锅炉安全监察机构、环保、燃气供应以及消防等部门审批；根据气源的可靠程序和本单位锅炉的负荷的重要程度，确定锅炉的改造是否需要采取备烧（如双燃料）方式以及相应的燃料贮备；根据燃气的输送压力和使用情况，确定是否需要设立调压站（室）；燃气管道敷设时应根据锅炉的用气情况决定采用单管线或双管线；引入锅炉房的母管上应装关闭阀，并应装在安全和便于操作的地方；为防止燃气泄漏，燃气管道不应穿过存放易燃易爆品的库房、配变电室、电缆间以及通风道等有引发爆炸和火灾事故危险的场地；因天然气的密度小于空气，所以锅炉房内的管道，可以用架空敷设，并尽可能靠近空气流通的高窗处；有关电气和转动机械应尽量采用防爆型的；锅炉房应有良好的通风换气条件，有条件时，并应设置燃油气浓度报警装置。

第三章 燃烧设备与锅炉结构

第一节 燃烧设备分类

燃烧设备是按锅炉燃烧方式进行分类的。工业锅炉的燃烧方式可分为层状燃烧、悬浮燃烧、沸腾燃烧和气化燃烧四种，由此产生四种燃烧设备。各种燃烧方式中又有许多类别，如悬浮燃烧中，油的燃烧一般采取雾化燃烧，而煤粉和气体则采用喷燃的方式进行。

一、层状燃烧

工业锅炉的层状燃烧是通过机械设备将煤送到固定或活动炉排上形成煤层，空气从炉排下面送入，经炉排的缝隙并穿过燃料层使燃料燃烧。层状燃烧时煤炭铺撒、堆积在炉排上燃烧，是一种应用很广的燃烧方式。层状燃烧对煤炭无特殊加工要求，且设备简单，耗电省。但这一燃烧方式的燃料与空气的接触混合欠佳，燃烧反应缓慢，燃烧效率不高，仅仅适用于中小型锅炉设备。

二、悬浮燃烧

悬浮燃烧又称火室燃烧或炉膛燃烧。煤、油、气均可采用这种燃烧方式。煤被磨成细粉（煤粉）后喷射到炉膛内，以悬浮状态进行燃烧。采用悬浮燃烧方式的锅炉又称室燃炉，如煤粉炉、燃油炉和燃气炉。悬浮燃烧是大、中型锅炉的主要燃烧方式。

室燃炉不用炉排，燃料与空气接触面积大，着火很快，燃烧完全，锅炉热效率高，容易实现自动化。但设备复杂，尤其是煤粉炉，要增加制粉设备、喷燃器及高效除尘器，且锅炉运行要求高，维修工作量也大，耗电多，多用于发电厂。

三、沸腾燃烧

煤被破碎成直径约 3 mm 小煤粒后送入炉膛，空气从布风板下方送入，使煤上下翻滚，呈类似液体沸腾状态燃烧，这种燃烧方式叫作沸腾燃烧。沸腾炉适应各种煤种的燃烧，由于其蓄热量大，燃烧反应强烈，对于层状燃烧和悬浮燃烧不能燃用的高灰分、低挥发分和低热值的劣质煤，如石煤、煤矸石等特别适用。但沸腾炉与煤粉炉有同样的缺点，早期的沸腾炉又称为鼓泡式全沸腾炉，一般在沸腾段都含有埋管（淹埋在沸腾层里的管束或管排），且埋管磨损严重，如不采取防磨措施，容易发生爆管；沸腾炉的燃烧效率低，造成效率低的原因是飞灰多，更重要的是飞灰中含有可燃物，使固体不完全燃烧损失过大；沸腾炉排烟的粉尘量大，用石灰石脱硫，利用效率低，脱硫效果也不理想。针对这些问题，后期出现了循环流化床，循环流化床与鼓泡式沸腾床的主要区别在于炉内气体流速提高，在炉后设置了分离器，经分离器分离出的细小含有可燃物的煤粉颗粒，再送回炉内燃烧。循环流化床燃烧方式是目前燃煤的工业锅炉中煤种适应性最广，可以同时在燃烧中完成脱硫及脱氮的高效环保燃烧方式。

四、气化燃烧

煤炭气化是指用煤炭作燃料来生产工业燃料气、民用煤气和化工原料气。它是洁净、高效利用煤炭的主要途径之一。

煤的完全气化是在气化炉中进行的，煤在气化炉中同时进行气化和直接燃烧，在高温条件下与气化剂产生反应，使固体燃料转变成气体燃料，只剩下含碳的残渣。通常采用水蒸气、氧（空气）和 CO 作为气化剂。粗煤气中的产物是 CO、FL 和 CH_4 等，伴生气体为 CO_2、H_2O 和 Na 等，此外还有硫化物、烃类产物和其他少量成分。各种煤气组成成分取决于煤的种类、气化工艺、气化剂的组成以及影响气化反应的热力学和动力学条件。作为小型锅炉使用的气化炉一般适用于蒸发量较小的锅炉，被称为简易煤气化炉。简易煤气化炉的气化燃烧设备简单，管理方便，消烟除尘效果好，但不宜用于烧低挥发分的煤，并且出渣劳动强度大，对运行安全的要求严格，简易煤气化炉的热值一般低于 8 347 kJ/m3。

目前，国家正在推进大型工业煤气化制气的洁净煤技术。世界上大型工业煤气化技术主要可以分成三类：即固定床气化、流化床气化和气流床气化。

以上四种燃烧方式在中、小型锅炉上都不同程度地得到了较为广泛的运用。

第二节　层状燃烧

一、层状燃烧特点

煤炭加入炉内的方法分为火上添煤、火下添煤和火前添煤 3 种。据此，层状燃烧又可分为上饲式、下饲式和侧饲式 3 类，在每一类方式中又有多种不同结构的燃烧设备。

工业层燃炉的特点一般都采用机械化炉排，块煤在炉排上燃烧。层燃炉的燃烧过程可划分为三个阶段：

（一）着火前的准备阶段

从煤加入炉中开始，到煤着火前为止，称为着火前准备阶段，在这个阶段中煤受热，水分开始逸出，然后着火。这个阶段不是放热，而是吸热阶段，燃料一着火就进入了下一阶段，所以说这个阶段基本上不需要空气。

（二）着火燃烧阶段

煤开始着火就是这个阶段的开始，在这个阶段中，可燃物不断燃烧，直到基本烧完，形成大量灰渣，但可燃物并未完全燃尽，还有很少的固体燃物仍存在于灰渣中。这个阶段是燃烧过程最主要的放热阶段，燃料中的可燃物绝大部分是在这个阶段燃烧的，燃料燃烧的热量绝大部分是在这个阶段放出来的，因此，这个阶段需要向炉内供入大量空气，燃烧所需空气量绝大部分都应在这个阶段供入。正常情况下，这个阶段燃料着火燃烧放出热量可以保持燃料继续燃烧的温度，因此影响这个阶段的主要两个因素是空气的供给和空气与燃料的良好混合。

（三）燃尽阶段

剩余的少量可燃物继续燃烧放热，直至灰渣被排出炉外被称为燃尽阶段。这个阶段虽然仍旧是放热阶段，但是剩余的可燃物已很少，放热很少，所需的空气量也很少。影响这个阶段的主要因素是充分的燃烧时间。

燃烧过程中各阶段的划分是人为的，各阶段之间的划分也没有明确的界限，层燃炉的种类很多，燃烧过程划分阶段的目的在于从各种层燃炉的工作特点出发，分析这些阶段的主要燃烧和配风特点。通过燃烧过程的分析应该把层状燃烧的重点放在如何改进着火前准备阶段和着火燃烧阶段，相对而言燃尽阶段处于次要地位。

二、上饲式燃烧

上饲式燃烧有实现机械化燃烧的可能性。上饲式燃烧是在底火之上添加煤炭，空气自下而上进入燃烧层。新加入的煤炭先受热干燥，蒸墙出挥发分。随之，焦炭的底层与炉排下送入的空气发生氧化反应，生成的二氧化碳向上遇到赤热的焦炭发生还原反应，形成一氧化碳，这就是还原层。如果供给的空气使所有焦炭都能得到充足的氧气供应，就不一定形成还原层。如果存在还原层，需要从炉膛上部空间供给二次风，以补充氧气。另外也可以通过增加扰动，使上升的一氧化碳得以燃尽。煤炭随燃烧而下落，接近炉排时形成灰渣。这种燃烧方式的燃烧层结构，自上而下为新煤层、还原层、氧化层和灰渣层。随着燃烧的不断进行，新煤干馏着火逐渐上移，这与自下而上的空气流动是一致的，故也称为顺流式燃烧方法。

在这一燃烧方式中，氧气的质量分数沿火床高度方向自下而上逐渐降低，至氧化层和还原层的交界处，氧气的质量分数低至接近于零。燃烧层内温度分布，自灰渣层向上，温度从 600℃ 逐渐升高，在氧化层终了时达到 1 200 ~ 1 400℃，而还原层是吸热反应，温度随之下降。

在上饲式燃烧中，只要维持足够的底火，煤炭很容易着火；但产生的挥发分以及还原反应生成的一氧化碳等可燃气体，在炉膛空间燃烧，往往难以燃尽。同时，生煤处在表层，上升的气流常把煤层中的细屑带走。这都能造成不完全燃烧热损失，并污染环境。

属于上饲式燃烧的炉子主要有人工加煤的固定炉排炉和摇动炉排炉。这些炉型要求手工间歇加煤，生煤刚投入炉里，需要大量空气满足挥发分和焦炭的燃烧，但此时燃烧层阻力较大，进入炉子的空气量减少，与要求不相适应，气体不完全燃烧热损失增加。燃烧接近完了、下一次投煤前，进炉空气量因阻力减少而增力，又显得过剩。因而，增加了排烟带走的热损失。每次投煤发生的这种燃烧过程周期性变化所带来的经济损失和环境污染，是手烧炉的一个严重缺陷。在燃用高挥发分煤时，情况更严重。采用增加投煤次数而减少每次投煤量的操作方式，能缓解这一情况。手烧炉煤中的挥发分在干燥干馏区挥发，是在严重缺氧的条件下挥发的，必然产生碳黑而冒黑烟。不论是任何种类的机械化层燃烧炉或室燃炉，只要是挥发分是在缺氧情况下完成的，都会冒黑烟。

连续自动加煤的抛煤机炉，不存在上述缺陷。在机械抛煤机炉内，煤被浆叶打入炉膛内，大块落在炉排上燃烧，细屑则在炉膛空间燃烧。实质上，这是一种层状和悬浮相结合的燃烧方式。

抛煤机炉采用薄煤层运行，热惰性小，调节灵敏，能较快地适应负荷变化，可以经济地燃用高水分褐煤和一般烟煤。对易粘结的煤和低灰熔点的煤也比较适用。抛煤机炉的主要缺点是煤的外在水分较高时，煤粒成团和堵塞，致使工作性能急剧恶化，甚至无法运行。如果煤比较干燥，常因自流而造成炉前超堆，破坏正常燃烧工况。另一方面，飞灰量大，飞灰含碳量高。在燃煤中碎屑含量高时，这种现象更为严重。为此，抛煤机炉除应配有飞灰回收复燃装置并使其有效运行外，对于燃煤的粒度组成有较严格的要求，比较理想的配比是 13 ～ 19 mm、6 ～ 13 mm 和小于 6 mm 的颗粒各占 1/3。由于抛煤机炉本身结构上的缺陷，特别是难以满足其对燃料品质的要求；使用面不广，有不少用户将其拆去，代之以链条炉排等比较可靠的燃烧装置。

针对手烧炉燃烧周期性的影响和烟囱冒黑烟问题，一些地区在小型锅炉中推广应用双层炉排炉。一般情况下，上层水冷炉排本质上是一排连接于锅炉水循环系统的水排管，煤从上炉门投入，即在上炉排上燃烧。由上炉排漏下的煤屑和炉渣，在下炉排上燃烧和燃尽。下炉排为一般手烧炉所用的条形铸铁炉排。煤在上层炉排燃烧后形成的烟气，包括一部分未燃尽的"煤气"，穿过煤层进入上、下炉排间的炉膛，继续燃烧，然后经炉膛中部的出口窗流向后部。上炉门作为空气入口，平时常开；中炉门供点火、清渣之用，平时常关；下炉门用于出灰，平常运行时，视下炉排上的燃烧状态而调节其开度。

煤在双层炉排炉的上炉排燃烧时，烟气要通过上炉排炽热煤层的"过滤"，炉膛空间的燃烧条件较好，所以烟囱一般不冒黑烟，排烟中的含尘量也低。由于混合、燃烧条件好，双层炉排炉的燃烧效率比一般手烧炉高。双层炉排炉的缺点是燃烧过程缓慢，在相同容量下所需炉排面积较大；着火条件和对煤种的适应性比一般手烧炉差。另外漏到下炉排上的煤颗粒或煤屑在燃烧时也会发生冒黑烟的现象，因此人工加煤上饲式燃烧锅炉存在的问题是相同的，很难从本质上解决。

三、下饲式燃烧

下饲式燃烧属火下添煤，火层自上而下燃烧，与进风的流向相反，所以也称之为反烧法。在下饲式燃烧中，有煤炭分批或一次集中加入的明火反烧炉和煤炭随燃烧过程而连续加入的下饲式加煤机炉。

在抽板顶煤明火反烧炉上，点火时先一次加入 300～600 mm 厚的煤层，煤层之上放引火之物，同时少量送风，通过引火层的燃烧，使煤层顶部预热、干燥、挥发物析出并燃烧。然后，固定碳着火燃烧火层向下移动，燃烧氧化层增厚，并在顶部形成灰渣层。和通常的正烧法相比，下饲式反烧法有如下显著特点：

一是在预热干燥层中，有充足的氧气供应，除局部地区外，一般不存在明显的缺氧干馏层。

二是由于煤炭是自上而下逐层氧化燃烧的，除了在灰渣层中少量未燃碳有可能发生还原反应外，在燃烧层中也没有显著的还原层。

三是在预热干燥层中释放出来的可燃挥发分，与炉排下送入的新鲜空气在火层中就得到充分混合。也就是说，挥发分的燃烧比固定碳的燃烧更能优先得到充足的氧气供应，促使其完全燃烧，因而不冒黑烟，可燃气体的不完全热损失极少。

四是在正常燃烧情况下，由于燃烧层较厚，表层又为灰渣层，故煤粒被鼓风吹走造成的飞灰不完全燃烧热损失较小，且排烟的烟尘浓度大为降低。同时，灰渣层一直受到火层的烘烤、加热，残碳极易燃尽。

五是一次加煤明火反烧法，因煤层过厚，送风阻力太大，必须强制通风。燃烧速度较慢，往往影响出力，容易结渣，火床出现局部烧穿也是运行中常见的缺陷。一次加煤明火反烧，使燃烧设备处于周期间断运行之下。每加煤一次，只能运行几个小时。然后清炉，重新加煤后再点火燃烧。这就使其应用范围大受限制。针对这一问题，研制出了具有不同传动方式的抽板顶煤明火反烧炉，可连续运转。在这类设备中，原来一次投煤明火反烧炉的炉底，被一块可以移动的抽板代替。位于抽板一端下部的加煤筒装满煤后，随抽板移至炉缸下部，并靠顶煤板把煤顶入燃烧层之下。依靠抽板的水平来回移动和加煤筒下顶煤板的垂直上下移动，实现了一次一次地间断加煤。实际使用的传动方式有手动、电动、液压以及气动等。传动机构除减速装置外，主要靠齿轮齿条或丝杆螺母把旋转变为往复移动。为准确控制，通常没有限位开关和连锁装置。

一次投煤的明火反烧法，一般适用燃煤量在 100 kg/h 以下的小型工业锅炉。这种燃烧方式，除强粘结、易结渣的煤，外在水分过高的煤以及石煤外，各种煤均可使用。

下饲式螺旋加煤机比较成功地解决了间歇加煤带来的一系列问题。采用螺旋给煤的下饲式加煤机炉是最简单的机械化燃烧设备之一，下饲式炉早在 20 世纪初就有应用，主要用在铸铁锅炉和船舶锅炉上。我国在 20 世纪 60 年代初，曾有一些单位研制并生产过这种炉型，但研究工作并没有深入下去。实际上下饲式炉是一种最有希望替代手烧炉，改善目前手烧炉热效率低下、污染严重状况的锅炉结构。下饲式炉实现了机械加煤，设备简单，布置紧密，消烟效果好，燃烧效率较手烧炉高。因此，近年来又为人们所重视，它对实现小型锅炉的机械化燃烧和减轻大气污染具有非常积极的现实意义。

加煤斗里的煤，随给煤螺旋的旋转，而被推向前方，一直到正在燃烧的煤层之下，然后被挤向上，实现了火下加煤。改变螺旋转速就可方便地调节进煤量。这种加煤机能在不太厚的煤层下实现连续明火反烧，既节约用煤、减轻劳动强度，又能消烟除尘。刚开始推广下饲式螺旋加煤机时，曾出现过下饲式加煤机进煤容易堵塞、螺旋轴折断等弊端，为此，技术人员作了多项改进：一是螺旋轴的支承从单端改为双端，增大了轴的强度和刚性；二是采用不等距螺旋。在出煤口处的螺距比进煤口大，减小前进中的阻力；三是在螺旋尾部出煤口处，增加几片反螺旋叶片，使输煤畅通。

螺旋式加煤机的螺旋直径为 100 ~ 200 mm，螺距相当于直径的 0.8 倍左右。螺旋转速一般选用 2 ~ 5 r/min，由 1.1 kW 电动机驱动。在小型设备上大都采用人工清渣，较大型的设备上广泛采用自动除渣。

下饲式加煤机的燃煤量一般可达 600 ~ 1 000 kg/h，甚至更高。最适宜使用的煤种是粒度 20 ~ 40 mm、中等粘结性的烟煤。外在水分过高而细屑含量又多的煤、无烟煤和劣质煤的使用效果不好，甚至不能维持正常的运行。

下饲式炉的工作过程简要说明如下：从煤斗 4 下来的煤经螺旋浆叶 6 送往饲煤槽 11；煤在饲煤槽中由下向上运动，靠推挤作用通过饲煤槽，向上翻动到两侧炉排上，先涌到固定炉排上，再涌到活动炉排片上，饲煤槽两侧的两种炉排上均开有通风孔；空气经这些孔下面上送入炉膛。

由于下饲给煤，空气也从下部送入，使煤着火所需的热量靠高温炉烟和炉墙（拱）的热辐射和已燃煤向下的导热供给。总之，煤从上部（表面）向下逐渐着火、燃烧。由于是上部着火，故对挥发份较少。例如，$V_{daf} < 25\%$、发热量较低的煤，着火有时会遇到困难。另外，若给煤量太多，煤在饲煤槽中的上升速度和向两侧炉排翻落的速度太快，着火就可能产生推迟，煤还来不及燃尽就从两侧的活动炉排上排掉，而使炉渣含碳量增多，燃烧损失加大。

下饲式炉在推挤煤的过程中对煤层有所松动，可燃用结焦性较强的煤。但对于灰熔点太低的煤，煤层表面可能结渣，阻碍通风，影响煤的散落，并可能烧坏炉排；加之，下饲式炉的着火条件较差，故对煤种的要求还是较高的。

下饲式炉的给煤是连续的，消除了手烧炉的"燃烧周期性"，减少了黑烟，空气过量系数也较小，锅炉效率可得到提高。另外，下饲式炉没有加煤、拨火的抛、扬的动作，烟气含尘浓度较低，所以下饲式炉的消烟除尘效果较好。

下饲式炉除可用螺旋给煤机外，也可用活塞式给煤机。

单饲槽的下饲式炉可用在蒸发量 2 t/h 以下的锅炉上，多饲槽的下饲式炉可用到蒸发量 10 t/h 的锅炉。

运行时应根据锅炉负荷和煤的品种进行给煤量的调整，一般采用的方法有两种：一是可以调节给煤机的转数，给煤机的变速机构可以是皮带轮、齿轮减速箱；皮带轮、

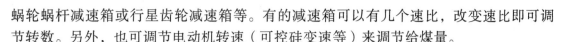

蜗轮蜗杆减速箱或行星齿轮减速箱等。有的减速箱可以有几个速比，改变速比即可调节转数。另外，也可调节电动机转速（可控硅变速等）来调节给煤量。

第二种方法是用时间继电器控制给煤机的启停时间。这种调节方式只当不得已时才能运用，因为它使加煤变成为间歇的过程，不是连续的。

给煤机运行中，如进入铁块、矸石等，会损坏浆叶，扭断联轴器或烧坏电机。为此，应通过试验，选择功率适宜的电机，加设电机过载保护装置；也可采用皮带轮或摩擦轮传动。当给煤机卡住时，皮带或摩擦轮打滑。有的采用安全销钉，当给煤机卡住时，销钉折断，设备空转。待停机清除杂物后，再重新开动给煤机。

给煤机的功率与输煤量、煤斗和饲槽高度，煤斗饲槽及输煤管的阻力系数等有关。为了减少给煤机的功率消耗，减轻煤被压实的程度，螺旋给煤机宜做成变螺距的（逐渐加大螺距）形式。

有些给煤机只在煤斗的一端设置轴承，当受力过大，轴端就可能断开。目前，有些给煤机在另一端也设置了轴承，断裂问题得到了解决。

当输送的煤中水份太多时，煤斗可能"搭桥"，煤在给煤机里被挤成"煤饼"，影响了正常的供煤作业。为避免这一情况发生，可掺烧干煤或在煤斗里安装拨煤器。拨煤器的轴支在煤斗的两侧壁上，并可以自由转动。沿拨煤器轴全长，在不同方向上焊有几根钢棒，当螺旋给煤机转动时，叶片拨动拨煤器上的钢棒，避免了煤斗的"搭桥"现象。当锅炉容量较大时，饲煤槽的长度增加。为确保沿饲煤槽长度方向上供煤的均匀性，应通过试验得出饲煤槽中给煤机螺距和叶片高度的合理尺寸以及饲煤机的合适形状。

饲煤槽和炉排是比较重要的部件。当锅炉容量很小（例如0.2 t/h）时，饲煤槽可以做成圆形、正方形成正六角形的。当锅炉容量较大时，饲煤槽则应做成长方形的。饲煤槽出口宽度通常为250、400 mm，饲煤槽深度为250、600 mm。通常情况下，其深度应大于400 mm，防止煤沿宽度方向分布的不均匀。

炉排通常是由很多块拼成，材料为铸铁。炉排片上开有许多通风孔，空气从四周通过这些小孔被送入炉膛内。

锅炉容量较大时，在铸铁饲煤槽的两侧的固定炉排片应保证通风截面比为10% ~ 15%，风速为15 ~ 25m/s。

为便于除渣，在固定炉排片的外侧宜设置活动炉排，如翻转炉排等。

下饲式炉既可以用于立式锅炉，也可用于卧式锅炉。国外小型燃煤锅炉中广泛采用螺旋给煤下饲式燃烧方式。

四、链条炉的特点

链条炉排锅炉的煤加在空炉排上后，着火仅靠炉墙反射的辐射热，着火条件差，对燃用无烟煤或贫煤，或水分较多的煤，比较困难，链条炉着火燃烧是由上而下单面着火，燃烧层结构是氧化区和还原区在上，挥发分析出在下，空气由下向上流动，挥发分的挥发一般都在富氧条件下进行，故工作过程较少冒黑烟。

链条炉在整个燃烧过程中，煤从加至炉排上直至灰渣从炉排上排出。其在炉排上的位置不变，或称与炉排的相对运动为零。这一特点就使链条炉对煤质和粒度有特别的要求。

链条炉是炉排上表面的煤先着火。燃烧由上而下，灰层覆盖在燃烧层表面，若灰的熔点低，灰融化而粘结在燃料层表面，则使溶渣下部的煤难以通风而烧不透，因而，燃用煤的灰熔点不能低于 1 200℃。同样，燃用粘结性强的煤，在高温下容易在燃烧层表面板结，或称结焦，也会严重地使通风受阻，故粘结性强的煤也不太适用。

当煤中细末较多时，因为末煤容易被吹起，燃烧层中原来存在细末的部位，就形成了风口，由于煤与炉排没有相对运动.这些孔洞形成后不能自行填补，大量空气必然从这些阻力小的风口吹至炉膛，从而形成"火口"，火口形成后，会涌入大量空气，漏风增加，而需要空气的地方反而出现供风不足，破坏了燃烧过程的稳定性。

链条炉操作简单，增减燃煤量只需改变炉排转速，或用改变煤闸门的高度来改变煤层厚度即可，工作稳定可靠，因而工业锅炉大量采用。但是也应该看到，链条炉适合具有一定粒度的煤，所以煤的筛分供应将有效地提高链条炉的热效率。

五、链条炉的分层燃烧技术

链条炉在实际运行中还存在两个问题：炉排上的煤层比较密实；炉排上的煤层分布不均匀。由于上述原因造成煤层透气性差，通风阻力大，送风机电耗增加，炉排上风量分布不匀，易于形成"火口"，炉膛过量空气系数增大，漏煤量增多，炉排两侧块煤多，通风阻力小，易漏入冷空气使炉膛温度下降。这样会造成排渣含碳量高，锅炉效率低，出力下降。特别是燃用挥发分少，灰分多，末煤多的劣质煤时，锅炉效率和出力远低于设计值。成为链条炉运行中的一大难题。

采用分层燃烧技术可以从一定程度上解决这一问题。分层燃烧技术主要是改进链条炉的给煤装置，一般是在落煤口的出口装有给煤器，取消煤闸门，然后通过筛板或气力的作用，将煤分离成不同的粒度，落到炉排上后形成按粒度进行梯级分配的煤层厚度，一般情况下炉排上的煤可分为三层：最底层为中颗粒；中间为小颗粒；最上层为大颗粒。这种采用机械筛板分层的方法，称为机械分层技术。除机械分层技术外，原苏联还采用过气力分层技术。气力分层常称为风压分层，它不是在给煤装置上进行改造，其给煤方式完全不变，仍然采用煤闸门控制煤层厚度，在分离区的炉排下设分层风口，在前拱上设置分层的分离室，分层风口的方向应使空气流直上，并且正对分离室的前沿。煤加在到炉排上运动至分层风口时，由分层风口的高压送风，使大块的煤在炉排上稍微活动，中块及小块都被吹扬起来，离开炉排面，在分离室分离。中块被吹起后离炉排不很高，先下落在大块之上，小块及煤末被吹动很高，小块落至已落下的中块之上；粉末则随风吹入炉膛内燃烧，炉排上煤层也为分三层：大块在最下；中块在中间；小块在最上。

实践证明，分层燃烧技术可以明显提高锅炉出力和热效率。

第三节　悬浮燃烧

悬浮燃烧又称室燃，它没有炉排，燃料悬浮在炉室空间中燃烧。它不仅可燃用固体燃料。也可燃用液体或气体燃料。固体燃料必须先制成粉末状喷入炉内方能进行燃烧。常用的室燃炉，按燃用燃料的种类不同，可分为煤粉炉、燃油及燃气炉三种。室燃炉内燃料的燃烧过程虽然也可以按三个阶段来划分，但基本上没有什么意义。室燃炉当燃料喷入炉内立刻着火燃烧，燃烧工况稳定，燃烧及烧尽阶段很难区分。

室燃炉的燃烧装置是燃烧器及炉膛。燃烧器的作用是将燃料和空气按一定比例，以一定速度和方向喷入炉内得到稳定和高效率的燃烧。炉膛是燃料燃烧的空间，燃烧的强度越高，达到燃烧完全所需的燃烧空间越小，燃尽的时间就越短。

一、煤粉燃烧

（一）煤粉燃烧的特点

对室燃炉的燃烧设备在燃烧性能上有两个共同的要求，一是要求燃烧效率高，即气体不完全燃烧热损失及固体不完全燃烧热损失都尽量地低；二是要求燃烧稳定和安全，能保证着火及燃烧稳定和连续，并保证设备和人身的安全，运行中不发生结渣和腐蚀等现象。煤粉与空气的混合气流进入炉膛受热后，先要把水分蒸发，然后挥发分挥发，再将挥发物点燃，使煤粉点燃的条件，不仅要求热源，还需要有一定的热容量，所以煤粉的着火比较困难，如果着火不稳定，就很难使燃烧稳定和连续。为了解决这个问题，常采取以下的措施：

一是煤粉是由空气携带输送入炉内的，一般采用热风送粉，输送煤粉的空气都采用 200 ~ 400℃的预热空气。

二是在煤粉磨制过程中采用热空气（或热烟气）进行干燥。

三是用于干燥和输送煤粉入炉的空气称作一次风，当煤粉与一次风混合气流中的煤粉点燃后，再逐步混入其余的空气，以减少煤粉点燃所需的热容量。其余的空气常分两步混入：一是部分从煤粉燃烧器中混入，称为二次风；一部分直接喷入炉膛称作三次风。煤粉炉的三次风与层燃炉的二次风比较类似。

四是改变煤粉气流喷出燃烧器后的气流组织，在燃烧器出口处产生一个高温燃烧产物的回流区，回流区能提供煤粉点燃所需要的热量。

煤粉燃烧后的燃尽需要一定的时间，焦碳粉末的燃烧在温度高于 1 300℃时反应速度比较快，而燃烧速度又受氧向焦碳粉粒表面扩散速度的限制。因此，为了减少煤粉燃烧所需的时间，可以将煤粉磨的更细。

煤粉燃尽后残留的灰分，在炉膛高温区内呈熔融状态，若尚未冷却就与炉墙、水冷壁或是炉膛出口受热面接触，就会粘结而形成结渣，影响锅炉安全可靠地运行。为了避免结渣必须注意：一是炉膛要有很大的容积和足够多的水冷壁受热面，使燃烧产

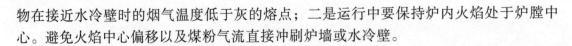

物在接近水冷壁时的烟气温度低于灰的熔点；二是运行中要保持炉内火焰处于炉膛中心。避免火焰中心偏移以及煤粉气流直接冲刷炉墙或水冷壁。

（二）煤粉制备与输送

煤粉是在磨煤机中制备的，其粒度大都为 20 ~ 50μm，最大不超过 500 μm。煤粉越细，越有利于燃烧，但磨煤机的电耗和金属消耗也随之增加，这就存在一个经济细度问题。

煤的细度是指煤粉样品在一定尺寸筛孔的筛子中进行筛分，筛子上煤粉的剩余量占总量的百分比。通常以 R_x 表示，角码 x 代表筛孔内边长。全面比较煤粉细度需用 4 ~ 5 个筛子来筛分，将这些细度表示值来综合比较。一般对于烟煤和无烟煤，只用 R_{90} 和 R_{200} 表示；对褐煤则只用 R_{200} 和 R_{500}（或 R_I）表示。

不同品种的煤，着火的难易程度不一，在磨粉时对其细度也有不同的要求。通常烟煤的 $R_{90} = 30\%$ 左右，褐煤可达到 $R_{90} = 40\%~60\%$ 左右，而对于无烟煤、贫煤 $R_{90} = 6\%~10\%$ 左右。

煤粉制备系统主要有两种：一是带中间贮粉仓的仓贮式系统，二是不带中间贮粉仓的直吹式系统。直吹式系统是直接将磨制的煤粉吹入炉内，磨煤机的出力要与锅炉的负荷变化相适应；而仓贮式系统中，磨煤机的出力基本维持不变，它不受锅炉负荷的影响，设立中间贮煤粉仓，多余煤粉可以贮存在中间贮煤粉仓中，锅炉高负荷时，可以从贮煤粉仓补充煤粉。小型煤粉炉上常用的锤击式和风扇式磨煤机，都采用结构布置比较简单的直吹式系统。

磨煤机常按转速分为三种，即：①低速磨煤机，转速为 15 ~ 25 r/mm，如筒式钢球磨煤机，俗称球磨机；②中速磨煤机．转速为 50 ~ 300 r/min，如中速平盘磨、中速环球磨等；③高速磨煤机，转速为 750 ~ 1 500 r/min，如锤击磨煤机、风扇磨煤机等。

75 t/h 以上的蒸汽锅炉常用筒式钢球磨煤机。因为它安全可靠；检修维护费用最小；可适应各种煤种，特别适应硬质煤，不怕煤中有铁块等杂质，但其金属耗量大、噪声大及耗电量大，这种磨煤机空载和满载的耗电量相差不大．因此为使它的出力稳定，不随锅炉负荷而变化，一般都采用仓贮式制粉系统。

风扇磨即起磨煤机的作用。又起排风机的作用，结构十分简单紧凑．特别是采用直吹式系统，本身体积较小，设备及系统都简单。所以，耗钢材少、投资少，电耗也较少，出力调节方便，另外风扇磨对煤的适用性较好。

中速磨煤机虽然具有系统简单、管道短、钢材耗量少、电耗低、设备紧凑及噪音小等优点。但是，其结构复杂；摩擦部件寿命短，常需检修换掉，有的中速磨煤机要定期压紧弹簧和频繁地停机调整，这些都影响系统运动的可靠性；对煤种的应用性不好，煤的水分不能过大，也不能磨过硬的煤，由于这些原因，工业锅炉一般不采用中速磨煤机。

煤粉的输送都是气力输送，其介质必须是热流体，常用的介质是热空气和热烟气两种。输送煤粉的一次空气量一般占燃烧所需空气量的 20% ~ 30%，挥发分高的煤，一次风比例也可高一些。通常，改变一次风的风量可调节煤粉火焰的长度。火焰长度

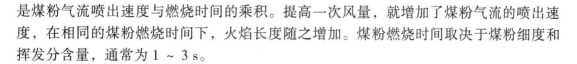

是煤粉气流喷出速度与燃烧时间的乘积。提高一次风量，就增加了煤粉气流的喷出速度，在相同的煤粉燃烧时间下，火焰长度随之增加。煤粉燃烧时间取决于煤粉细度和挥发分含量，通常为 1 ~ 3 s。

（三）风扇磨及直吹系统

风扇磨煤机能起到磨煤和风机的双重作用，能产生 1 500 ~ 2 000 Pa 的风压。它的叶轮和风机转子一样，与风机不同之处是在叶轮上装有 8 ~ 12 块冲击板，在蜗壳内壁装有护板，冲击板和护板都用耐磨材料制成，而且也可以和粗粉分离器组合成一个整体，结构十分简单紧密，简化了制粉系统。

原煤随空气进入风扇磨，被高速旋转的冲击板打碎，抛到护板上再次被打碎，风扇磨的出口装有粗粉分离器，不合格的煤粉被分离出来，返回风扇磨重磨，合格的煤粉被直吹至燃烧器。同时磨煤机入口引力较大，也可以从炉子烟道中吸入一部分烟气或冷空气或温度较低的热空气一起混合，提高风温，以利于煤粉的干燥，所以这种磨煤机特别适合于磨制高水分褐煤和软质烟煤。

（四）煤粉燃烧器

煤粉燃烧器也称喷燃器，是将制粉系统送来的煤粉喷入炉膛燃烧的专用装置，喷燃器要组织气流，使煤粉能迅速地、稳定地着火燃烧；使煤粉和空气有良好地、均匀地混合，以保证安全经济地运行。煤粉燃烧器按形状一般分狭缝形和圆形两类，就气流特点看，煤粉燃烧器可分为直流式以及旋流式两种。

1. 直流式燃烧器

直流式燃烧器把煤粉与一次空气的混合物及二次空气分别经相间布置的平行通道送入炉膛；这种燃烧器的特点是结构简单、阻力小、射程远、着火慢、炉膛的火焰冲满度较差，一般适用于高挥发分的煤种。此时，一次风量占总风量的比高达30% ~ 40%；二次风速也较高，约 20 ~ 25 m/s，以使喷嘴得到较好的冷却。在锤击式磨煤机"竖井"上端常配用这种直流式燃烧器。

煤粉和空气分别由不同喷口喷入炉膛形成射流，射流自喷口喷出后，将一部分周围介质卷入射流中，并随着射流一起运动，这就使射流的横断面积扩大，同时，射流边界层的流动速度，由于周围静止介质的择入，而逐渐降低。射流横断面上边界层的流速低，而中心的流速高。随着射流继续向前运动，其中心速度也逐渐衰减。当截面上的最大轴向速度降低到某一数值时，该截面至喷口的距离，称为"射程"，它与喷口直径及初速度有关，气流的射程是确定燃烧器的功率、炉膛尺寸和组织炉内燃烧过程的一个很重要的依据，初速越大则射程越大。对矩形喷口，当出口截面积的初速不变时，其高宽比对射流轴线速度衰减的影响很显著，高宽比越大，衰减越快，射程就越短。

煤粉燃烧器布置的方式多，大容量煤粉炉一般将直流式煤粉燃烧器布置在炉膛四角上，燃烧器的轴线与炉膛中心的假想圆相切的布置方式，这种布置方式是我国的锅炉上最常见的。这样布置的燃烧器又称角置直流式燃烧器。这样布置的燃烧器之间可以相互支持，加强着火和燃烧的稳定性。所以，角置直流式煤粉燃烧器对燃料适应性很强，不仅可燃用烟煤和褐煤，也可燃用无烟煤和贫煤。

2. 旋流燃烧器

煤粉与一次空气的混合物通过蜗壳产生旋流而喷入炉膛。二次空气也经过另一蜗壳而旋转喷入炉膛，并与一次空气交叉混合。这种燃烧器也称为蜗壳式。煤粉气流在炉膛中扩散成圆锥形，在其根部产生卷吸作用，使高温烟气回流，促使煤粉迅速着火燃烧。这种燃烧器扩散角大而射程短，炉膛火焰冲满度好，旋流强度易于调节。锅炉上常用的各种燃煤，在这种燃烧器内都能得到较好的使用效果。

燃烧器在炉子上的布置应根据炉膛尺寸而定，位置不同，形成的火焰形状也不一样。在中小型工业锅炉上常采用前墙布置，炉膛深度不宜小于 4.0 ~ 4.5 m，以防火焰冲向后墙引起结焦。相邻燃烧器之间的中心距、燃烧器中心至侧墙以及至冷灰斗顶部的距离，不宜小于喷口直径的 2.0 ~ 2.5 倍。

（五）旋风燃烧

一般煤粉炉都是固态排渣炉，为了满足固态排渣的要求，必须使灰与管壁接触时温度都降到灰的熔点以下，才不致结渣，为此，炉膛出口处烟气温度要比所燃用煤的灰的熔点低 100℃；炉底要做成水冷炉底，使落灰得以充分地冷却，这对燃用灰熔点低的煤将发生困难，或由于水冷炉底的设置要增加炉膛高度。还有一种煤粉炉称为液态排渣炉，使火焰向下倾斜，下部水冷壁管表面敷设耐火材料，称为卫燃带，这样就保持炉膛下部为熔渣区，熔融的渣可从下部排渣口排出。液态排渣炉形式也很多，有开式炉膛、半开式炉膛、闭式炉膛及旋风炉等。前三种在工业锅炉很少采用，以下仅简要介绍旋风炉。

旋风炉是一个圆形燃烧室，分为立式及卧式两种。煤粉气流有的沿圆筒切向送入，也有的是从旋风炉一端的旋流燃烧器送入。煤粉气流在旋风燃烧室中以较高速度转动，细煤粉在燃烧室中悬浮燃烧。较粗的颗粒被甩向筒壁的熔融灰渣层上，由于有二次风切向吹入，这些煤粒能在灰渣层上很快烧完，在旋风燃烧室出口处有一排或几排管子，管子上敷色有耐火材料，管子间的间隙较大，称为捕渣管束。烟气经捕渣管时，熔融的灰渣一部分粘在捕渣管上面流回炉底渣井。灰渣以液态排出的渣量占燃料中灰分量的百分数称为捕渣率，旋风炉的捕渣率可达 85% ~ 90%。

旋风炉有以下的优点：炉膛燃烧温度高，燃烧完全，固体不完全燃烧热损失及气体不完全燃烧损失都较小，过剩空气系数仅为 1.05 ~ 1.10，排烟热损失也较小，因而锅炉热效率较高；燃烧温度高，易着火，有利于扩大煤种的适应范围；炉膛热负荷高使得旋风炉炉膛容积小，节约材料；捕渣率高，飞灰少，可以提高烟气流速，以增加传热而节省受热面，并可减轻对流受热面的磨损。但旋风炉也存在以下缺点：如负荷的适应性差，排渣口有时被堵而引起停炉事故；燃烧室结构比较复杂，制造费用高；对灰熔点高的煤也不太适应；最后还要以防水冷壁在高温下形成高温腐蚀。

二、油的燃烧

液体燃料油适应于包括工业锅炉在内的各种热力设备，具有高热值和储运方面的优势。因此一些移动的动力和热力设备，如火车上的采暖锅炉、船舶锅炉几乎都采用液体燃料。燃油在锅炉炉膛中是以火炬的方式燃烧的。油的燃烧过程大致可分为三个阶段：①燃油的预热阶段；②燃油雾化并使油雾加热、汽化和分解与空气混合的阶段；③着火燃烧阶段。其中第一阶段在燃油系统或燃烧设备中完成，后两个阶段则是在燃烧设备和炉膛中完成。

（一）油的燃烧过程和特点

由于油的沸点总是低于油的着火温度，因此油总是首先蒸发成气体，接着在油蒸汽状态下进行燃烧的。为强化油的燃烧，首先是把油雾化成细油滴，油滴进入温度高于着火温度的空气和烟气混合气体中，首先蒸发，在其表面形成火焰，油滴在悬浮状态下进行燃烧。

在燃烧稳定时，油滴从火焰中获得热量而蒸发的油量等于油滴周围燃烧掉的油蒸汽量。燃油雾化成细油滴时，大大地增加了燃油的表面积，加快了油汽的蒸发速度和与空气中氧的接触表面积。从喷油器喷出的雾化的油雾，当到达燃烧区时，一部分尺寸较小的细油滴已经完全蒸发了，变成油蒸汽与空气的均匀混合后进行燃烧；一部分油滴则没有完全蒸发，但油滴直径减小了，形成细油雾；还有一部分尺寸较大的油滴甚至完全没有蒸发，保持单个油滴状态。油雾和油滴都是液态，所以油雾的燃烧既有均匀混合气的燃烧，也有油滴的燃烧，通常叫作两态燃烧。理论分析和许多试验证明，油滴燃烧时间和它的直径平方成正比。燃油雾化颗粒越小，燃烧时间就越短，火焰长度也越短。从加强混合和提高燃烧热强度的角度出发，要求燃油雾化得越细越好。当燃油雾化得很细时，油雾才可能和空气混合得很均匀，并且很快蒸发和燃尽，如果雾化燃油中有很粗的油滴，常常会在炉膛内来不及燃尽而产生大量火星，甚至引起锅炉冒黑烟，极大的油滴还会喷射到锅炉的受热面和耐火砖墙上或落到炉底产生结焦。为了提高锅炉炉膛热强度和发展低氧燃烧，希望燃油雾化平均油滴直径在 $100\mu m$ 以下。

仅使重油雾化得很细对合理地组织燃油的燃烧过程还是不够的，还要送入炉膛足够的空气与雾化油滴充分混合。为了保证雾化燃油与空气充分混合，一般采用的主要措施是：适当提高燃烧器出口风速，气流速度越快，紊流脉动越大，混合也就越强烈；空气流要与燃油雾化流沿径向分布相配合，沿圆周分布尽量均匀，以保证风油充分混合；加强出口气流的扰动，形成复杂的速度场，加强出口气流的混合；把燃烧器四角或对面布置，使气流相互冲击，加强混合；在油雾没有着火前，送人一定量的一次风与油雾预先混合，以防止油雾热分解产生炭黑粒子。

油的燃烧器包括三个部分：一是油喷嘴，它的作用是调节喷油量和使油雾化；二是调风器，它的作用是使油燃烧得到较好的配风；三是点火器，其作用是引燃油蒸汽或油滴。

（二）喷油嘴或喷油器

所有的喷油器按其雾化的方法不同可分为机械式、蒸汽或空气介质式和超声波雾化式。不同结构的喷油嘴喷出的油雾化形状也不相同，有实心型，半实心型和空心型等。

燃油从油压或旋转设备中获得能量从喷口喷出，在没有任何雾化剂的作用下而使燃油雾化的喷油器叫作机械式喷油器。机械式喷油器按着燃料微粒的运动方式可分为直射式、离心式和转杯式。离心式喷油器按其是否有回油又可分为简单离心式和回油式。

利用高速的蒸汽（或空气）运动，将燃油雾化的喷油器叫作蒸汽式（或空气式）喷油器。蒸汽式（或空气式）喷油器按其雾化剂的压力又可分为高压雾化和低压雾化两种。

燃油既从油压中获得能量，又利用蒸汽（或空气）的高速喷射能量而相联雾化的喷油器叫作介质机械式喷油器。

利用声波的高频振动，而使燃油雾化的装置叫作超声波雾化喷油器。超声波雾化喷油器按其形成超声波的能源不同可分为电气式、空气式和蒸汽式。

锅炉中油料的燃烧采用蒸汽式喷油器较少，而较多地采用简单离心式喷油器和回油式喷油器。近年来随着锅炉自动化程度的提高和大量燃用劣质燃料油，蒸汽机械式喷油器中的 Y 型喷油器、超声波雾化喷油器也越来越多地被采用。

无论采用何种喷油嘴，喷油嘴的任务是把燃油雾化成很细的雾滴，有利于燃油迅速而完全地燃烧。喷油嘴的型式很多，但综合起来，目前应用较多的机械喷油嘴主要有三类：压力式、回油式和转杯式。

1. 压力式喷油嘴

图 3-1 所示为压力式喷油嘴的结构图。喷油嘴的接头与燃油系统的输油管相连，油泵来的压力为 0.7 ~ 20 MPa 的燃油经过滤网 6 过滤后流入芯子 3 的中央，穿过芯子前端的横孔，流入油头 2 的环形空间，充满开有切向槽的雾化片 1 的背面外围空间，再沿切向槽高速地流入雾化片中央的旋涡室，在此产生强烈的旋转运动，然后从喷孔中高速喷出。喷射的油滴在离心惯性力和空气摩擦力的作用下被粉碎成雾状，并且沿轴向和径向速度合成的速度方向运动（螺旋线运动），从而扩散成 60 ~ 70℃ 的空心雾化锥。这种喷油嘴配有喷孔直径为 0.5 ~ 1.2 mm 的不同规格的雾化片，可根据燃油质量和锅炉的负荷选用。雾化片是喷油嘴的主要零件，与燃油的雾化质量紧密相关，因而要注意维护保养，定期检查和清洗。若发现技术状况不良，例如喷孔不圆，内壁有缺口、毛刺等，应予换新。

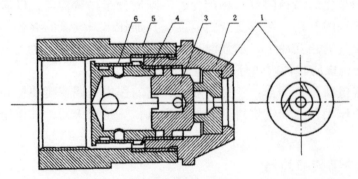

1- 雾化片；2- 油头；3- 芯子；4- 网座；3- 套座；6- 滤网

图 3-1　压力式喷油嘴头部结构

燃油燃烧的好坏在很大程度上取决燃油雾化的质量。为了使油雾化良好，就应使油流过雾化片切向槽时保持一定的速度。当雾化片尺寸一定时，油压越高，油的流速就越高，油的流量也就越大，油雾化后颗粒就越细。但是油压在 2.0 MPa 以上时，随着油压的升高，雾化质量的改善并不显著。相之，油压降低将导致流速减少，流量降低，雾化不良。通常保证良好雾化的最低油压约为 0.7 MPa。

油温对雾化质量也有影响。油温低，粘度大，流动阻力大，燃油在喷出喷油嘴时不易被粉碎，雾化质量下降，所以粘度较大的油需要预热。用重柴油作燃料时，一般预热温度应不低于 60 ~ 70℃；用燃料油时，预热温度应不低于90℃，对某些粘度比较大的重油，预热温度要达到120℃才能满足良好的雾化条件。

既然改变供油压力能改变油流经喷油嘴的流量，因而，锅炉运行时，可用改变油压的方法来改变喷油量，以适应不同的工况。但是，流量与油压平方根成正比，即喷油量提高一倍时，油压需提高至原油压的 4 倍。保证良好雾化的最低油压是 0.7 MPa，而一般锅炉燃油系统的最高油压约为 2.0 ~ 3.0 MPa，所以用改变油压的方法改变喷油量，其调节幅度不大，最大喷油量与最小喷油量之比很少超过 2。大型燃油锅炉常装多个喷油嘴或者装置一个主喷油嘴和 1 ~ 2 个辅喷油嘴，用改变工作的喷油嘴数调节喷油量，以满足用气量的要求。

2. 回油式喷油嘴

图 3-2 示为回油式喷油嘴的头部结构，它有两个管接口：一个接供油管，燃油由此进入喷油嘴旋涡室；另一个接装有回油调节阀的回油管。只要改变回油调节阀的开度调节回油量，就可以一定比例调节喷油量。这种喷油嘴油量调节幅度较压力式明显扩大，而且不影响喷油压力和雾化质量。其最小喷油量可达最大喷油量的 1/3 ~ 1/5。

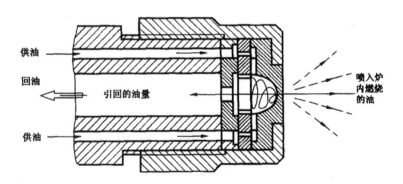

图 3-2　回油式喷油嘴的头部结构

3. 转杯式喷油嘴

图 3-3 为转杯式喷油嘴的结构示意图。由电动机 7 经传动胶带轮 8 带动旋杯 2 和一次风机（又称雾化风机）叶轮 5，使其在 4000 ~ 6 000 r/min 的高速下转动，燃油以一定压力自给油管 4 进入，经燃油给油器 4 均匀地流至旋杯中央。因为高速旋转的离心力作用，在杯内壁形成一层油膜，当油膜推进至杯口时即高速切向甩出，被一次风机叶轮 5 供入并自旋杯外壁的四周缝隙以 60 ~ 80 m/s 的速度喷出的雾化风粉碎成

油雾。使用中可根据燃烧情况改变调风门的开度，调整一次风量Ⅰ，以改变雾化角。

转杯式喷油嘴的优点是供油压力可以较低，油量调幅可达10：1，且调节方便（只要开大或关小供油阀即可），不影响雾化质量；油流不易堵塞，过滤要求不高，可燃用油类的品级范围广；预热温度要求较低（炉内热能对旋杯辐射而使燃油预热）。但其不足是结构较复杂，制造和安装要求高。

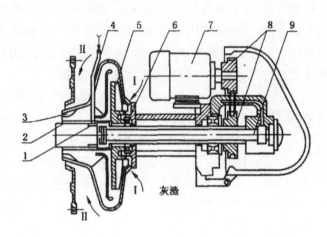

1-燃油分配器；2-旋杯；3-导向叶片；4-给油管；3-风机叶轮；6-轴承；7-电动机；8-传动胶带轮；9-驱动轴；Ⅰ-一次风入口；Ⅱ-二次风入口

图3-3 转杯式喷油嘴

（三）调风器

调风器的任务是合理配风，使供入炉内的空气与喷入的油雾均匀混合以提高燃烧效率。调风器常有平流式和旋流式两种。旋流式又分固定叶片型和斜向叶片型。固定叶片型叶片的倾角是固定的，斜向叶片型叶片的倾角则是可调整的。图3-4所示为采用旋流式固定叶片型调风器的燃烧装置。炉膛前方有一耐火砖或钢板围成的锥形圆孔，称为火口（或风口），喷油嘴位于火口的中心线上，火口外面设有风箱，调风器就装在风箱中，正对着火口。调风器由扩散器罩9、导向叶片10、风门挡板8、火口11等组成。导向叶片的作用是使进入炉膛的空气产生旋涡运动，即产生旋转气流，并使气流具有一定的扩散角，保证油气混合良好。在安装喷油嘴的中心管架的前方有扩散器罩9，罩上有圈小孔，从罩内引一股气流至喷油嘴前端，用以防止燃油在高温缺氧条件下裂解，产生难燃的炭黑并冷却喷油嘴。这一部分空气约占总空气量的10%～30%，风速约为10～40 m/s，称作一次风。推拉轴向风门调节杆13.可使轴向风门挡板8移动，改变进风小孔通道的大小，调节一次风的风量，控制火焰的长度和保持火焰稳定。风箱里绝大部分空气从扩散器罩9外围，经导风叶片间以一定旋流速度供入炉内，这部分空气称为二次风，风速约为25～60 m/s。二次风主要是提供燃烧所需的大部分空气，并使其与油雾强烈混合，以达到完全燃烧之目的。由于二次风是从扩散罩外进入炉内，高速气流不会直接吹扫喷油嘴喷出的油雾锥体根部，所以火焰稳定。推拉扩散器调节杆14，可使扩散罩前后移动，以变换二次风的风量，保证火焰和排烟颜色正常，燃烧完全。另外，还靠二次风来建立回流区。由于斜向叶片的作用，在气流中心区域形成低压区，使炉膛内高温烟气回到火焰根部而形成回流。若回流区合适则喷出的油雾先与一次风混合后，再与回流区的高温烟气和二次风混合，有利于及时着火和保持火焰的稳定。但回流区过大将使油雾在火焰根部裂解。扩散罩内还装有电火花点火器 5，光敏电阻装置 12，点火器压板装置 15。

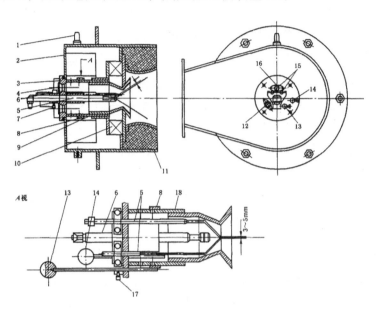

1- 测风压管接头；2- 炉前风筒；3- 喷油器支承外盖板；4、16- 观察孔；3- 点火器；6- 喷油器；7、17- 固定螺钉；8- 轴向风门挡板；9- 扩散器罩；10- 导向叶片；11- 火口；12- 光敏电阻装置；13- 轴向风门调节杆；14- 扩散器罩调节拉杆；13- 点火器压板装置；18- 轴向短筒

图 3-4　燃烧装置中的调风器

经调风器供入的风量必须合适，因为空气不足会使燃烧不良，空气过多则会降低炉温，不利于燃烧及削弱传热效果，还将因排烟量增加使排烟热损失增大而降低锅炉的热效率。从理论上计算，1 kg 油在标准工况下完全燃烧需 10 ~ 11 m3 空气，但供入的空气不可能全部被有效利用，所以实际供入量应稍多些。在保证燃烧良好的条件下，过量空气系数越小越好。燃油雾化正常时，该系数主要因为调风器的优劣。较好的调风器其值为 1.1 ~ 1.2 之间，一般的调风器其值为 1.3 ~ 1.4，当调风器不佳或与喷油嘴配合不良时其值甚至可达 1.5 ~ 1.6。过量空气系数可通过改变风机进风风门的开度进行调节。

（四）点火器

点火器由两根耐热铝镁合金的电极棒组成。电极棒前端弯折成 150° 角度，后端套有耐高压的瓷管。两根电极棒装于点火器支承外盖上，后端瓷管段与喷油嘴平行，前端弯折的裸体段彼此构成 60。的夹角，两尖端的距离为 3 ~ 5 mm。当两电极棒通以 5 000 ~ 10 000 V 高压电时，尖端间产生电弧火花，从而点燃喷入炉膛的燃油。为了保证点火效果和防止锥形油雾喷在电极上，要求两根电极棒中心线比喷油嘴中心线高 11 mm，超出喷油嘴前端面 2.5 mm，两根电极棒不能分开。

三、气体的燃烧

（一）气体燃料的燃烧特点

气体燃料的燃烧是单相反应，着火和燃烧都比较容易，它不像煤粉有挥发分挥发及焦碳燃烧过程，也不像燃油有雾化问题。其燃烧速度与燃烧的完全程度取决于气体燃料与空气的混合。混合越好，燃烧就越迅速、完全，火焰也越短。

气体燃烧有多种分类方法，若按一次空气系数 α_1，可分为扩散式燃烧，大气式燃烧和无焰式（预混式燃烧）燃烧。扩散式燃烧是指燃气与空气不进行预先混合，即 α_1 =0，扩散燃烧不会发生回火现象，燃烧完全靠二次空气；大气式燃烧是指燃气与燃烧需要的部分空气进行预先混合，即 $0 < \alpha_1 < 1$，只能在一定的范围内进行稳定工作，剩余燃气靠二次空气完成；无焰式（预混式燃烧）燃烧扩散式燃烧，是指燃气与燃烧所需的全部空气进行预先混合，即 $\alpha_1 \geqslant 1$，燃烧过程不需要二次空气，燃烧的稳定范围减小，燃烧的完全程度提高。

锅炉燃用气体燃料时，常采用前两种燃烧方式。其中燃气与空气预先均匀混合的燃烧方式也称为动态燃烧，或称动力燃烧。锅炉燃用的气体燃料品位和种类差别比较大。有的气体发热量很高，含惰性气体或杂质较少，有的则发热量很低，含惰性气体或杂质较多。低热值煤气可以高炉煤气为代表，它含惰性气体（N2，CO2）达 60% ~ 80%，气体发热值为 6 280 ~ 10 467 kJ/m3. 这种煤气较难完全燃烧。燃用低热值煤气时常采用动态燃烧，有时还采取强化着火的措施，以保证燃烧的稳定，如将煤气和空气都进行预热；或在炉内离燃烧器出口不远处用耐火材料砌格栅型火墙等。一般燃用高、中热值的煤气时，大多采用扩散燃烧。但实际情况也并不尽然，除了保证完全燃烧外，还要考虑火焰稳定性以及负荷调节范围。

采用动态燃烧时，一定要注意混合气体在燃烧器中的流速。如果混合气体的流速低于火焰传播的速度，原来在燃烧器喷口之外的火焰可能缩回到燃烧器内部去燃烧，这种现象称为"回火"。回火可能烧坏燃烧器或发生其他事故。如果混合物流速比火传播速度大很多。则火焰就要远离燃烧器喷口，以致火焰发生完全熄灭，这种现象称为"脱火"。这时，不仅锅炉不能正常运行，而且炉膛内可能有爆炸性气体，容易发生事故。为了加强混合，提高燃烧程度，通常在气体燃烧器中也采用稳焰器来稳定燃烧。

（二）气体燃烧器

目前工业和民用燃气燃烧器的种类很多，采用了燃烧方法也不相同，一般都是根据燃气的燃烧特性及火焰速度的不同，调整烧头和火焰扩散盘的结构设计。结合起来看常有的有两种燃烧器烧头结构，即预混式结构和后混式（扩散式）结构。

气体燃烧器没有雾化的任务，仅为配风，因此，扩散燃烧的煤气燃烧器比油的燃烧器简单，它在配风的结构上与重油燃烧器相似，扩散燃烧的气体燃烧器也分为直流式和旋流式两类，直流式天然气燃烧器是经多根喷枪管以高速从切向和横向两个方向将天然气喷入炉膛，喷出后形成旋转运动，空气从燃烧器流出与天然气以正交的方式，依靠燃气射流强烈混合。

　　旋流式煤气燃烧器利用旋流装置使空气形成旋转气流。用于重油燃烧器的各种旋流调风器，一般都可以用在煤气燃烧器上。煤气引入方式可分为中心进气和周向进气两种方式。中心进气是煤气从中心管送入，在出口端煤气从管子上的煤气喷孔横向穿入旋转的空气流中。这些煤气喷孔是沿管子四周径向开孔的，沿管子轴向分成几排。周向进气是煤气由空气通道外圆周上的几排小孔横向喷入旋转的空气流中。

　　随着燃气事业的发展，对燃气的燃烧提出了更高的要求。首先要求燃烧的热强度高，热强度高，能有效减小炉膛的容积；其次是要求在损失最小的情况下将燃气的化学能转变为热能，这就要求燃烧化学不完全燃烧损失及过量空气系数均应最小，这是一般的扩散燃烧及大气式燃烧所无法满足的，因此出现了无焰燃烧。国外一些公司已经推出了几种无焰燃烧机配备在一些高效率的锅炉上，不仅燃烧效率高，锅炉整体尺寸也大大减小。如瑞±Hoval公司设计生产的 Ultragas 冷凝式燃气锅炉采用了无焰燃烧技术，燃气和空气在进入燃烧器之前按比例自控预混，燃料与空气混合后的气体由耐高温不锈钢制成的柱形网状喷嘴或火道喷出，形成无焰燃烧。充分混合后进入燃烧室燃烧，达到充分燃烧效果，并由此减少了燃烧室及锅炉体积。该比例式无焰燃烧器设计可获得 1：5 的调节范围，燃烧器火道可提供 360° 均衡热输出，确保高效燃烧和稳定的超低 NOx 排放。

　　（三）脉冲燃烧

　　脉冲燃烧是可以高效燃用气体、液体和固体燃料的一种特殊装置，是将 Helmholtz（亥尔姆霍兹）型共振器应用于锅炉的成功示例。燃气和空气通过可以对气体进行计量和控制的阀门进入燃烧室；液体或固体燃烧可直接喷入燃烧室，也可随空气进入燃烧室。

　　脉冲燃烧器的优点是：结构简单，无移动部件，无动力燃烧器；燃烧过程密闭，近乎定容燃烧，燃烧强度高；排气速度是波动的，这种波动提高了对流传热系数，燃烧室内的压力有利于烟气排出，使烟管长径比增大，提高了换热效率。但是要将脉冲燃烧应用于燃气锅炉还要解决以下问题：消除噪声较大缺点；避免热负荷调节比受到限制的缺点。

　　脉冲燃烧器的空气和燃料进口都装设了空气及燃气计量阀，这种阀是特殊设计的，它使燃气及空气能进入燃烧室，并能防止气体回流。锅炉启动时只采取一个小型风机和一个简单的火花塞。

　　脉冲燃烧锅炉的热效率很高，排烟温度较低。特别是热水锅炉，当室外温度上升时，锅炉的排烟温度设置点可降低，当设置点低于 60℃时，锅炉将开始产生冷凝水，烟气中蒸气潜热得以充分利用，因而锅炉热效率高达 96% 以上。

第四节　沸腾燃烧

一、沸腾燃烧的特点

根据国内外试验研究的结果和运行实践，沸腾燃烧有其他燃烧方式所不具有的一系列特点。

（一）几乎能适应各种不同品质的煤

沸腾燃烧不仅适用于高水分褐煤、高灰分烟煤和挥发分低于 5% 的无烟煤，而且在设计合理、调整恰当的情况下，能稳,定地燃用灰分 70% 的煤矸石和石煤，以及油页岩等劣质燃料。很多沸腾锅炉所用的燃料是低位发热值为 4 186 kJ/kg 左右的石煤、煤矸石和油页岩，目前还有用沸腾炉燃烧焦屑和城市垃圾的。

（二）燃烧效率高

沸腾炉炉内煤炭和空气混合强烈，燃烧得到有效地强化，可以在过量空气系数较低的条件下完全燃烧，炉渣含碳量一般在 3% 以下，燃烧效率高。

（三）低污染物排放

沸腾燃烧通常是在较低温度下（炉膛温度仅为 75 ~ 950℃）进行燃烧反应，NOx，的生成量可减少 50%。若在燃料中加入石灰石脱硫，燃料中所含硫分的 95% 以上可以脱掉。沸腾炉的飞灰比较多，需要多级除尘，经多级除尘后，也可把粉尘排放量控制在标准规定的范围内。

（四）沸腾层内埋管受热面吸热强烈

沸腾炉一般都在沸腾层布置了埋管受热面.埋管除从烟气中吸收辐射热和对流换热外，还受炽热物料撞击的放热，综合传热系数可达 233 ~ 290 W/（m2·℃）。

由于沸腾燃烧具有一系列的优点.不仅作为劣质煤燃烧的有效方法受到重视，而且作为一种技术成熟、经济合理和环境友好的煤炭燃烧方式受到极大关注。

二、沸腾燃烧的基本原理

沸腾过程，或称流态化过程，是指固体煤粒在气体或液体作用下变成流化状态的过程。流体通过固体煤粒床层后，随着流体流速的不断增加，床层的状态将发生相关变化。流速较低时，固体颗粒基本不动，这时床层称为固定床；速度增大后颗粒就互相离开，并有少量颗粒在一定范围内振动，这时床层称作膨胀床；当速度增加到全部颗粒悬浮在流体中，这时状态称为临界流化状态，此时流体的流速被称为临界速度。为了便于比较和计算，流体流速都按空截面来计算。进入临界流化状态以后，就开始形成沸腾床燃烧过程。

流体的速度再增加，床层进一步膨胀，当流速增加超过一定限度时，固体颗粒就被流体带走，从沸腾状态转化为气力输送，这一流体流速称为极限速度，只有在临界速度和极限速度之间，床层才能保持稳定的沸腾状态，而沸腾炉的运行风速和燃烧率的调节也只能限定于这一范围内。

在结构上，炉膛由沸腾层和悬浮段组成。沸腾层包括柱形垂直段和倒锥形扩散段。沸腾层以上到炉膛出口是较高的悬浮段，其分界线为灰溢流口的中心线，中心线距布风板高度一般在 1 400 ~ 1 500 mm。沸腾层中的温度称为床温，一般在 900℃左右，沸腾段内布置一部分受热面，称为埋管受热面。

风帽式炉排又称布风板，它起炉排和布风的双重作用，是沸腾炉的主要部件。布风板为一块钢板或铸铁板，板上按等边三角形或等腰三角形布置了很多孔。每个孔上都装有一个风帽，最常用的风帽为蘑菇形风帽。高压风从风室经布风板上风帽的侧向小孔送出，与上升气流呈交叉形式，通常小孔风速控制在 35 ~ 45 m/s。风帽小孔以下直至布风板敷设一层耐火混凝土，以保护布风板，布风装置的作用是均匀布风和扰动床料，风室一般采用等压风室结构，使各截面的上升速度相同，从而达到整个风室配风均匀，风室内的空气流速一般控制在 1 ~ 5 m/s 以下。

这种沸腾炉也经常被称为鼓泡式全沸腾炉，主要是因为在气固系统中，床层扰动激烈，床内会同时出现颗粒较少的气泡和颗粒较多的乳化相，这种床层被称为鼓泡流化床。

悬浮段的气流速度较低，以利于较大颗粒尽量地自由下沉，落回沸腾层；同时也使在悬浮段燃烧的细粒延长停留时间。悬浮段的四周均可布置水冷壁，段内温度约700℃左右。然后，携带较多灰分的热烟气，离开炉膛，进入对流受热面。

沸腾炉的燃烧效率较低，造成燃烧效率低的主要原因是飞灰多，而且飞灰中可燃物高，使固体不完全燃烧损失过大。

沸腾炉埋管磨损严重，特别是埋管的弯头部分磨损更为严重。虽然曾采用多种方法加以减轻，但都没能彻底防止，有些措施的采用，又会引起传热系的降低。

沸腾炉排烟的粉尘量大，用石灰石脱硫，其利用率低，脱硫效果也较差，这是由于较细的石灰颗粒很容易被吹走，而较粗的颗粒在脱硫过程中由 CaO 变成 $CaSO_4$，其分子尺寸明显增大，在其表面因形成 $CaSO_4$ 层而阻碍反应继续进行。

最后，沸腾炉向大型化发展遇到困难。沸腾炉每平方米面积可产生 2 ~ 4t/h 蒸汽，1 台 200 t/h 的工业锅炉需床面积 80 ~ 100 m2。这样大的床面积，让锅炉布置、给煤均匀性等都复杂化。这些困难影响了沸腾炉的进一步发展，取而代之的是性能更加优异的新型流化床——循环流化床。

三、循环流化床燃烧

循环流化床与鼓泡流化床的主要区别在于炉内气体流速增加，在炉膛出口设置分离器、被烟气携带排出炉膛的细小固体颗粒，经分离器分离后，再送回炉内循环燃烧。流化床简称 FBC（Fluidized Bed Combustor），循环流化床简称 CFB 或 CFBC（Circulating Fluidized Bed Combustor）；增压流化床是压力条件下进行燃烧的流化床，简称

PFBC（Perssunzed Fluidized Bed Combustor），是循环流化床更进一步的发展阶段。

固体煤粒在气体或液体作用下变成流化状态的过程是随着流化速度的增加和床层阻力的变化为特征的，随着流化速度的增加，床层膨胀，依次经过固定床、鼓泡流化床状态、腾涌床状态、湍流床状态和快速床状态。当气流速度较低，固体颗粒基本不动的状态被称为固定床；鼓泡流化床状态就是沸腾燃烧状态，床内形成由气泡相和乳化相组成的两相状态，有明显的床层分界面；腾涌床状态是一种不正常的流态化状态，其特征在于床层中气泡聚合长大，然后引起气泡层的裂开，这样循环往复，造成床层压降极不稳定，实际应用中应尽可能避免腾涌床的出现；当流化速度足够大时，床层压力波动减小并趋于比较平稳，床层进入湍流床状态，其特征是床层中气泡相的尺寸不在随气流速度的增加而聚合长大，只是不断增多气泡的数量和分布密度。床层界面模糊，炉内形成上部固体颗粒浓度小的稀相区和下部颗粒浓度大的密相区；当流化速度大于颗粒带出速度时，大量颗粒被带出燃烧室，而且随着气流速度的增加，颗粒带出量也增大，可以说颗粒和气流几乎全部充满了整个炉膛空间，炉膛上部和下部的颗粒浓度差别显著减小，床内颗粒的内循环率很高。为了维持快速床状态，必须把气流带出的颗粒进行分离，收集起来，再送回到快速床内进行循环运动，这就是循环流化床状态。因此要完成有效的循环流化床燃烧过程，除了沸腾床燃烧需要的炉膛、布风装置和风室等主要燃烧设备外，还需要高效能的分离器和回料装置。

CFB锅炉的循环系统是由炉膛、分离器、立管和回料器等部件构成，这一系统将飞出炉膛的较粗的可燃固体颗粒通过分离器捕集下来，经立管、回料器返回炉膛中。燃煤通过给煤机送入炉膛后，其中一部分在密相区燃烧，另一部分随气流向上并进入分离器。炉膛中的燃烧沿高度可分为密相区燃烧和稀相区燃烧。进入分离器的物料有随燃煤一次上升进入分离器的部分及循环物料两部分，循环物料要注意经过炉膛时的燃烧减重。燃烧所需要的空气从风室和布风板进入炉膛，燃烧后生成的烟气从炉膛经分离器离开循环系统。稳定状态下始终有一定量的物料在系统内流动，系统将处在周而复始的循环运行状态。

第五节　煤气化燃烧

与固体和液体燃料的燃烧相比，气体燃料的燃烧既简单方便，又易于控制、调节，可以在很低的过量空气系数下达到完全燃烧，所以，如果将煤转化成气体燃烧可以获得清洁燃烧。工业上进行的煤的气化过程按照气化的规模主要可以分成两大类：即基于清洁煤利用概念的大型煤气化和简易煤气化。

一、大型煤气化

煤的气化是清洁利用煤的基础，煤的气化是指以煤炭为原料，以水蒸气在富氧气氛之下转变为燃料合成气的过程。煤炭和水蒸气的反应如下：

$$C + H_2O \rightarrow CO + H_2$$

该反应是吸热反应，反应热为 125.6 MJ/kmol，反应温度在 600 ~ 900℃，反应时需要过量的水蒸气。

煤炭中本身含有一定成分的氢，在空气或富氧气氛下煤炭的反应是：

$$2CH_{0.8} + O_2 \rightarrow CO + 0.8H_2$$

该反应也是吸热反应，反应热为 92.9 MJ/kmol。

煤气化后生成的气体 CO 和 H2 都是可燃气体，称为合成燃料气。生成的气体中还含有一些不可燃的气体，如 CO2、SO2 等。如在空气中气化，则含有大量的 N2 只能生成低热值煤气。工业中大型煤气化的过程比较复杂，生成的燃料气需经过气体净化处理，包括合成气的除尘、洗涤、脱硫等过程，经过净化的合成气，其中的硫氧化物、氮氧化物和粉尘等污染物的浓度可以降低到极低的水平。

目前有很多种煤气化技术已获得实际应用，所有这些气化工艺都有一个特征，就是保证煤炭在高温条件下和气化剂反应，将固体燃料变成气体燃料，只剩下残渣。气化的分类方法很多，主要有固定床气化、流化床气化和气流床气化。

（一）固定床（移动）气化

原料煤自上而下经历干燥、干馏和氧化层，最终成为灰渣排出炉外，气化剂则自下而上逆向流动，经灰渣层预热后进入原料煤的气化层。入炉的煤要求有一定的高度，并具有一定的强度和热稳定性、足够低的粘结性和结渣性。成品煤气经过热回收和去除焦油，约含有 10% ~ 12% 的甲烷和不饱和烃，适于作城市煤气用。该技术流程长，技术经济指标差，对低温焦油及含酚废水的处理难度较大，环保问题不宜解决。常压等径的固定床煤气化炉工艺简单，操作方便，适用于工业用，但因其产量少，对煤种要求十分苛刻，国外早已被淘汰了。为了提高产量，发达国家开发了固定床加压技术，如德国鲁奇（Lurgi）炉，可以制取中热值煤气。但随着而来的是操作工艺复杂，投资增加。

（二）流化床气化法

流化床气化就是将具有一定压力的气化剂（氧、富氧、水蒸气）从床层下部经过布风板吹入，将床上小粒度的碎煤托起，当气化剂上升时，使煤粒上下翻滚，床层处于流态化状态。流化床气化可以制成高热值气，煤种适应性强，而且 0 ~ 10mm 的碎煤不必筛分，加工简单，因此现在世界上很多国家都在积极开展流化床技术的开发和研究工作。但流化床气化的温度低，反应速度低，反应不完全，飞灰和灰渣带出的热损失大。流化床气化有常压操作的温克勒（Winkler）气化炉和加压操作的高温温克勒（HTW）气化炉。HTW 气化炉解决了常压气化炉低气化效率的问题，完善了飞灰汇流返烧，总的碳转化率提高到 95%，满足工业化要求。

（三）气流床气化法

气流床气化使用极细的粉煤作为原料，被氧气和水蒸气组成的气化剂高速气流携带，喷入气化炉。在炉内，固体细颗粒分散悬浮于气流中，并被气体夹带出去，成为气流床。气流床气化的气流速度快，粉煤在炉内停留的时间短，反应温度高，并采取液态排渣，因而气化强度高，生产能力大，碳转化率高，而且煤气中不含焦油和酚，对环境污染小。已工业化的气流床有高压操作的 koppcrs-Totzek（KT）气化炉和加压操作的德 ± 古炉（Texaco）和谢尔炉（shell）等。

总的来看，国外现有技术是沿着一条高投资、精确生产的方向提高气体热值和实现高产气量的路线进行发展的，虽然工艺复杂，但可以实现大型煤气化生产以及实现整体煤气化联合循环（IGCC）。

二、小型煤气化

上面所介绍的大型煤气化方法在经济上已具有相当的竞争力，发展比较快。我国要发展大型的整体煤气化联合循环，必须采用这些大型煤气化方法。但考虑我国国情，是否能够采用简单的工艺路线来完成小型煤气化呢？答案是肯定的。小型煤气化要求投资少、操作简单、安全可靠、运行费用低，同时也可以实现我们国家以煤代油的能源发展战略。发生炉煤气化就是这样一种方法。多年来在小型工业锅炉中，将煤炭先气化后燃烧，在简易煤气炉里实现气化和燃烧过程的事例层出不穷，虽然研发这些小型煤气化炉的本来想法主要是降低燃天然气锅炉的运行成本，并满足环境保护对供热设备的要求，但已经在一定程度上得到推广运用。同时我们也应该清楚，小型煤气化的致命缺点是产气量低，煤气热值低，因此今后对简煤气化炉研究的重点是提高气体品质，增加产气量。

（一）简易煤气化过程

以前设计生产的简易煤气炉采用间歇加煤、周期运行、工况是不断发生变化的。燃烧初期，煤层依靠底火的热量进行干燥，水蒸气大量释放出来。煤在干燥以后进入干馏阶段，有机物开始分解，并产生焦油。在此阶段中，有少量可燃气体产生，并可点火燃烧。煤干馏后形成半焦，随之与空气中的氧发生反应得到二氧化碳。二氧化碳上升又与焦炭发生还原反应，产生一氢化碳，同时水蒸气可以直接和碳反应生成二氧化碳和氢气。这便是主要的气化阶段。随着气化过程的逐步上移，煤层表面出现明火，局部烧穿，并不断扩大。空气大量进入，焦炭直接燃烧，这就是明火燃烧阶段。煤在正常气化时，煤层自上至下分为干燥、干馏、还原、氧化及灰渣 5 个阶段。

在以前设计的简易煤气炉内，不同阶段产生的煤气成分和热值有很大差别。在全面气化阶段，煤气中的一氢化碳约 25%，氢 5%，甲烷约 4%，氮气约 60%，其余为二氧化碳和氧气等。煤气热值约 5400 kJ/m3。在局部烧穿出现明火阶段，煤气中一氧化碳、氢和甲烷等可燃气体仅占 15% 左右。显然，煤气的成分还随煤种和煤质发生变化。煤气成分的变化，影响到它的热值。在简易煤气炉内，燃料的化学反应热在气化的不同阶段是有很大差别的。但是，煤气的物理热随气化反应的进展而增加．可以在一定程度上弥补化学反应热的减少。总体来说，以前设计生产的简易煤气炉是很难维持均一负荷的。

（二）新型简易煤气化方法

目前在小型煤气化技术上已经取得了一定的技术进步，主要的方法是改变煤气发生炉的结构、增加松渣设备、提高气化剂的温度和增加机械化和自动化程度。

以前设计的简易煤气炉有多种不同的结构，但均包括煤气发生室和点火燃烧室两大部分。煤气发生室一般为方形砖砌构造，炉排是固定的，下面是水封防爆灰池。也有的简易煤气炉采用水冷夹套式圆形煤气发生室，虽然制造要求较高，但气密性比砖砌的好。在这类煤气炉中，炉排还可以制成活动的，以利清渣。

新开发的煤气发生炉在主体结构上只采用煤气发生室，煤层上部预留存气空间，不在同一结构中设立燃烧室，煤气发生后可以通过管道接至另设的燃烧室或直接送至燃烧器，这从根本上保证了简易煤气化炉的连续、安全可靠地运行。

以前煤气发生室的结构一般采用等径的平炉底结构，这样气化剂和煤炭接触面积小，产气量低。新气化炉采用了上下部异径结构，下部采用三角斜斗式炉排结构，并采用等压风室结构，增加了下部煤炭氧化反应的接触面积和上部小直径高空间的还原反应，从两个不同的反应需要的反应条件的差别出发，保证下部反应快速进行，反应面积增加，多产生 CO_2，增加产气量。上部还原吸热反应区温度的控制是重点，由于截面变小，气化剂流速增加，传热、传质效果好，还延长了反应时间，使还原层温度上升，有利于还原反应的进行。

一般采用常压高温水蒸气和空气预混的方法，让水蒸气和空气在和煤层接触之前充分混合，另外提高水蒸气的温度水平，也有助于提高气体品质，根据试验，水蒸气的温度提高到 200℃ 左右，煤气的热值可以提高到 8 400 kJ/m3。

在煤气化发生室增设松煤防结渣机构，根据运行时间对煤层进行松动，防止结渣。另一方面，可以极大地促进传热、传质以及反应过程的快速进行，有利于提高煤气的品质和产量。

采用机械化上煤也是解决气化过程间歇进行、产气不连续弊病的主要措施，为此可以采用机械化加煤装置和自动清灰装置，从而实现煤气化的连续产气过程，保证煤气化炉的连续运行。

最后新开发的煤气化炉大都增设了自动控制装备，可以自动控制气化剂的温度，煤气化室中气化层的温度，向着精确生产的方向前进了一大步。

和传统的简易煤气化炉相比，可以实现常压条件下、低成本、较高热值、较高产量的连续的煤气化过程，生产的煤气也能够满足工业的应用。

谈到煤的气化，不能不涉及煤气化后煤气中污染产物的排防问题。煤中总是含有硫的，空气中总是含有氮气的，因此煤气中总是含有一定量的硫氧化物和氮氧化物，对控制水平高的煤气化炉来讲，因为气化温度在 800℃ 左右，可以有效抑制氮氧化物的生成，至于硫氧化物只能通过控制原煤的硫含量来保证硫氧化物的排放满足环保标准的要求。

煤气发生室的高度按渣层厚度（约 0.1 m）、一次加煤量和发生室上部煤气空间高度而定。上部煤气空间是为聚集煤气，一般为 0.3 ~ 0.9 m。为安全运行，煤气发生室上部应设防爆门。防爆门可用水封式、重力式或薄板式，其面积可按炉排面积的 1% ~ 2% 选用。

（三）简易煤气化炉的运行操作

简易煤气炉的运行操作，除应满足通常要求外，特别要考虑到提高燃烧的稳定性，防止严重结渣和保持各部位气密性，以达安全可靠、经济运行的要求。

加煤时应有足够的厚度，以保证有一定的还原区，否则，将无法做到气化过程。为防止煤层过早烧穿和局部严重结渣，应力求使煤气发生室整个截面上各处的阻力相近，以使通风均匀。所以，在炉排上铺渣加煤时，注意把大块的放在中间，小块的加在四周。

燃用强粘结煤时，往往加剧结渣，在这种情况下可掺混部分非粘结性的煤，或少量煤渣。在炉排下通入少量蒸汽，除可提高煤气热值外，还能降低氧化区的温度，这对防止结渣是有益的。新型煤气化炉设计了松煤防结渣机构，自动根据运行时间调整松煤次数，极大地改善了结渣对运行带来的影响。

控制煤气发生室的温度十分重要，过高的温度容易结渣，过低的温度又不利于进行还原反应。在多数情况下，煤气发生室的温度偏高。应通过送风和水蒸气的比例调整气化温度，使煤气发生室的温度控制在 800℃左右。

一次风量的调节，往往是按锅炉负荷进行的。但是，根据气化阶段的不同需要，供给适当的空气是必须的。空气过少，不能满足气化要求，空气过多，氧化区加厚，影响正常气化，并易结渣。

煤气发生室是正压运行的，各处必须严密，以防止一氧化碳逸出。在任何情况下，都要防止空气漏入煤气室。如突然停电，要防止煤气倒流入送风管道，必须关闭风道闸门。同时，要打开烟囱上闸门或加大引风，以排除剩余煤气。点火不当，是影响简易煤气炉安全运行的主要方面。如点火不着或中途熄火，必须关闭送风机，并通过引风排除燃烧室和烟道中有余的气体。然后，才能重新点火。

保持锅炉房的良好通风，使空气中的一氧化碳含量低于 0.03mg/L，以防止中毒。检修煤气发生室时，应将各处煤气排净后方可进入炉内，炉外应有人监护，以保证安全。

第六节　工业锅炉结构

一、锅炉的分类

锅炉分类的方法很多，本书主要从以下两个方面进行分类：

（一）按锅炉燃用燃料划分

按燃用燃料划分，可分为燃煤锅炉、燃油燃气锅炉和废料锅炉。

（二）按锅炉结构划分

按锅炉结构划分，可分锅壳式锅炉、水火管和水管锅炉三大类。锅壳式锅炉和水管锅炉的差别主要在于：锅壳式锅炉是在锅筒内部发展受热面，水管锅炉则是在锅筒外部发展受热面；而水火管锅炉是两者都具有的。

二、锅壳式层燃燃煤锅炉结构

（一）立式锅壳式锅炉

锅壳式燃煤锅炉有立式和卧式之分，立式锅壳锅炉容量都比较小，小型蒸气锅炉用于企业工艺生产，热水锅炉则用于生活和采暖。一般主要有为横水管型、横火管型、直烟管型、直水管型和弯水管型，都是手烧固定炉排锅炉，也有采用半机械化操作的，炉排都放在锅壳内部，都是内燃炉。所有这些锅炉的炉胆都是辐射受热面，图3-5（a）为双层炉排横水管型，烟气流经水冷炉拱，横向冲刷横置水管对流受热面通过冲天管排入大气。图3-5（b）为横火管型，烟气由炉胆下的燃烧室进入后烟箱，再流经烟（火）管进入前烟箱，然后由烟囱排出。图3-5（c）为直水管型，直水管将锅炉分成上下两部分，烟气由炉胆下的燃烧室上行通过喉管进入直水管区完成横向冲刷，最后通过烟囱排入大气。弯水管型在锅壳外部及炉胆内部都布置有弯水管，炉胆内弯水管直接承受火焰辐射，之后通过喉门的烟气横向冲刷全部锅壳外弯水管，烟气流程较长，因而排烟温度低，热效率较高，但烟箱内易结灰，应注意经常除灰。

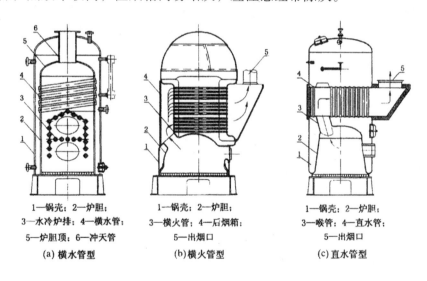

1—锅壳；2—炉胆；
3—水冷炉排；4—横水管；
5—炉胆顶；6—冲天管
(a) 横水管型

1—锅壳；2—炉胆；
3—横火管；4—后烟箱；
5—出烟口
(b) 横火管型

1—锅壳；2—炉胆；
3—喉管；4—直水管；
5—出烟口
(c) 直水管型

图3-5 立式锅壳式燃煤锅炉

手烧炉是人工操作的层燃炉，其构造十分简单，将固定炉排砌筑之后，在其四周砌上炉墙。在炉排上部的炉墙上有炉门，煤从炉门由人工加至炉排上，炉排下部由炉墙围成灰坑，在炉墙上有灰门，由人工从炉排下清灰。细碎灰渣落至灰坑，由灰门扒出，大块渣由炉门取出，加煤、拨火、除灰都由人工操作，劳动强度大，燃烧效率低，还有周期性冒黑烟的缺点，目前只运用在提供生活热水和小单位采暖之用。随着大中型城市环保要求的提高，手烧炉不具备机械化燃烧特点，多数产品因其存在原有的冒黑烟和无法除尘等特点已均被国家环保局列入淘汰的产品之列，国家技术监督部门也在积极推进机械化燃烧方式，开始禁止散煤手烧炉。

（二）卧式锅壳式锅炉

目前，卧式内燃和卧式外燃锅壳式燃煤锅炉已不多见。所谓卧式内燃锅壳式燃煤锅炉是指锅壳内有个大炉胆（又称火筒），在炉胆内设链条炉排。炉胆上部的锅壳内布置了很多烟管。这些烟管按锅壳的中心线分为左、右两组。烟气在炉胆内由前向后流至后烟箱，转从一侧的烟管由后向前流，至前烟箱后经180°转弯，再转从另一侧的烟管由前向后流，最后经铸铁省煤器、引风机从烟囱排出。烟气在锅壳内由前向后，再由后向前，又由前向后流动，称为三回程，水由省煤器流入锅壳，锅壳内上部为汽，下部为水，烟管必须浸在水中。按标准中对锅炉型号的划分应该称之为WNL型。这种锅炉之所以被淘汰，主要是因为其结构过分复杂，炉排面积和炉膛容积小、炉排检修困难，辐射受热面利用率低。正因为这样，人们将卧式内燃锅壳式燃煤锅炉炉排从炉胆中移到锅壳的下面，加大了炉排面积和炉膛容积，开始时用耐火材料将炉膛四周密封起来组成水冷程度很低的炉膛，被称为卧式外燃锅壳式燃煤锅炉。外燃锅炉除了没有炉胆外，结构与内燃式基本相同。其烟气流程也为三回程，不过第一回程不是在炉胆内，而是在锅壳外。后来发现这种锅炉炉膛水冷程度太小，进入后管板的烟温太高，容易造成管板裂纹。为此在炉膛的两侧布置了水冷壁，如图3-6所示。该型锅炉容量一般为4 t/h以下，制成整体组装好后出厂，安装方便，将锅炉整体输送至锅炉房后，安装在预先做好的基础上，然后连接配管即可运行。这种整体运输的锅炉称为快装锅炉。限于运输条件的限制，快装锅炉只适用于4 t/h以下的小型锅炉。有些6 t/h，甚至10 t/h的锅炉，也有把锅炉整体分成两部分运输，底座和炉排为一部分；锅筒及管束为另一部分，这种锅炉常称为组装锅炉。

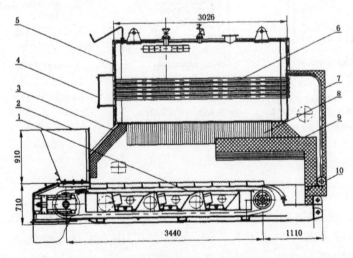

1- 链条炉排；2- 煤斗；3- 前拱；4- 前烟箱；3- 前管板；6- 烟管；7- 后烟箱；8- 水冷壁；9- 后拱；10- 后棚管下集箱

图3-6 卧式外燃锅壳式锅炉

由图 3-6 可以看出，DZL 水火管锅炉是在卧式外燃锅壳式锅炉的基础上发展起来的。由于炉膛移置锅筒外面，构成了一个外燃炉膛，其空间尺寸不再像内燃式锅壳式锅炉那样受到限制，燃烧条件有所改变。锅炉采用轻型链带式炉排，由液压传动机构驱动和调节。炉膛内设前、后拱，前拱为孤形吊拱，后拱为平拱，前后拱对炉排的覆盖率分别为 15% 和 25%。炉排下设分区送风风室，风室间用带有弹簧的钢板分隔。燃烧形成的高温烟气，从后拱上方左侧出口进入锅筒中的左半部烟管，流动至炉前再经前烟箱导入右半部烟管，最终在炉后汇集经省煤器和除尘装置，由引风机排入烟囱。烟气的流动，也是经过三个回程。燃尽后的灰渣落入灰室，由螺旋出渣机排出；漏煤则由炉排带至炉前灰室，由人工定期耙出。

锅壳外部增设左右两排水冷壁管，上端和锅筒连接，下端和下集箱相连。左右两侧集箱的前后端部，分别接有一根大口径的下降管，由水冷壁管一起组成了一个较为良好的水循环系统。此外，在锅炉后部的转向烟道内还布置了后墙受热面一后棚管，其上端与锅筒后管板相接，下端连接于后墙下集箱；而后棚管的集箱通过粗大的短管与两侧水冷壁集箱接通，构成了后棚管的水循环系统。可以看出，烟管构成了该锅炉的主要对流受热面，水冷壁管和大锅筒下腹壁面则为锅炉的辐射受热面。锅筒下部直接和火焰接触。和内燃式相比，外燃式锅炉炉膛容量大，水冷程度提高，锅炉的运行效果好。

此种锅炉由于水冷壁紧密排列，为减薄炉墙和用轻质绝热材料创造了条件，使炉体结构更加紧凑，可组装出厂。因此，此型锅炉也称为快装锅炉。快装锅炉的容量，有 1、2、3、4 t/h 多种规格。它自 20 世纪 60 年代末问世以来，全国各工业锅炉厂都竞相生产，目前此型锅炉的台数已达几十万台，占全国工业锅炉总台数的 60% 以上，对我国工业锅炉产品的技术进步和节约能源起了一定作用。但它毕竟是以众多烟管为主体的一种锅炉，限于结构等方面的原因，对煤种要求较高，原型锅炉在实际运行中普遍反映燃料适应性较差，出力不足，运行效率偏低。此外，炉拱型式、炉排配风、侧密封以及炉墙保温结构等都存在一些问题，目前这些问题已得到较大的改进。

卧式外燃锅壳式燃煤锅炉解决了内燃锅壳式燃煤锅炉的一些问题，但又出现了新的问题。在锅炉安全方面，因锅筒下腹壁面直接受炉内火焰和高温烟气的辐射加热，工作条件较差，当水质不好、锅内沉污结垢过多时，会引起锅底壁面局部过热而鼓包，酿成事故。其次这种结构的蒸汽锅炉改为热水锅炉后经常出现后管板开裂现象。可以说这两个问题直接成为开发新一代水火管燃煤锅炉的机会。

三、新型水火管层燃燃煤锅炉

单纵锅筒 DZL 型锅炉以其结构紧凑，运输方便，安装简单，使用方便，升温速度快，适应煤种广等一系列优点，得到广泛应用。每年大约有一万多台 DZ 型锅炉投入使用。但是在长期使用过程中，发现 DZL 型锅炉也存在着管板裂纹等问题，尤其是 DZL 型热水锅炉管板裂纹事故发生率很高。

除管板裂纹外，锅壳下部的鼓包事故在蒸汽锅炉中占 17.2%，热水锅炉中占 22.4%。其原因是锅筒下部直接与火焰接触，由于受热强烈，热负荷很高，当锅炉作为蒸汽锅炉使用时在该部位的蒸发强烈，结垢速度很快，当水垢厚度达到某种程度后使锅筒局部壁温超过了许可使用温度从而产生过热变形；作为热水锅炉使用时，主要是锅筒下部沉积了杂物（如泥沙、铁锈等）影响了传热引起的，对热水锅炉来讲，鼓包来的比蒸汽锅炉早，有的仅使用了一个月就发生了鼓包，锅壳鼓包危险性大，发生的机率也较高，修理比较困难，修理费用也很高，锅壳鼓包虽然说是与使用管理密切相关，但应该承认锅炉的结构存在缺点。

为了解决这一问题，有关部门、科研机构、制造厂及大专院校近些年来做了大量工作。并设计生产了一些改进的新型 DZL 型锅炉。如采用了拱型管板和球型管板改善管板的受力，情况，采用烟气先流经对流管束后再到达管板，降低管板高温区入口处烟温等措施。这些措施中有些能有效地防止管板裂纹的产生，有些还需要在实践中得到进一步检验。

根据对锅壳鼓包和管板裂纹原因的分析，应尽可能避免火焰直接辐射锅壳下部引起鼓包，具体做法是采用耐火材料将锅壳下部进行绝热，实践证明，采用这种方法后，再加上司炉工对鼓包问题的重视，一般对新安装的锅炉或采暖系统以及每个采暖期开始时，都对采暖系统进行清洗，并放水对锅筒下部进行清理，长期运行以后，还将根据情况进行停炉清理，防止锅筒或管内沉积杂物或结垢过厚；另外一种办法是采取炉内加药的防垢措施，并尽量控制锅炉给水的水质，合理地进行排污，尽量减少锅炉的补给水量。新型 DZL 型锅炉的鼓包事故已基本消失。

关于管板裂纹问题，新型 DZL 水火管锅炉采用了降低和管板接触烟温的设计方法降低管板承受的热负荷。蒸汽锅炉属于饱和沸腾换热过程，而热水锅炉则为过冷沸腾换热过程。对于 DZL 型蒸汽锅炉，管板高温区由于是饱和沸腾换热，水对管板的冷却能力极强，在未结水垢情况下，管板壁温很低，接近工质温度。当锅炉正常运行时，后管板未结或只结少量水垢的情况下，管板壁温较低，是不会发生管板裂纹的，这是蒸汽锅炉管板裂纹事故率低的原因，在管板高温区结水垢较厚的情况下，蒸汽锅炉的后管板也会发生管板裂纹，这是水垢在管子和管板连接处积结而引起的。

造成热水锅炉管板裂纹的机理主要是管板高温区发生过冷沸腾所致。锅壳式热水锅炉内的水基本上属于自然循环，因此水流速度较低，管板距锅筒出水口较远，容易出现水流停滞区，导致过冷沸腾。加之管板和烟管之间存在间隙和凹坑，凹坑内一会充满水，一会充满蒸汽，蒸汽的冷却能力比饱和水差，这样间隙或凹坑处的壁温一会升高，一会降低，在间隙和凹坑处就产生了交变热应力，继而产生热疲劳微裂纹，微裂纹继续扩展，就形成管板裂纹。当然当间隙或凹坑处积结水垢后，管板得不到冷却也会发生过热裂纹。这就是为什么产生管板裂纹时，有些情况下裂纹处布满了水垢，而有时只有少量水垢，裂纹产生的原因是不同的，另外锅炉水质不佳是造成管板裂纹的重要原因。

四、水管层燃燃煤锅炉结构

水管锅炉与锅壳式锅炉相比，在结构上没有特大直径的锅壳，富有弹性的弯水管替代了直的烟管，不但节约金属，更重要的是为提高容量和蒸气参数创造了条件。在燃烧方面，由于炉膛不再受锅筒的限制，可以根据燃用燃料的特性自如地进行设计，从而改善了燃烧条件，使热效率有较大的提高。从传热学观点来看，可以尽量组织烟气对水管受热面作横向冲刷，传热系数比纵向冲刷的烟管要高。另外，因水管锅炉有良好的水循环，水质一般又经过严格处理，即便在受热面蒸发率很高的条件下，也有可能使金属管壁不致过热而损坏。加上水管锅炉受热面布置简便，清垢、除灰等条件也比烟管锅炉为好，因此它在近百年中得到了迅速的发展。

水管锅炉型式繁多，构造各异。按锅筒数目有单锅筒和双锅筒之分；就锅筒放置形式则又可分为纵置式、横置式等几种。主要有双纵锅筒水管 SZL "D" 型，双纵锅筒水管 SZL "O" 型，单纵锅筒水管 DZL "A" 型，单横锅筒水管 DHL 型，双横锅筒水管 SHI. 型等五种常用炉型。现就国产的几种常用水管锅炉的结构和特点，分别进行介绍。

（一）SZL "D" 型水管锅炉结构

SZL 型为双纵锅筒链条炉排锅炉。SZL 型水管锅炉的产品型式应用很广，按照锅炉与炉膛布置的相对位置不同，可分为 "D" 型和 "O" 型两种布置结构型锅炉在受热面的布置上比 "D" 型更为自由和舒展。可以制造更大容量、更高参数的锅炉。

SZL "D" 型锅炉的炉膛与纵置双锅筒和连接其间的管束所组成的对流受热面烟道平行设置，各居一侧。炉膛四壁一般均布水冷壁管，其中一侧水冷壁管直接引入上锅筒，形成炉顶，犹如 "D" 字。在对流烟道中设置烟气隔板，以组织烟气对流管束的二回程横向冲刷。烟气隔板一般采用垂直布置，以和不同的烟温回路相适合。

SZL "D" 型布置的锅炉本体结构紧凑，受热面布置富裕，能保证出力，热效率可达 78% ~ 82%。因炉内布置有覆盖率高的前、后拱，能较好适应低挥发分煤，也可燃用中质烟煤、煤种适应范围较广。此外，置于后拱背部的烟室高大宽敞，对粗粒飞灰有一定沉降作用，使锅炉出口烟气的含尘浓度有所降低，从而可减轻烟尘对环境的污染和危害。

（二）SZL "O" 型水管锅炉

双锅筒纵置式型锅炉炉膛在前，对流管束在后。在正面看，居中的纵置双锅筒间的对流管束，恰呈 "O" 字形状。当采用链条炉排时，应为 SZL 型。

炉膛两侧布置有水冷壁，一般上锅筒为长锅筒，贯穿整个锅炉长度，水冷壁上端直接接入上锅筒，呈 "人" 字型联接；水冷壁下端分别接有下集箱，借下降管构成水的循环流动。

（三）DZL "A" 型水管锅炉结构

锅筒位于炉膛的正上方，两组对流管束对称地放置于炉膛两侧，与炉排一起构成了 "A" 字形布置型式，也称 "人" 字型锅炉。炉内四壁均布置有水冷壁，前墙水冷壁的下降管直接由锅筒引下，后墙及两侧墙水冷壁的下降管则由对流管束的下集箱引出；而两侧水冷壁下集箱又兼作链条炉排的防焦箱。

此型锅炉采用了机械风力抛煤机和倒转链条炉排，新煤大部分抛向炉膛后部，并在此开始着火燃烧。炉内不设置前、后拱，在抛煤机的风力作用下，部分细屑燃料悬浮于炉膛空间燃烧，从而可以提高炉排可见热强度，即可缩小炉排面积。但这种细屑的粒径较大，燃烧条件远不及煤粉炉优越，往往未及燃尽就飞离炉膛；在对流烟道底部设置了飞灰回收复燃装置，可把沉降于烟道里的含碳量较高的飞灰重新吹入炉内燃烧，以减少飞灰不完全燃烧热损失。因此，此型锅炉要求配置有高效除尘装置，不然将会对周围环境造成较为严重的烟尘污染。随着链条炉排的由后向前逐渐移动，煤也逐渐烧尽，最后灰渣在锅炉前端落入灰渣斗。炉内高温烟气经靠近前墙的左右两侧的狭长烟窗进入对流烟道，烟气由前向后流动，横向冲刷对流管束。蒸气过热器就布置在右侧前半部对流烟道中，吸收烟气的对流放热。在炉后的顶部，左右两侧的烟气相汇合，折转 90℃向下，依次流过铸铁省煤器和空气预热器，经过除尘器最后通过烟囱排入大气。

（四）DHL 型水管锅炉结构

锅炉系单锅筒横置式链条炉排锅炉，受热面呈 II 型布置。该锅炉炉膛辐射受热面采用自然循环，省煤器对流受热面采用强制循环，该结构用于热水锅炉其容量可达 116MW。这种锅炉本体较高，水循环可靠，热水锅炉也不必设置回水引射装置。

燃烧设备采用鳞片式链条炉排，两侧均匀进风，为适应燃料燃烧采用高而短的前拱和低而长的后拱，前后拱配合以达到气流的扰动并改善火焰的炉膛充满度。高温烟气在炉膛出口处冲刷由后墙水冷壁拉稀而成的凝渣管束均匀进入水平过渡烟道，再折转向下进入尾部竖井，依次冲洗两级钢管式省煤器和两级钢管式空气预热器后排出炉外。锅炉回水通过两级省煤器进入锅筒下部，通过下降管进入水冷壁内加热，锅筒内设置隔板分成两个区，热水从锅筒上部引出。

设计时受热面的布置应考虑用户提供的煤质资料，若硫含量较高，为避免低温腐蚀，设计时应采用回水先进锅筒下部，然后由下降管进入水冷壁辐射受热面加热后进入锅筒上部，然后强制进入省煤器对流受热面，热水出口可以设在最末级省煤器流受热面出口集箱，这样可以使锅炉在正常负荷下避免对流受热面的低温腐蚀。另外如果要满足较高的热效率的要求，在省煤器对流受热面的后部仍然要布置空气预热器。

五、循环流化床锅炉结构

循环流化床锅炉是由流化床燃烧室及一个旋风分离器和返料器组成循环的燃烧系统。煤斗中的燃料经螺旋给煤机进入炉膛燃烧，产生的热烟气携带未被燃尽的细颗粒进入旋风分离器，经分离器分离收集的细颗粒由返料器送回炉膛中循环燃烧。热烟气由旋风筒出口进入对流管束及省煤器，由除尘器除尘后排入大气。物料在锅炉中反复循环再燃烧，形成较均匀的浓度场、温度场，为煤炭颗粒的燃烧、脱氮和脱硫提供了良好的条件。

随着循环流化床锅炉的迅速发展，至今已形成了许多技术流派，出现了很多炉型结构，其容量已覆盖了中大容量的电站锅炉和中小型的工业锅炉。通常可按锅炉是否采用外部流化床热交换器分为两大类，即：带外部流化床热交换器的，与不带外部流化床热交换器的循环流化床锅炉，带外部流化床交换器的锅炉比较典型的有三种：德国鲁奇（Lurgi）循环流化床锅炉、美国福斯特惠勒（Foster Wheeler）循环流化床锅炉和燃烧工程公司（ABB-CE）型循环流化床锅炉。这些锅炉虽然结构及系统各不一样，但其共同点是都带有外部流化床热交换器。

这类循环流化床锅炉的特点都是采用了高温旋风分离器和各自专利的外部流化床热交换器。对燃料的适应性好，效率也高，负荷调节范围大，对床温和蒸气温度调节灵活，易于大型化。采用石灰石脱硫的石灰石利用率高。但是，系统较为复杂，造价较高。

不带外部流化床热交换的循环流化床锅炉，也有三种典型，一是芬兰 Ahlstrom 公司的 Pyroflow 锅炉，它采用高温旋风分离器，分离器置于炉膛出口，进对流受热面之前，旋风分离器为一级旋风加多管，有耐火砖及保温。工作温度为 600 ~ 800℃；二是德国 Babcock 公司的 Circofluid 锅炉。它采用了中温旋风子分离器，烟气在进入分离器之前，先在炉膛中依次经过屏式过热器、高温过热器和沸腾式省煤器，烟气离开分离器之后还要经过末级省煤器和空气预热器受热面。分离器的工作温度 400 ~ 500℃；三是 B&W 循环流化床锅炉，它采取第一级槽型惯性分离器和尾部第二级多管式旋风分离器的组合分离装置。

不带外部流化床热交换器的循环流化床锅炉共同的特点是系统简单，造价低，但其燃料的适应性、燃烧效率、负荷调节范围、床温和汽温的控制以及石灰石的利用率等性能，都不及带外部流化床热交换器的锅炉。

流化床燃烧设备按流体动力特性可分成鼓泡床和循环流化床锅炉，按工作条件又有常压和压力流化床锅炉之分。其中常压的鼓泡流化床锅炉与循环流化床锅炉以及压力鼓泡流化床锅炉已分别获得广泛的工业应用，压力循环流化床锅炉也已进入工业示范阶段。压力流化床锅炉有以下明显的优点：①压力提高后，燃气经净化可直接用于燃气轮机，从而实现燃气 – 蒸气联合循环；②可以缩小锅炉体积；③可以提高燃烧效率和降低烟气中 NOx 及 CO 的量。一般压力流化床的炉膛压力为 0.6 ~ 1.2 MPa 式。

国内科研院、所和制造厂经历十几年的研究与试制，CFB 技术在我国已获得广泛应用，有相当一部分锅炉厂已能批量生产 10 t/h、20 t/h、35 t/h、75 t/h 循环流化床锅炉，经过多年的运行证明，国产流化床锅炉综合性能已达到较高的水平，但仍然存在一些问题，综合起来看主要表现在两个方面：一方面一些关键数据选取仍处于试探阶段，在理论上没有取得突破；另一方面，设计上的不确定性造成燃烧稳定性和运行安全可靠性的降低。这说明我们仍然需要在理论和试验研究上下工夫。从具体设计和制造方面看，主要存在如下问题：分离器效率达不到要求；结构和材质不能满足耐温、耐磨损的要求；受热面估计不足；返料系统及其控制装置不能适应应用的要求。

燃煤经给煤机进入炉膛，煤在炉内沸腾燃烧产生大量烟气和灰尘，经炉膛出口进入二个水冷式高温旋风分离器，烟气和物料分离。被分离出来的物料经料斗、料腿、非机械 U 型回料器再返回炉膛，实现循环燃烧。分离后的烟气经高温过热器、转向室、低温过热器、两级省煤器、二次风空气预热器、一次风空气预热器由尾部烟道排出。燃烧后所产生的大渣经排渣装置进入冷渣器，将渣冷至 200℃ 以下，便于排渣。水冷分离器循环回路采用自然循环。

锅炉给水经两级省煤器进入锅筒,经下降管分配进入水冷壁下集箱、上升管、上集箱,然后从引出管进入锅筒进行汽水分离,饱和蒸气通过引出管进入竖井包墙中的低温过热器,加热后进入自制冷凝水喷水减温器中调节汽温,最后经布置在炉膛顶部的高温过热器,将蒸气加热到额定汽温。

六、燃油燃气锅炉结构

燃油燃气锅炉就其本体结构而言可分为锅壳式(也称火管)锅炉、水管锅炉和浸没燃烧式加热锅炉。锅壳式锅炉结构简单,水及蒸气容积大,对负荷变动适应性好,对水质的要求比水管锅炉低,多用于小型企业的生产工艺和生活采暖上。水管锅炉的受热面布置方便,传热性能好,在结构上可用于大容量和高参数的工况。但对水质和运行水平要求较高。水火管锅炉是在锅壳式锅炉和水管锅炉的基础上发展起来的,具有两者的优点,对水质要求和水管锅炉相近。锅壳式锅炉因为容量较小、结构紧凑,一般制成快装式锅炉,容量不大的水管锅炉也可制成快装锅炉,以便于运输和现场安装。浸没燃烧式加热锅炉不需要间壁式换热所需要的固足传热面,而是将高温烟气直接喷入液体中完成加热的方式。浸没燃烧式加热锅炉热效率高,设备成本低,加热速度快.适合迅速加热和调峰操作的情况。

(一)锅壳式燃油燃气锅炉

锅壳式燃油燃气锅炉有立式和卧式之分。立式锅炉由于结构简单、安装操作方便、占地面积小,应用极广。其缺点是由于燃烧器的背压低,受热面不太容易布置,加之一般采用 2 个回程,热效率不易保证。立式锅炉容量一般在 1 t/h 以下,蒸气压力一般在 1.0 MPa 以下。用于热水采暖系统的锅炉容量可达 1.4 MW。综合起来看,立式锅壳式锅炉可分为燃烧器侧下置式立式直烟管锅炉、燃烧器顶置式立式无管锅炉及立式水、火管锅炉的组合结构。

由于立式燃油燃气锅炉的蒸发量太小,不能满足工业生产发展的要求,因此迫切需要提高锅炉蒸发量和锅炉压力,在这种情况下,卧式锅壳式燃油燃气锅炉获得了很大发展。和立式燃油燃气锅炉相比,有以下几个特点:一是高、宽度尺寸较小,适合组装化对外形尺寸的要求;而锅壳式结构也使锅炉的围护结构大大简化,比组装式水管锅炉具有明显的优点;二是采用微正压燃烧时,密封问题比较容易解决。而且火筒的形状有利于燃油、燃气锅炉的火焰形状;三是采用了强化传热的异型烟管作为对流受热面,其传热性能接近或超过水管锅炉的横向冲刷管束的水平,使燃油燃气锅炉结构更加紧凑;四是这种锅炉在燃油、燃气爆炸时,锅炉本体受破坏的可能性小,因为其烟气通道的承压能力比水管锅炉高;五是锅炉蒸发率低,所以对炉水质要求低;六是锅壳式锅炉相对于较小的蒸发量有着较大的储水量,允许有较长的断水时间,锅炉维护管理简易。

卧式锅壳式燃气燃油锅炉的结构比较固定,其变化主要是对前后烟箱、尾部受热面的布置进行改革,主要结构型式有顺流燃烧锅炉和中心回焰燃烧锅炉,为了对这些锅炉的结构有一个全面的认识。

（二）水管燃油燃气锅炉

水管燃油燃气锅炉也有立式和卧式两种。在 2t/h 以下的范围内，立式水管锅炉也得到了一定程度的发展。其结构形式主要有自然循环的直水管锅炉，直流直水管锅炉和直流盘旋管锅炉。

小型立式水管燃油燃气锅炉在国外获得了一定程度的应用，形成了较有影响的比较固定的几种结构形式。立式水管燃油燃气锅炉占地面积小，结构紧凑、独特，制造比较精巧，但所有这些立式水管锅炉对水质的要求比较高，对自动控制的要求同样比较高，对辅助设施要求也高，如这些锅炉必须装配自动加药器和自动给水软化器，需要经常的维护和检查。

工业水管燃油燃气锅炉以卧式居多，目前已经形成了的比较常见的 D 型、A 型和 O 型，其共同特点是燃烧器水平安装，操作和检修比较方便；宽、高尺寸较小，受热面沿长度方向有很大的裕度，利于快装可组装生产。

水管蒸汽锅炉的发展可分为三个阶段，一个是采用和船用水管蒸汽锅炉具有共同特征的典型结构而形成的初级阶段；二是将锅炉管束和大容量电站锅炉炉膛结构糅合在一起发展而成的用于供热和发电联合运行的工业锅炉；第三类是角管式水管蒸汽锅炉。

热水锅炉是随着采暖工程的需要而发展起来的。和蒸汽采暖系统相比，热水采暖系统的热量损失少得多。热水锅炉采暖全都使用单相介质一热水作为工质，系统无蒸汽产生，漏水量极少，管路散热损失小。因此，热水采暖系统较蒸汽采暖系统可节约燃料 20% ~ 40%。它在采暖期间可连续供给一定温度的热水，室内温度稳定。另外，整个热水采暖系统都比较安全，事故少，维修费用较低。

第四章　锅炉运行与调节

第一节　设备检查和准备

一、点火前的检查工作

锅炉运行前必须对锅炉进行全面检查，肯定锅炉各部件均符合点火运行要求，方可批准投入使用。尤其是新安装、迁装、改装或受压部件经过重大修理的锅炉，必须经过有关部门检验合格。在用锅炉经年检、整修合格后，方可进行启动的准备。

（一）锅内检查

检查锅筒、集箱、炉胆、火管、水管等内部情况是否正常，要在人孔和手孔尚未关闭时进行，以便检查这些部件内部有没有严重腐蚀或损坏，锅筒内壁与水位计、压力表等相连接的管子接头处有无泥垢堵塞，水垢泥渣是否清洗干净，有无工具及其他物件遗留在锅内，并用通球法检查管内是否有焊渣或被堵塞。在确认清理干净，锅内装置合格后，密封人孔、手孔，密封垫要按规定要求更新。

（二）锅外检查

检查燃烧室内部，确认炉墙、炉拱、吹灰设备、看火门、出渣孔等情况正常；燃烧室内无焦渣和杂物；炉墙与锅体接触部位是否留有必要的膨胀间隙和石棉绳垫料；锅筒、炉管、水冷壁管和烟管等外形正常；下降管是否绝热完好；测量和控制仪表的附件位置正常。检查锅炉、省煤器、空气预热器等处的烟道是否顺畅；风道支管上的风压表以及烟道上烟气分析取样管是否畅通；烟道闸门是否操作灵活、关闭严密。检查合格后严密关闭各孔门。安全阀、水位表、压力表、温度表应齐全并符合规程规定，要求灵敏、安全、可靠。运煤、出渣、除尘设备应检查合格，试车正常。还应检查锅炉周围的安全通道是否畅通。

对于链条炉排锅炉，首先应检查确认炉排平整、炉排片齐全完好，炉排上无杂物，所有传动部分（蜗轮、变速箱、炉排前后主轴的轴承等）润滑良好、油位正常；其次应检查炉排的活动部分与固定部分之间有无必要的间隙。炉排转动装置中的安全弹簧，应检查其压紧程度，如果弹簧压得太紧时，应适当放松。链条炉排经检查完毕后，应开动电动机对炉排各档速度进行空转试验，检查炉排的松紧是否适当；炉排、炉排片和其他零件（开口销等）是否完整。并须注意电动机在炉排作各档速度空转时的电流读数应符合规程规定。往复炉排与链条炉排炉检查的内容基本相同。对于燃油燃气锅炉，应检查炉膛有无积油和烟道死角积气，如果有积油或气必须清除干净；供油供气管道绝对不允许有漏油漏气现象，否则，漏出的燃油蒸发成气态，并与空气混合，当燃油在空气中体积达到 1.2% ～ 6.0% 时，会由于火花等原因而引起爆炸。可燃气体中的许多成分含有毒性，对人体有很大的伤害。尤其是一氧化碳含量较高的燃气泄漏后，短时间内就会使人因缺氧引起头痛、眩晕、甚至窒息死亡。另外，气体燃料与空气在一定比例下混合形成爆炸性气体，若使用不当，很容易引发火灾和爆炸事故。检查燃烧器是否完好，防爆门是否装设正确和严密；燃烧器风门以及传动装置是否完整，启动是否灵活，检查完毕后风门和挡板应处于点火前所需位置。

检查锅炉所有附件应符合安全技术要求，这些附件的开关位置都应准确无误。

（三）汽水管道、阀门的检查

汽水管道、阀门都应连接齐全，管道支吊架应完好。锅筒、过热器、省煤器及各连接管道上的所有阀门（安全阀、调节阀、切断阀等）是否安装正确、牢固及完好。主蒸气管、给水管道及排污管等阀兰连接处应无堵板（盲板）；锅筒、联箱、管道、阀门等保温情况良好，并标志明确；各阀门的开关及传动装置是否灵活，开度指示和其实际开度是否符合。给水系统上的阀门，省煤器前的给水自动调节器（主给水阀）不能投入，其旁通阀也应关严。如用非沸腾式省煤器，应关闭省煤器进水旁路阀；如用沸腾式省煤器，应打开省煤器再循环阀。如有减温器时，减温器给水阀应关闭。如有向锅筒直接进水的阀门也应关闭。其余管道阀门应全打开，以便上水。给水系统的小附件，如省煤器放水阀、排污阀应关闭，空气阀、压力表阀应打开。给水泵出口阀门应关闭。蒸汽锅炉的蒸气系统主汽阀门、旁通阀门、母管阀、压力表放水阀、过热器前疏水阀及吹灰系统各阀门应关闭；锅筒空气阀、汽包压力表阀打开，过热器后疏水阀及管道疏水阀应适当打开，在升压过程中再进行调动。炉顶管道上各空气阀门和压力表阀均应开启。锅筒水位计在工作位置，水侧、汽侧连通阀应开启，而疏水阀应关闭。如有低位水位计应关闭平衡阀。锅炉汽水系统所有放水、排污、加药和取样的阀门在点火前均应关闭严密。热水锅炉的进、出口阀门，循环泵进、出阀门，锅炉房供、回水阀门，压力表阀门都应敞开；热水锅炉的排污阀门关，注水前打开各部位空气阀门，注满水后关闭。

（四）回转机械的检查及连锁试验

锅炉设备中的回转机械指鼓风机、引风机和电动机。主要检查风机挡板开关，保证其灵活、严密、指示正确，检查后挡板与监视孔全部关闭；风机和电动机的安装必须正确完好，固定牢靠，地脚螺母不应松动；联轴器、靠背轮等转动部分必须装置妥善，并应装有防护罩。冷却水路畅通，轴承油面线清楚，指示管牢固，润滑油应清洁无变质，无漏油现象。调节挡板或阀门用手转动灵活，无摩擦声，风机入口导叶的方向应与风机叶片转动方向相同。盘动联轴器，使转动部分转动，检查有无摩擦、碰撞、卡死或其他异常现象。

检查后如一切正常，送电进行空载启动试运转 15 ~ 20 min。开关合上后，电流表立即指示最大值，然后应在规定的时间内逐渐回到正常指示。若在规定的时间内指针没有回移，应立即切断开关，检查原因并予以消除，切不可时间过长，以防电机烧损。在此期间，观察有无摩擦、撞击、震动（间隙最大不超过 0.1 mm）、轴承发热（滑动轴承温度不超过 65℃，滚动轴承温度不超过 80℃）等现象。同时注意在启动风机时，必须关闭调节风板。待其完全启动、正常运转后，逐渐开大，进行烟、风道的漏风试验。风道漏风试验时，开动鼓风机，关闭引风机和空气预热器后风道挡板，然后逐渐打开鼓风机的挡板，并在鼓风机进口投入示踪物品（白粉或烟硝），则不严密处就会有示踪物泄漏。正常情况，电动机的电流应为风机的无负荷值；反之，说明风道系统有漏风处。烟道漏风试验利用引风机使炉膛和烟道维持负压，然后用火炬或较轻的试验物品靠近各易漏处观察试验物品是否向炉内偏斜，从而考察烟道的严密性。

锅炉的连锁试验是当某转动机械发生故障或误操作时，按特定的程序自动使其他有关转动机械停止或切断燃料的供应，来达到保护设备的作用。应分别作鼓风机和引风机与燃料系统的电磁阀、电动切断阀及油泵等的连锁试验。

二、点火前的准备工作

（一）锅炉进水

锅炉点火前的检查工作完毕后，即可进行锅炉的上水工作。上水前应开启锅筒上的空气旋塞，以便在上水时排除锅炉内的空气。如无空气旋塞，可稍撑开其安全阀或开放压力表下的三通闸门，或打开注水器的蒸汽阀。进入应为合格的软水（锅内加药处理的锅炉除外），上水速度要缓慢，其水温不宜过高。一般上水温度不应该超过90℃，冬季水温应在 50℃以下。若进水温度过高，速度过快，会使锅筒及受热面金属因受热不均匀而产生过大的热应力或引起受热面管子膨胀不匀、变形、甚至泄漏。进水前应记录膨胀指示器的零点，进水后再将膨胀指示器的指示记录下来。

另外，还应打开省煤器进水阀门，当省煤器空气阀门有水出现时，关闭空气阀门，同时打开省煤器出水阀门，并检查锅炉和省煤器的手盖、法兰等结合面及各阀门是否有漏水处，发现漏水应及时进行处理。

当锅筒内水位上升至最低水位时，停止进水。停止进水后，锅筒内水位应维持不变，锅炉的人孔、手孔、排污阀等不得有漏水现象。对蒸汽锅炉，当锅内水位上升至玻璃管（板）水位计的最低水位线时，应停止上水。对热水锅炉，当锅炉顶部集汽罐上的放汽阀有水冒出时，上水即告完毕，便可关闭放汽阀。停止上水后，如水位降低或上升应查明原因，及时消除。并对照检查二只水位表水位是否在同一高度；电控柜（操作台）上水位仪表显示是否正确、灵敏；水位报警、连锁装置是否灵敏、可靠。

（二）烘炉

新装、移装、改装或大修后的锅炉，其炉墙炉拱及灰缝中含有较多的水分。烘炉的目的是使锅炉的炉墙、炉拱及灰缝能够缓慢地干燥，使其中的水分逐渐蒸发掉，避免锅炉在运行时由于水分急剧蒸发而使炉墙、炉拱产生裂纹或变形，甚至破坏。同时，烘炉可以使炉墙、炉拱趋于稳定，以便日后能在高温状态下长期可靠的工作。烘炉是一项细致的工作，应当小心谨慎地进行。要慢慢地驱逐炉墙、炉拱内的水分，不使它骤然发生应力与变形，直到完全干燥为止。如果烘炉很草率，使炉墙、炉拱干燥太快时，其内会产生大量水蒸气，膨胀挤压砌筑体，因而引起墙砖移动、炉墙和炉拱产生突出、变形及裂缝等缺陷。

炉墙砌筑和保温结束后，应打开各处炉门、孔、自然干燥一段时间。一般三天即可，如在冬季应适当延长。烘炉时间的长短，应根据具体炉型、炉墙结构以及施工的季节不同而确定，并应制定烘炉操作程序。整个烘炉过程中应有专人负责操作和监视。

重型炉墙、轻型炉墙和耐热混凝土炉墙烘炉的要求不同，但烘炉程序基本一致。将木材集中在炉排中间，约占炉排面积的 1/2，点燃后用小火烘烤。同时将烟道挡板开启 1/6 或 1/5，使烟气缓慢流动，炉膛负压保持在 4.9 ~ 9.8 Pa。木材的火势要逐渐加强，避免骤然加热。在用木材烘炉的最初两天，燃烧要稳定均匀，也不准把火堆置于前拱或后拱的下边，否则前、后拱的温度升高太快。用木材烘炉三天后，可以添加少量的煤，逐渐取代木材烘烤。此时，烟道挡板开大到 1/4 ~ 1/3.适当增加通风，在整个烘炉过程中，火焰不应时断时续，温度一定要缓慢升高，尽量保持各部位温差较小，膨胀均匀，以免炉墙烘干后失去密封性。用煤烘炉时，如果炉排是链条炉排或往复炉排，则必须启动炉排，使它缓慢的移动，以防烧坏炉排。

对自然循环热水采暖系统，应使锅炉及系统内的水受热后循环流动，来避免锅水汽化。此时要保证膨胀水箱与系统连接畅通，以吸收系统受热后的膨胀水量。

对水容量较大且无省煤器的锅壳式热水锅炉，可采用与蒸汽锅炉相同的方法，即用木材烘炉期间，锅水温度保持在 70 ~ 80℃。用煤烘炉后期，锅内压力保持 0.1 MPa，水温可以达到轻微沸腾，但此时应控制好锅炉内水位，锅内水位应比锅炉受热面最高火界高 75 mm 以上，以防受热面出现干烧现象。同时锅水也不能上满，且锅炉应与系统切断。

中等容量的锅炉（0.7 ~ 2.8 MW），多带有省煤器而无旁路烟道，一般热水锅炉的省煤器不设循环管，因此为保证烘炉期间省煤器不因汽化超压，应严格监视省煤器及锅炉水温，当水温接近 60℃时应开启循环水泵，使水在系统内循环流动。如系统较大，可开启室外管网上连接供、回水管上的旁通管，使水在小范围内循环流动，以保证锅炉及省煤器的安全。

（三）煮炉

煮炉是对新装、移装、改装或修理后的锅炉，在投入运行前进行的一次化学清洗。煮炉的目的是为了清除锅炉内部的铁锈、油脂、杂质和污垢。这些赃物的存在，不但会阻塞水管，使蒸气品质恶化，而且它还使传热变坏，受热面容易过热烧坏，影响锅炉的安全运行，因此必须通过煮炉把它清除。为了达到好的清洗效果，清洗工作都在热态下进行，因而叫煮炉。这样的清洗工作对新安装的热水采暖系统也是必要的。

煮炉最好在烘炉后期，即炉墙灰浆含水率降到10%，或者红墙的温度达到50℃时，与烘炉同时进行，以减小时间，节约燃料。

在无压下将两种药剂配成20%的均匀溶液（注意：不得将固体药物直接加入锅筒内），与锅炉给水同时缓慢送入锅炉内，或用加药泵注入锅筒内。至水位表中低水位。不要将溶液一次投入锅炉，否则将使溶液在炉水中局部集中，则会降低煮炉效果。蒸汽锅炉应保持锅内水在最高水位；热水锅炉则保持锅内满水。

加热升温，使锅内产生蒸汽（沸腾），蒸汽可通过空气阀或被抬起的安全阀出口排出，同时冲洗水位表和压力表存水弯管。

锅炉的煮炉时间，一般需要3天。第一天升压到锅炉设计压力的15%，保压8 h，然后将炉膛密闭过夜。第二天升压到设计压力的30%时，试验高低水位报警和低地位水位表，保压8 h后仍密闭过夜。第三天升压到设计压力的50%，再保压8 h后将炉膛密闭，直至锅炉逐步冷却降压。小型锅炉的煮炉时间，可以缩短到2天。第二天升压到设计压力的50%。待炉水温度冷却到低于70℃时即可排出，再用清水将锅炉内部清洗干净。

在煮炉过程中，应随时检查锅炉各部分是否渗漏，受热后是否能自由膨胀。煮炉后，应对锅筒、集箱和所有炉管进行全面检查，如清洁不够，需作第二次煮炉。受热面内部水垢清除后，应先涂锅炉漆，再将锅筒内的汽水分离器、给水分配槽（管）、表面排污等装置全部装妥，即可封闭人孔、检查孔和手孔，以及为点火做好准备工作。

值得注意的是，对参加煮炉人员要做好分工，制定好煮炉的操作规程和标准，并要求严格执行。特别在配制用药液时，工作人员应穿胶靴、戴胶手套。系胶围裙以及戴有防护玻璃的面罩，以免被碱液灼伤。

第二节　锅炉的启动

锅炉的正常启动分为冷态和热态启动两种。冷态启动是指新装、改装、检修、停炉、备用锅炉的点火启动；热态启动是指压火备用锅炉的启动。下面就以冷态启动为例来讨论。

锅炉的启动一般可分为：点火、升压、暖管并汽（或送汽）及带负荷等步骤。

一、点火

锅炉的点火是在做好点火前的一切检查和准备工作之后才开始的。点火操作应严格按照操作程序进行，尤其燃油、燃气及煤粉炉，否则可能引起炉膛爆燃。点火时司炉人员必须用防范回火的姿势进行操作。锅炉点火所需要的时间，应根据锅炉结构型式、燃烧方式和水循环等情形而定。水循环好的锅炉一般点火的时间短些；水循环较

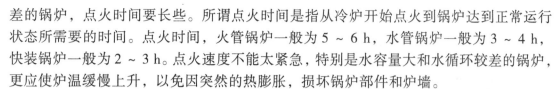

差的锅炉，点火时间要长些。所谓点火时间是指从冷炉开始点火到锅炉达到正常运行状态所需要的时间。点火时间，火管锅炉一般为 5～6 h，水管锅炉一般为 3～4 h，快装锅炉一般为 2～3 h。点火速度不能太紧急，特别是水容量大和水循环较差的锅炉，更应使炉温缓慢上升，以免因突然的热膨胀，损坏锅炉部件和炉墙。

由于锅炉燃用燃料和燃烧方式不同，点火是应注意的安全问题也各不相同。

燃烧块煤的层燃锅炉一般是在自然通风下进行点火。点火前，将烟道的闸门完全开启 10～15 min，使炉膛和烟道能彻底通风。如果装有引风机，应启动引风机通风 5 min 即可。点火时，开启点火门，在炉排前端放置木材等引燃物并引燃，开大引风机的烟气调节门，关闭其旁通闸门，增强自然通风。引燃物燃烧后，调小烟气调节门，间断地开启引风机，待引燃物烧旺盛后，开始手工添煤。这时可以开启鼓风机，当煤层燃烧旺盛后可以关闭点火门，开启煤闸板，间断地开动炉排。从两侧拨火孔处，加强观察着火情况，适当进行拨火，待前拱燃烧能连续着火后，调节鼓风风量，炉膛负压维持在 10～30 Pa，使燃烧渐趋正常。有时炉膛和烟道中的空气潮湿或温度太低，点火发生困难，可在接近烟囱底部堆烧一些木材，促使通风。此项工作也可利用烟道出灰门来进行，做完后重新将出灰门密闭，以免漏风。点火用的木材，严禁用带有铁钉的木材，以免木材烧完后铁钉卡住炉排引起故障。亦严禁用挥发性强烈的油类或易燃物引燃木材，以免受热后引起气体爆炸。

燃烧煤粉的锅炉，若一次点火不成功，必须首先停止向炉膛内供给煤粉，然后进行充分通风换气后，再进行点火。

燃油锅炉在点火前，应启动引风机和送风机，并将风门挡板暂放在全开位置，保持炉膛负压为 50～100 Pa，连续吹扫时间应在 5 min 以上，将炉膛在上次停炉熄火时喷出的油滴蒸发成的油气和烟道死角可能积存的可燃气体全部排出换成新鲜空气。否则，点火时有爆炸危险。点火时，应将风门挡板转到风量最小位置，一般应使炉膛维持 9.8～19.6 Pa 的负压。

燃气锅炉点火时，为了防止炉膛和烟道可能残留有可燃气而引起爆炸，点火前也必须启动风机，对炉膛和烟道至少通风 5 min。在通风前，无论任何情况，不得将明火带入炉膛和烟道中去。在正式点火之前，把主燃烧器前的电磁阀打开，燃气通过流量调节阀送至主燃烧器支管的手动切断阀前，同时将主燃烧器的一、二次风门挡板调整到点燃后能使火焰稳定的位置（一般可调到相当于低负荷运行时风门挡板的位置）。这时可以正式点火。

燃油燃气锅炉的点火过程中最易发生爆炸事故，其原因主要是违反操作规章而引起的。因此，燃油燃气锅炉的点火必须严格按照操作程序进行，切不可疏忽大意。

锅炉点火后，应随时注意锅炉水位，因加热后水受热膨胀水位线会上升，如超过最高水位线时，可进行排污，维持正常水位，当锅炉放汽阀门（或开启的一只安全阀门）冒出蒸汽时，应立即关闭。

二、升压

锅炉点火后，燃烧要缓慢加强。为了保证锅炉各部分受热均匀，严格控制温度不能急剧升高，燃烧不能过猛，对于机械通风根据燃烧情况，可适当开启引风机或引风鼓风，通过调节风门挡板控制风量风压。升压期间可适当排水、补水、减少上下温差，使锅水均匀地热起来。升压不可太快，当汽压升到高于大气压力，蒸气从空气阀排出时，应当关闭锅筒上的空气旋塞或将安全阀放回到原处，并注意锅炉压力的继续上升。如锅筒上装有两个压力表时，应该校核两者所指示的汽压是否一样。同时，要注意炉膛及其所有受热面受热膨胀是否均匀。

当汽压升至 0.05 ~ 0.1 MPa 时，应检查人孔，手孔、水位表，排污阀和法兰、阀门等接头是否渗漏。当温度升高后它们会伸长变松，需要重新拧紧。如有渗漏不能处理则停止运行。对人孔、手孔无论漏否，均要再适当拧紧螺帽，并冲洗玻璃管（板）水位计一次，防止水连管堵塞出现假水位。冲洗水位计时，须缓慢进行，脸不要正对水位计的玻璃管（板），以免玻璃管（板）由于忽冷忽热而破裂伤人。操作时要带防护手套，以免烫伤。

当汽压升至 0.1 ~ 0.2 MPa 时，应检查压力表的可靠性，冲洗压力表的存水弯管，排出弯管中的存水至排出蒸汽为止，以防止因污垢堵塞而失灵。冲洗时，要注意观察压力表的指示情况。对各连接处再次检查有无渗漏现象。再拧紧一次人孔、手孔螺帽。操作时应侧身，用力不宜过猛，禁止使用长度超过螺栓直径 15 ~ 20 倍以上的扳手去操作，以免螺栓拧断。在汽压升继续高后，禁止再次拧紧螺栓。

当汽压升至 0.3 MPa 时，试验给水设备及排污装置，在排污前应向锅内上水。排污量约为水位在玻璃水位计内下降 100 mm 左右，排污时要注意观察水位，不得低于水位计的最低安全水位线。排污完毕，应严密关闭每一排污处的两个排污阀。并检查有无漏水现象，对通风及燃烧情况进行调节。当汽压达到锅炉额定工作压力时，应校验安全阀是否灵敏可靠，然后铅封，同时再冲洗一次水位计。

锅炉在升压过程中，要注意对沸腾式省煤器的监视，防止因省煤器内产生蒸汽造成水击使省煤器损坏。如无旁通烟道应打开再循环管阀门，或通过省煤器向锅炉上水，以及由下锅筒或下集箱排水，保持省煤器出口水温比该压力下饱和蒸汽温度低 40℃ 左右。

三、暖管、并汽（或送汽）

（一）暖管

在锅炉供汽之前，应首先做好暖管工作。因为倘若高温高压的蒸汽突然送入未经暖管的温度很低的蒸汽管道，将会引起管子和附件的巨大热应力，造成管道和支架的破损。锅炉的供汽管道常用的暖管方式主要有两种，正暖和反暖。

1. 正暖

是利用锅炉点火升压过程中产生的蒸汽，沿正常供汽时蒸汽的流动方向暖管。这种暖管方式用于蒸汽不经母管而直接供给用户或母管内没有蒸汽（即邻炉没有运行）的情况，当然母管内有蒸汽时也可采用。暖管范围包括锅炉主汽阀后至用户总汽阀前的各种冷却管道。暖管时，在点火前除与蒸汽母管或与用户联接的隔离汽阀及其旁通阀关闭外，其余的阀门，如主汽阀及其旁通阀和管线上所有的疏水阀全部开启（主汽阀可在启动过程中逐渐开大）。这种暖管方式由于蒸汽的压力和温度在升火过程中是逐渐升高的，蒸汽管道的温升比较稳定。

2. 反暖

是利用蒸汽母管的蒸汽对点火炉的主蒸汽管进行暖管。点火前主汽阀和旁通阀应严密关闭，将母管隔离汽阀之间管线上的所有疏水阀开启。暖管时，缓慢开启隔离汽阀的旁通阀，以防主蒸汽管道升温太快。当电气阀两边的压力和温度接近时，全开隔离阀，而关闭其旁通阀。

暖管一般在锅炉气压升至额定工作压力的 2/3 时进行。暖管时间的长短应根据管道长度、直径、蒸汽温度和季节气温的不同而定。暖管时应注意管道受热后的变形，管道的支架或吊架应没有不正常现象，否则应停止暖管并设法消除之。暖管的要求是管壁温度上升不应太快，整个过程应缓慢进行。暖管时的升温速度每分钟应控制在 2 ～ 3℃。若母管有蒸汽时，主蒸汽管的暖管时间对于中、小型锅炉一般为 20 ～ 30 mm；若母管无蒸汽还需同时暖管时，时间是 1 ～ 2 h。

（二）并汽（或送汽）

锅炉房内如果有几台锅炉同时运行，蒸汽母管内已由其他锅炉输入蒸汽，再将新升火锅炉内的蒸汽合并到蒸汽母管的过程称为并汽。并汽前应减低炉膛火力，开启蒸汽母管上的疏水阀，排出凝结水，以防止送汽时发生水击而损坏管道、法兰和阀门。并检查水位是否正常。当开启锅炉的蒸汽压力略低于蒸汽母管压力（0.05 ～ 0.1 MPa）时进行并汽。如果启动锅炉的蒸汽压力大于蒸汽母管压力，并汽时大量蒸汽涌入母管，造成启动锅炉汽压骤降，炉水剧烈沸腾，蒸汽带水，汽温急剧下降；若启动锅炉压力过低，并汽时蒸汽母管的蒸汽反向流入锅炉，造成蒸汽母管压力降低，锅炉的过热汽温升高。同时，这两种情况都会由于蒸汽母管的压力变化影响其他锅炉的正常运行。

并汽时应缓慢开启主汽阀的旁路阀进行暖管，待听不到汽流声时，再逐渐开大主汽阀（全开后再倒转半圈），然后关闭旁路阀，以及蒸汽母管和主管上的疏水阀。过热蒸汽并汽时，其汽温应比额定值低 20 ～ 30℃，因为并汽后，启动锅炉加强燃烧使之带负荷会使汽温上升达到额定值。汽温过低，并汽后会使母管内汽温突降，影响用户的用汽质量。并汽时燃料供给应保证燃烧稳定，各种监视仪表数据正常。并汽时应保持汽压和水位正常，若管道中有水击现象，应进行疏水后再并汽。在并汽工作全部进行完毕后，蒸汽过热器出口集箱上的疏水阀也应完全关闭。蒸汽过热器出口集箱上安全阀的始启压力，应调整为低于锅筒上安全阀的始启压力（即按控制安全调整始启压力），以便当负荷突降时，蒸汽可流经蒸汽过热器出口集箱上的安全阀而排入大气，防止蒸汽过热器过热。

对于热水锅炉，应根据整个采暖系统的特点，在开始上水、点火时，应重点检查进出口阀门是否开启，各处空气阀门是否打开，以便使整个系统充满水。启动大型循环水泵时，为了防止电动机电流过大，循环水泵应在其出口阀门关闭的情况下启动，而后先打开旁通阀，再逐渐开启水泵出口阀门，以免启动升压太快，造成炉体和暖气片损坏。待锅炉运转正常后，可关闭旁通阀或开大进出、口阀门。

并汽操作是重大操作，必须十分慎重。并汽过程中如果发现设备故障或异常情况，应停止并汽操作，消除故障恢复正常后再继续进行并汽。

并汽后，应再全面检查一次，如关闭疏水阀；有沸腾式省煤器的应关好再循环阀门，或开启省煤器主烟道挡板并关闭旁路烟道挡板。无旁路烟道时，关闭回水管路，适当开大给水调节阀门，保持正常水位等。然后逐渐强化燃烧，带负荷正常运行。

第三节　蒸汽锅炉运行操作与调整

蒸汽锅炉正常运行中，在操作上最重要的是保持水位稳定，保持锅炉的汽压、汽温在一定范围内，这就需要经常调整燃烧。锅炉的汽压和汽温是保证蒸汽质量和锅炉安全、经济运行的重要参数。运行人员的主要任务就是根据负荷需要保证锅炉出力，保持稳定燃烧，维持运行参数的稳定性，并能随时注意工况的变化，作出及时、正确的调整。通过各种监测及时发现运行中的异常情况，预防各种事故，并能正确处理各种事故。为实现上述目标，即使有完备的自动控制装置，运行人员也必须经常不断的监视锅炉的运行状态，充分掌握锅炉的运行规律，保证了锅炉安全、经济运行。

一、水位的监视与调节

锅炉的水位是保证正常供汽和安全运行的重要指标。锅炉水位的变化会使汽压、汽温产生波动，甚至发生满水或缺水事故。因此，锅炉在运行中应尽量做到均衡连续给水。或勤给水、少给水，以保持水位在正常水位线处轻微波动。锅炉的正常水位一般在水位的中间。在运行中应随负荷的大小进行调整：负荷低时，水位稍高；负荷高时，水位稍低。运行中要对两组水位表进行比较，若显示水位不同，要及时查明原因加以纠正。无论什么原因出现水位低时，均应马上控制燃烧。各类锅炉结构上都规定了最低安全水位线，运行中水位必须维持在规定的最低水位线以上。同时水位也不能上升到最高水位线以上。通常水位允许的变化范围不超过 $\pm 50 \sim 100$ mm。

给水的时间和方法要恰当，如给水间隙时间长，一次给水量过多，则汽压很难稳定。在燃烧减弱时给水，会引起汽压下降。故手烧炉应避免在投煤和清炉时给水。为了保持水位计灵敏清晰和防止堵塞，每班至少冲洗一次。在运行中如果水位计有轻微泄漏，都会影响水位计指示的正确性。若不及时处理，泄漏会越来越严重。明显可见的泄漏容易发现，轻微的泄漏往往不易察觉。因此，每班冲洗水位计之前，可用手电检查旋塞和各连接部位，如果手电玻璃面上有水汽凝结，就说明有泄漏，应及时排除。

当水位计内看不见水位时，应立即检查水位计，或采用"叫水"的方法来判断锅炉缺水或满水的情况，操作程序及判断处理方法是：先打开水位表下部的放水阀，如有大量水汽喷出并在水位表内出现汽泡上升等现象，则证明锅炉满水（超过最高允许水位，清晰透明的玻璃管内的颜色发暗），应停止通风、燃烧，通过排污阀放水至正常水位，然后即可投入运行。

当用叫水法见到水位上升，则说明锅炉缺水不严重，水位仅低于水位表的下部可见边缘仍不低于水连管，叫轻微缺水，可暂停运行，缓慢向锅内进水至正常水位，检查无异常后，即可恢复运行。

如见不到水位上升，则说明锅炉严重缺水，应紧急停炉，查明锅炉内实际水位，在未肯定锅炉内实际水位的情况前，不得向锅炉上水。

在负荷变化较长时，可能出现虚假水位。因为当负荷突然增加很多时，蒸发量不能很快跟上，由于蒸汽流量增加，汽压下降会使大量炉水汽化，引起炉水体积急剧膨胀，水位很快上升，出现虚假水位，然后水位又很快下降。相反，当负荷突然降低很多时，蒸汽流量很快下降，汽压很快就上升，对应的饱和温度提高，炉水蒸发所需要的热量增加。因此蒸发量降低，炉水中汽泡的数量减少，汽水混合物体积收缩，水位很快下降，也出现虚假水位。随后，炉水的温度上升到对应压力下的饱和温度，不再多吸收热量，水位又很快上升。燃烧工况剧烈变动时也会出现虚假水位。当燃料量突然减少时，炉水内汽泡量突然减少，体积收缩，水位很快下降；随后由于蒸发量小于给水量，水位又很快上升。相反，当燃料量猛增时，水位先突然上升，然后再很快下降。因此，在监视和调整水位时，要注意判断这种暂时的假水位，正确掌握虚假水位的调节方法，决不能出现操作失误，给锅炉安全运行造成危害。一般情况下，水位突然升高时，首先应该适当增加燃料，强化燃烧，使蒸发量等于蒸汽流量，恢复汽压；然后等到水位开始下降时，再增加给水量，逐渐恢复水位。

同时，要注意监视锅炉给水能力通过给水泵出口处的压力表，监视供水压力，若出现锅炉的压力差渐渐增大的倾向，应该检查给水管路是否产生阻塞障碍等，应查找原因采取措施消除。

二、压力的监视与调节

锅炉正常运行时，必须经常监视压力表的指示，保持汽压稳定，不得超过最高允许工作压力。蒸汽压力过高，锅炉各部件承受的内压力增加，容易造成损坏或影响寿命。尤其如果汽压过高而锅炉的安全阀又不动作时，极易发生爆炸事故。即使汽压升高引起安全阀动作，会使蒸汽从安全阀逸出，造成的热损失较大，且影响安全阀的密闭性能。

锅炉汽压的变化，反映了蒸发量与蒸汽负荷之间的矛盾，即锅炉的蒸发量与用户所需要的蒸汽流量不相等。当蒸发量大于蒸汽负荷时，汽压就上升；蒸发量小于蒸汽负荷时，汽压就下降。对锅炉汽压的调节也就是蒸发量的调节，而蒸发量的大小又取决于锅炉的燃烧状况，因此汽压的变化反映了锅炉负荷与燃烧之间的平衡关系。强化燃烧时，蒸发量就变大，减弱时，蒸发量就减少，所以负荷增大时，应首先加强引风，然后加大送风和燃料，强化燃烧；当负荷减少时先减燃料和送风，然后减少送风，相应减弱燃烧，这样做是比较安全的，也能保持锅炉汽压稳定。一般对于高、中压锅炉，汽压的允许变动幅度为 ± 0.05 MPa，低压锅炉允许稍大。

锅炉的汽压是通过压力表显示出来的，压力表的指针不得超过锅炉最高工作压力的红线。指针超过红线时，安全阀应开始排汽；若不能排汽，必须立即用人工方法开启安全阀。为了保证压力表和安全阀的灵敏可靠，必须对它们定期进行检验和经常检查。还有另一种调节，由于某种原因，锅炉汽压突然变化，这时运行操作人员同样必须及时调节。但是，在上述操作前，首先应判明情况，然后再进行有针对性的操作。有时反应出来的情况（例如均为汽压下降）是相同的，但原因可能是很多的，这就要求操作人员依靠多种仪表指示，经过分析和判断，查明真实原因，然后再进行有效的操作，这样才能保证锅炉的安全经济运行。

三、温度的监视与调节

蒸汽温度是锅炉运行中最重要的控制参数之一。我国规定锅炉正常运行，对于额定压力 1.3 ~ 1.6 MPa，额定温度 350℃的过热蒸汽温度允许偏差 +20℃；额定压力 2.5 MPa，额定温度 400℃的过热蒸汽温度允许偏差 –20 ~ 10℃；额定压力 3.5 MPa，额定温度 450℃的过热蒸汽温度允许偏差 –15 ~ 10℃；额定压力不小于 10 MPa，额定温度 540℃的过热蒸汽温度允许偏差 –10 ~ 5℃。温偏离额定值过大时会影响锅炉运行的安全性和经济性。

汽温过高，超过设备部件（如过热器管、蒸汽管道、阀门等）材料的允许工作温度后，将加大金属材料的蠕变和疲劳寿命损伤，缩短使用寿命；超温严重会造成过热器、再热器管爆破。因而汽温过高对设备安全有很大危险。

汽温过低，蒸汽的给值降低，汽耗量增加，经济性下降。另外，还会使汽轮机末端温度增大，降低电厂的热力循环效率，加剧对汽轮机叶片的侵蚀，甚至发生水击，引起蒸汽管道剧烈震动，影响汽轮机的安全运行。若因蒸汽带水引起汽温的降低，这些水分中的杂质会在过热器、管道阀门、汽轮机叶片上形成盐垢，会导致过热器因传热量减少，汽温降低，壁温升高而损坏；并造成阀门堵塞，动作失灵；以及汽轮机叶片腐蚀，失去平衡而发生事故。

运行中很多因素会使蒸汽温度发生变化：如锅炉负荷、过量空气系数、给水温度、受热面的污染情况、燃烧设备的运行方式、燃料种类和成分及饱和蒸汽用量等，为此在锅炉运行中采取多种措施来调整蒸汽温度。

汽温过高的主要原因有：燃烧设备布置不当或调风不当，炉膛火焰中心过高，或水冷壁因结垢减少了吸热量，使炉膛出口烟温升高，过热器传热温压增大，传热量增加；锅炉漏风或送风量过大，使燃烧室烟温降低，水冷壁辐射吸热量减少，炉膛出口烟温或烟气量增加，过热器传热温压或传热系数增大，传热量增加。如锅炉负荷增加，给水温度降低时还要保证锅炉负荷不变或为了阻止汽压的下降，则须增加燃料量和送风量，加强燃烧，造成炉膛出口的烟气温度和烟气量均增大，汽温增高；若燃料在炉膛燃烧不完全形成炭黑，进入过热器烟道将造成二次燃烧，也使过热汽温大大加大。

蒸汽温度的调整多以烟气侧为粗调，蒸汽侧为细调。烟气侧的调整主要是改变火焰中心位置和流经过热器及再热器的烟气量；蒸汽侧的调整是利用减温器来调节过热蒸汽的焓值，使汽温达到所需要的温度。减温器可分为表面式和喷水式两类：前者是一种管壳式热交换器，利用锅炉给水或炉水作为冷却介质，通过和过热蒸汽的对流换热来冷却蒸汽。中、小型锅炉给水较差，所以常用这种减温器。后者是将减温水直接喷入过热蒸汽中，经喷嘴雾化的减温水滴从蒸汽中吸收热量后再汽化，与蒸汽混合，从而降低蒸汽温度。这种减温对水质要求较高，主要在大型锅炉中使用。

一般中小型工业锅炉没有上述的减温调节装置，只能从烟气侧改变火焰中心的高低或增减风量等手段达到调节汽温的目的：如汽温下降时，加大送风量，则烟气量增加，汽温会上升；或者增大引风量，使炉膛负压增加，火焰中心位置上移，过热蒸汽温度也会上升。但是，会给锅炉的经济带来不好的影响。风量增大，火焰中心提高会使排烟温度升高，排烟热损失增加；风量的增减直接影响燃烧工况的好坏和稳定性，从而影响锅炉的热效率。若操作不当，还可能引起炉膛脱火甚至熄火。因此，中小型工业锅炉调节气温时应注意避免风量的突然增减，将不利影响降到最低程度。

若运行中锅炉的汽压、汽温超过规定的允许值，则已属于事故及危险范围，必须采取紧急措施，减弱燃烧强度，调节锅炉负荷，对空排汽等，严重时将停止锅炉运行。

第四节　热水锅炉运行操作与调整

热水锅炉及采暖系统的运行管理是保证热水锅炉安全经济运行的重要环节。热水锅炉的运行通常是指一台新锅炉在安装后，在进行烘炉、煮炉、点火升温、并炉供热、正常运行、停炉与停炉保养等一系列内容的总称。由于热水锅炉炉型繁多，采暖系统情况各异，其各自的运行要求各不相同。但总的燃烧调节、参数调节及运行中的技术操作基本相同。

一、系统的冲洗、充水与定压

（一）系统的冲洗

热水采暖系统投入启动前，应对系统进行冲洗。新安装的热水采暖系统，很难免在系统中落入杂物。为了预防热水系统运行过程中这些杂物造成堵塞现象，系统投入使用前必须进行冲洗。冲洗无论是对用户采暖系统、外部热力管网、锅炉房管网或者锅炉本身都是十分必要的。

热水采暖系统一般都应在水压试验后用水冲洗（因水压试验时系统已充满水）。规模较大的系统应把锅炉房、外部热力管网和各用户采暖系统分开，单独地进行冲洗。

整个冲洗过程分为粗洗和精洗两个阶段。粗洗时可用具有一定压力的上水或水泵将水压入管网，水压一般为 0.3 MPa 左右。这样管内水流速较高，冲洗效果较好。用过的水，通过排水管（最好是经过回水干管）直接排入下水道。当排出的水变得不再混浊时，粗洗工作结束。

粗洗工作结束后即可进行精洗。精洗的目的是清除颗粒较大的杂物（砂及砾石等），因此采用流速 1～1.2m/s 以上的循环水，使水通过除污器，水中杂质将沉淀在除污器内。精洗的时间应根据循环水的洁净度而定。精洗时应定期排出除污器中的污水，直到循环水完全透明为止。在精洗结束后应将除污器拆除或清洗。安装在用户引入口装置中

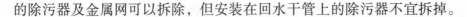

的除污器及金属网可以拆除，但安装在回水干管上的除污器不宜拆掉。

（二）系统的充水

系统冲洗完毕后可以向系统充水。系统充水时，应使用符合要求的软化水，不宜使用暂时硬度较大的水。当软化水源压力较高，超过系统静压时，可直接由软化水源进行系统充水。当软化水源压力小于系统静压时，就需要用补水泵进行系统充水。系统充水的顺序是：热源（锅炉）—网路—热用户。

热水锅炉的充水最好从锅炉的下锅筒和下集箱进行（对自然循环热水锅炉，由锅炉回水引入管充水）。当锅炉顶部的集气罐上的放气阀有水冒出时，可关闭放气阀，锅炉充水即告完毕。

网路充水一般从回水管开始。在网路充水前，应关闭所有的排水阀，同时开启网路末端连接给、回水管的旁路管阀门。在关闭所有用户系统的情况下，将软化水压入网路，当网路最高点上的放气阀有水冒出时，可关闭放气阀，网路充水即告完毕。

在网路充水完毕后，逐个开放用户系统。并对用户系统进行充水。对用户系统进行充水时应注意以下要求：

一是所有的用户系统宜集中由热源统一充水。充水时，开启用户系统回水管上的阀门，从回水管往系统内充水。

二是充水时，应开启用户系统顶部集气罐上的放气阀，并关闭用户引入口装置中的排水阀门，边充水边放气。

三是充水速度不应太快，有利于空气自系统中放出。

当用户系统顶部集气罐上的放气阀有水冒出时，即可关闭放气阀。但在经过 1 h ~ 2 h 后，应再一次开启放气阀，以便放出残存在系统中的空气。

（三）系统定压

整个系统上满水之后，由于系统水柱静压的作用，锅炉压力表应显示一定的压力，压力数值应接近系统最高点水柱静压，并应保持稳定，如压力很快下降，则表明系统漏水严重，应查明原因，立即检修。

由于热水锅炉出入口都直接与外网路接通，通常锅水与网路不断交换循环，成为一体。但是它们的高低位差不同，尤其对于某些高层建筑物，如果没有足够水压，锅水不可能达到最高供热点，也就不能完成热网的供热任务。同时，当运行或停泵时，由于压力不足，会使高层采暖设备内空气倒灌，使循环管路产生气塞和腐蚀。因此，热水锅炉采暖，其系统必须保持压力定压。

低温热水采暖系统的定压措施，是依靠安装在循环系统最高位置的膨胀水箱实现的。膨胀水箱的有效容积约为整个采暖系统总水容积的 0.045 倍。在锅炉开始的初期，水温逐渐升高，水容积随之相应膨胀，多出来的水即自动进入膨胀水箱。当系统失水，膨胀水箱内的水随即补入锅炉。水箱水位下降后，通过自动或手动方法上水，很快恢复到原有水位，并通过高位静压使锅炉压力保持一定。如锅炉压力表指示压力等于膨胀水箱水面与锅炉压力表位置的高度差，则表示系统定压装置有效。

高温热水采暖系统中，由于对系统水量及运行稳定性要求较高，常用氮气定压罐

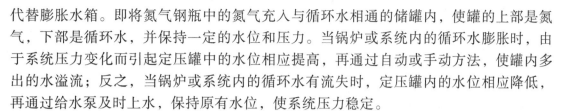

代替膨胀水箱。即将氮气钢瓶中的氮气充入与循环水相通的储罐内，使罐的上部是氮气，下部是循环水，并保持一定的水位和压力。当锅炉或系统内的循环水膨胀时，由于系统压力变化而引起定压罐中的水位相应提高，再通过自动或手动方法，使罐内多出的水溢流；反之，当锅炉或系统内的循环水有流失时，定压罐内的水位相应降低，再通过给水泵及时上水，保持原有水位，使系统压力稳定。

目前，除用膨胀水箱、氮气定压罐定压外，还有自动补给水泵和蒸汽定压等方法。

在不少低温热水采暖系统中，既没有膨胀水箱，又没有定压罐设备，只是利用手动补给水泵保持系统压力。这种方法与热水锅炉应有自动补给水装置和定压措施的要求相违背，增加了汽化和水击的危险，必须予以纠正。

二、运行参数的控制与调节

热水锅炉的内部充满循环水，在运行中没有水位问题。其主要控制参数是运行温度、运行压力及炉膛压力等。按照我国《热水锅炉安全技术监察规程》规定，锅炉出口温度低于120℃的锅炉称为低温热水锅炉，高于和等于120℃的锅炉称为高温热水锅炉。事实上我国采暖绝大多数使用水温95℃的低温热水。这样水温低于100℃，好像不会在锅炉和回路中沸腾，但实际在锅炉并联管路中，由于水的流量和受热不均，可能出现局部汽化现象而造成水击，也会威胁锅炉安全运行。

（一）运行温度的控制

水温是热水锅炉运行中应该严格监视与控制的指标。如出水温度过高会引起锅水汽化，大量锅水汽化会造成超压以至爆炸事故。

热水锅炉出水温度应低于运行压力下相应饱和温度（即锅水汽化温度）20℃以下。如出水温度过于接近运行压力下的饱和温度，运行稍有不慎就会引起汽化。

热水锅炉的运行操作人员应十分清楚且牢记所操作锅炉的最高允许值，对带有表盘的压力式温度计，应在最高允许温度值处划一条刻度红线，当水温接近刻度红线时，应采取措施减弱燃烧，一旦出水温度超过刻度红线值应立马紧急停炉。同一锅炉内各回路间水的温度偏差不得超过10℃。

热水锅炉的出水温度远低于汽化温度，但个别回路却已发生汽化，甚至发生水击现象。产生这种情况的原因有两个方面，一是不同回路受热情况不同，二是不同回路的水流量不同。一般运行中是通过调节回路循环水量的方法来控制回路中的出水温度。

热水锅炉回水温度的高低主要取决于两个因素，一是热水锅炉的出水温度，一般出水温度较高，回水温度也相应比较高。二是与采暖系统的热负荷有关，在出水温度不变的情况下，供热负荷增加，相应的回水温度就会降低。一般情况下，热水锅炉的回水温度是整个系统设计时选定的，运行时不需操作人员调节与控制，只是对燃油燃气锅炉及燃煤中含硫量较高、锅炉受热面低温腐蚀比较严重时才可加以控制与调节。

（二）运行压力的控制

热水锅炉，尤其是高温热水锅炉，必须有可行的定压装置，保证当系统内的压力超过水温所对应的饱和压力时，锅水不会汽化。

热水锅炉压力控制的特点是：超过或低于允许的压力值（或压力波动范围）都是不允许的，都会影响热水锅炉及采暖系统的正常运行，严重时酿成事故。因此，热水锅炉运行时应随时监视与控制锅炉本体中介质压力、回水压力。并应经常观察循环水泵出、进口压力及补水泵出口压力。

正常运行时，锅炉本体上的压力表指示值总是大于回水包上压力表的指示值，而且两块压力表指示的压力差应当是恒定的（二者之差为系统中水的流动阻力）。两块压力表指示的压力差不变但数值下降，说明系统中的水量在减少，应增加补水，经补水后，压力仍然不能恢复正常，表示系统中有严重的泄漏，应立即采取方法。如锅炉压力不变而回水管压力上升，表明系统有短路现象，即系统水未经用户直接进入回水管，或甩掉部分用户进入回水管。另外，通过观察循环水泵出、入口上的压力表指示值可以判断循环水泵的工作是否正常，同样通过补给水泵上压力表的指示值可以判断其补水能力是否正常。在有多台锅炉并列运行情况下，其本体上压力表指示压力应当是一致的。

（三）运行中其他注意事项

1. 经常排气

运行中随着水温升高.不断有气体析出。如果系统上的集气罐安装不合理或者在系统充水时放气不彻底，都会使管道内积聚空气，甚至形成空气塞，影响水的正常循环和供热效果。因此，操作人员要经常开启放弃阀进行排气。具体做法是：定期对锅炉、网路的最高点和用户系统的最高点的集气罐进行排气。此外，还要定期对除污器上的排气管进行排气。

2. 防止汽化

热水锅炉在运行中一旦发生汽化现象，轻者会引起水击，重者使锅炉压力迅速升高，一致发生爆破等重大事故。为了避免汽化.应使炉膛放出的热量及时被循环水带走。在正常运行中，除了必须严格监视锅炉出口水温.使水温与沸点之间有足够的温度裕度，并保持锅炉内的压力恒定外，还应使锅炉各部位的循环水流量均匀。也就是及要求循环水保持一定的流速，又要均匀流经各受热面。这就要求操作人员密切注视锅炉和各循环回路的温度与压力变化。一旦发现异常，要及时查找原因，例如受热面外部是否结焦、积灰.内部是否结水垢，或者燃烧不均匀等，并及时予以消除。

3. 合理分配水量

要经常通过阀门开度来合理分配通到各循环网路的水量，并监视各系统网路的回水温度。由于管道在弯头、三通、变径管及阀门等处容易被污物堵塞，影响流量分配，因此对这些地方应勤加检查。最简单的检查方法是用手触摸，如果感觉温度差别很大，则应拆开处理。由于热水系统的热惰性大，调整阀门开度后，需要经过很长时间，或者经过多次调整后才能使散热器温度和系统回水温度达到新的平衡。

4. 停电保护

自然循环的热水锅炉突然停电时，仍能保持锅水继续循环，对安全运行威胁不大。

但是，强制循环的热水锅炉在突然停电，并迫使水泵和风机停止运转时，锅水循环立即停止，很容易因汽化而发生严重事故。此时必须迅速打开炉门及省煤器旁路烟道，撤出炉膛煤火，使炉温很快降低，同时应将锅炉与系统之间用阀门切断。如果给水压力（自来水）高于锅炉静压时，可向锅炉进水，并开启锅炉的泄放阀和放汽阀，使锅炉水一面流动，一面降温，直至消除炉膛余热为止。有些较大的锅炉房内设有备用电源或才柴油发电机，在电网停电时，应迅速启动，确保系统内水循环不致中断。

为了使锅炉的燃烧系统与水循环系统协调运行，防止事故发生和发展，最好锅炉给煤（或其他燃料）、通风等设备与水泵连锁运行，做到水循环一旦停止，炉膛也随即熄火。

5.减少失水

热水采暖系统，应最大限度地减少系统补水量。系统补水量应控制在系统循环水流量的1%以下。补水量的增加不仅会提高运行费用，还会造成热水锅炉和网路的腐蚀和结垢。操作人员应经常检查网路系统，发现漏水应及时修理，同时要加强对放水、排水装置的管理，禁止随意放水。

三、供热控制与调节

热水锅炉及采暖系统运行过程中除应对参数、燃烧工况进行控制与调节之外，还应根据采暖季节（初冬还是严寒）、采暖时间（白天还是夜间）等情况，对整个系统的供热情况（供热量）进行调整。供热调节的目的一是系统中各热用户的室内温度比较适宜，二是避免不必要的热浪费，实现热水采暖的经济性。

供热量的调节根据调节的地点分为单独的个别调节、局部调节和集中调节。单独的个别调节是指直接对进入用户的热量进行调节，例如，开大或关小某一房间散热器进、出水阀门。局部调节是指在局部系统的管段上进行的调节，例如，对进入某一栋楼的供热量进行调节。集中调节则专指在锅炉房处（或其他热源处）进行的调节。上述三种调节中起决定性作用的是集中调节，其他两种只能起辅助作用。很显然，集中地调节也正是热水锅炉运行操作人员的职责范围。

简便集中调节的方法有：

（一）质调节

在循环水泵送入系统的循环水量不变的情况下，随着室外空气温度的变化，通过改变送入系统中的热水温度（即改变锅炉出口水温）进行供热量调节的一种措施。

（二）量调节

在供水温度不变的情况下，改变向网路供水的流量（即加减循环水的流量）进行供热调节。

（三）间歇调节

通过改变每天供热的时间的长短（即变化锅炉运行时间）进行供热调节。间歇调节在热水采暖系统中只作为一种辅助性的调节手段，常用于室外温度较高的采暖初期和末期。

（四）分阶段改变流量的质调节

是将采暖期按室外温度的高低分成几个区间，而在每个区间内，网路的循环流量保持不变。在室外温度较低的区间中保持较大的流量，而在室外温度较高的区间中保持较小的流量。在每个区间中，供热调节采用改变网路给水温度的质调节。

调节方式的采用与建筑物供暖的稳定性、采暖系统有关。一般在室外气温接近设计温度时，采用间歇运行调节；在室外气温回升时，采用供水温度的质调节。而分阶段改变流量的调节，一般不采用，因循环流量降低，热水锅炉内水流速低，影响安全使用，但也以用改变并联使用的锅炉台数来到达。

第五节　循环流化床锅炉的运行调节

流化床锅炉与层燃炉和煤粉炉由于燃烧方式的不同，在运行调节上区别很大，尤其是循环硫化床锅炉的运行监视和调节方法更是因炉而异，尚未有成熟的经验。因此对流化床锅炉不可按煤粉炉的调节方法来进行，也不能盲目照搬别人的经验。要认真掌握锅炉的动力、燃烧、传热的特性及回料系统的特点，不断总结经验，掌握其调节规律及手段，保证流化床锅炉的正常运行。

流化床锅炉的调节，主要是通过对给煤量，一次风量，一、二次风分配，风室静压，沸腾料层温度，物料回送量等的控制和调整，来保证锅炉稳定、连续运行以及脱硫脱硝。对于采用烟气再循环系统的锅炉，也可通过改变循环烟气量的办法来进行控制和调整。

一、改变给煤量

改变给煤量往往和改变风量同时进行。这一调节方式，和煤粉炉基本一样，这里不再赘述。

二、风量调整

对于鼓泡流化床锅炉，风量的调整就是一次风量的调整；对于循环流化床锅炉就不仅仅是一次风量的调整，还有二次风量、二次风上下段和三次风以及回料风的调整与分配，较鼓泡流化床锅炉就显得复杂些。

（一）一次风量的调整

一次风的作用是保证物料处于良好的流化状态，同时为燃料燃烧提供部分氧气。基于这一点，一次风量不能低于运行中所需的最低风量。实践表明，对于粒径为0～10mm的煤粒，所需的最低截面风量为1800（m3/h）/m2左右。风量过低，燃料不能正常流化，锅炉负荷受到影响，而且可能造成结焦；风量过大，又会影响脱硫，炉膛下部难以形成稳定燃烧的密相区，对于鼓泡流化床炉一定会造成飞灰损失增大。

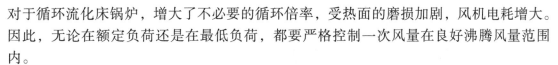

对于循环流化床锅炉，增大了不必要的循环倍率，受热面的磨损加剧，风机电耗增大。因此，无论在额定负荷还是在最低负荷，都要严格控制一次风量在良好沸腾风量范围内。

运行中，通过监视一次风量的变化，可以判断一些异常现象。如：风门未动，送风量自行减小，说明炉内物料增多，可能是物料返回量增加的结果；如果风门不动，风量自动增大，表明物料层变薄，阻力降低。原因可能是煤种变化，含灰量减少；料层局部结渣；风从较薄处通过；也可能物料回送系统回料量减少。

一次风量出现自行变化时，要及时查找原因，进行调整。

（二）风量配比

把燃烧所需要的空气分成一、二次风，从不同位置分别送入流化床燃烧室。在密相区造成欠氧燃烧形成还原性气氛，大大降低热力型 NOx 的生成；分段送风还控制了燃料型 NOx 的生成，这是流化床锅炉的主要优点之一。但分成一、二次风的目的还不仅仅如此，一次风（一次风占总风量的份额）直接决定着密相区的燃烧份额。在同样的条件下，一次风量大，必然导致高的密相区燃烧份额，此时就要求有较多的温度较低的循环物料返回密相区，带走燃烧释放的热量，以维持密相床温度。如果循环物料不足，必然会导致床温过高，无法多加煤，负荷带不上去。根据煤种不同，一次风一般占总风量的 50% ~ 70%，二次风量占 20% ~ 40%，播煤风及回料风约占 15% 左右。若二次风分段布置，上、下二次风也存在风量分配问题。

二次风一般在密相床的上部喷入炉膛，一是补充燃烧所需要的空气，再者可起到扰动的作用，加强气－固两相的混合；三是改变炉内物料浓度分布。二次风口的位置也很重要，如设置在密相床上部过渡区灰浓度相当大的地方，就可将较多的碳粒和物料吹入空间，增大炉膛上部的燃烧份额和物料浓度。

播煤风和回料风是根据给煤量和回料量的大小来调整的。负荷增加，给煤量及回料量必须增加，播煤风和回料风也相应增加。播煤风和回料风是随负荷增加而增大的，因此只要设计合理，在实际运行中只根据给煤量和回料量的大小做相应调整就可以了。

一、二次风的配比，对流化床锅炉的运行非常重要。启动时，先不启动二次风，燃烧所需的空气由一次风供。实际运行时，当负荷在稳定运行变化范围内下降时，一次风按比例减少，当降至最低负荷时，一次风量基本保持不变＊而大幅度降低二次风。这时循环流化床锅炉进入鼓泡床锅炉的运行状态。

如果二次风分段送入，第一段的风量必须保证下部形成一个亚化学当量的燃烧区（过量空气系数小于 1.0），以便控制 NO，的生成量，降低 NO，的排放。

三、风室静压的调整与控制

炉床布风板下的风室静压表也是运行中主要监视表计。冷态试验时，风室静压力是布风板阻力和料层阻力之和。由于布风板阻力相对较小，所以运行中通过风室静压力大致估计出料层阻力，也就是说，由静压力变化情况.可以了解沸腾料层的运行好坏。良好的流化燃烧时，压力表指针摆动幅度较小且频率高；如果指针变化减缓且摆动幅度加大时，流化质量较差。

四、流化料层温度的调整与控制

维护正常床温是流化床锅炉稳定运行的关键。目前国内外研制和生产的循环流化床锅炉，沸腾床温度大都选在 800～950℃范围内，对于鼓泡床锅炉不加石灰石脱硫情况下密相区温度的高低主要由煤种决定的。温度太高，超过灰变形温度，就可能产生高温结焦；温度过低，对煤粒着火和燃烧不利，在安全运行允许范围内应尽量保持高些。燃用无烟煤床温可控制在 950～1050℃；当燃用较易燃烧的烟煤时，床温度可控制在 850～950℃范围内。

对于加脱硫剂进行炉内脱硫的锅炉，床温一般控制在 850～950℃范围内。选用这一床温主要基于两个原因：一是该床温低于绝大多数煤质结焦温度，能有效避免炉床结焦；二是该床温是常用的石灰石脱硫剂的最好反应温度，能最大限度地发挥脱硫剂的脱硫效率。

循环流化床锅炉在实际运行中如出现床温的超温状况，可能产生如下不良后果：一是使脱硫剂偏离最佳反应温度，脱硫效果下降。二是床温超过或局部超过燃料的结焦温度，炉膛出现高温结焦，尤其是风布板上和回料阀处的结焦处理十分困难，只能停炉后人工清除。三是使锅炉出口蒸汽超温.影响后继设备运行。现在生产的循环流化床锅炉很多都采用俑式减温器，调温范围有限。一旦出现床温严重超温而引起的蒸汽超温.表面式减温器将不能起到保护过热器及后继设备的作用。

循环流化床锅炉在实际运行中如出现床温的降温状况，也会产生出不良后果：一是使脱硫剂偏离最佳反应温度，脱硫效果下降。二是床温超过或局部超过燃料的结焦温度，炉膛出现高温结焦，尤其是风板上和回料阀处的结焦处理十分困难，只能停炉后人工清除。三是使锅炉出口蒸汽超温，影响后继设备运行。现在生产的循环流化床锅炉很多都采用面式减温器，调温范围有限。一旦出现床温严重超温而引起的蒸汽超温，表面式减温器将不能起到保护过热器及后继设备的作用。

流化床锅炉在实际运行中如出现床温状况，也会产生不良后果：一是硫剂脱疏效果下降；二是膛温度低于燃料的着火温度，锅炉熄火；三是锅炉出力下降。

由以上的分析比较可知，炉床的超温后果比降温后果严重得多。正因如此，循环流化床锅炉的床温控制重点是超温控制。

影响炉内温度变化的原因是多方面的。如负荷变化时，风、煤未能很好地及时配合；给煤量不均或煤质变化；物料返回量过大或过小；一、二次风配比不当等。归纳起来，主要还是风、煤、物料循环量的变化引起的。在正常运行中，如果锅炉负荷没有增减，而炉内温度发生了变化，就说明煤量、煤质、风量或循环物料量发生了变化。风量一般比较好控制，但给煤量和煤质（特别是混合煤）不易控制。运行中要随时监控炉内温度的变化，及时调整。

流化床锅炉的燃烧室是一个很大的"蓄热池"，热惯性很大，这与煤粉炉不同，所以在炉内温度的调整上，往往采用"前期调节法""冲量调节法"和"减量调节法"。

所谓前期调节法，就是当炉温、汽压稍有变化时，就要及时地根据负荷变化趋势

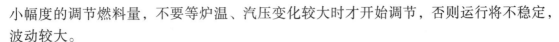

小幅度的调节燃料量，不要等炉温、汽压变化较大时才开始调节，否则运行将不稳定，波动较大。

所谓冲量调节法，就是指当炉温下降时，立即加大给煤量。加大的幅度是炉温未变化时的 1 ~ 2 倍，维持 1 ~ 2 min 后，恢复原给煤量。2 ~ 3 mm 时间内炉温如果没有上升，将上述过程再重复一次，炉温即可上升。

减量给煤法，则是指炉温上升时，不要中断给煤量，而是把给煤量减到比正常时低得多、维持 2 ~ 3 min，观察炉温，如果温度停止上升，就要把给煤量恢复到正常值，不要等温度下降时再增加给煤量。

对于采用中温分离器或飞灰再循环系统的锅炉，用返回物料量和飞灰来控制炉温是最简单有效的。因为中温分离器捕捉到的物料温度和飞灰再循环系统返回的温度都很低，当炉温突升时，增大循环物料量或飞灰再循环量进入炉床，可快速抑制床温的上升。

有的锅炉采用冷渣减温系统来控制床温。其做法是利用锅炉排出的废渣，经冷却至常温干燥后，由给煤设备送入炉床降温。因该系统的降温介质与床料相同，又是向炉床上直接给入，冷渣与床温的温差很大，故降温效果良好而且稳定。但因需经锅炉给煤设备送入床内，故有一定的时间滞后。

还有采用喷水减温或者是蒸汽减温系统来控制床温，喷水或蒸汽减温系统结构简单，操作方便，降温效果良好。但因该系统在喷水（喷蒸汽）时，极易造成炉渣的局部冷结以致于堵塞喷嘴。又因为减温水（蒸汽）的喷入量需借助锅炉的测温系统调节，一旦失调或测量不准，就可能造成减温水（蒸汽）过量喷入，使锅炉床料冷结或熄火。因此，除非锅炉配备准确可靠的测量调节系统，否则不宜在循环流化床锅炉的设计中采用喷水（蒸汽）减温系统。

对于有外置式换热器的锅炉，也可通过外置式换热器进行调节；对设置烟气再循环系统的锅炉，也可用再循环烟气量进行调节。

五、负荷的调节

流化床锅炉因炉型、燃料种类、性质的不同，负荷变化范围和变化速度也各不相同。对于循环流化床锅炉，负荷可在 25% ~ 110% 范围内变化．升负荷速度一般每分钟为 5% ~ 15%。变负荷能力与煤粉炉相比要大得多。因此，对调峰电站和供热负荷变化较大的中小型热电站，其变负荷的调节方法一般采用如下方法：一是采用改变给煤量来调节负荷。二是改变一、二次风比，以改变炉内物料浓度分布，从而改变传热系数，控制对受热面的传热量来调节负荷。炉内物料浓度改变，传热量必然改变。三是改变循环灰量来调节负荷。用循环灰量收集器或炉前灰渣斗，增负荷时加煤、加风、加灰渣量；减负荷时减煤、减风，减灰渣量。四是采用烟气再循环，改变炉内物料流化状态和供氧量，从而改变物料燃烧份额，达到调整负荷的目标。

第六节　锅炉运行中的燃烧调节

所谓燃烧调节是指通过各种调节手段，保证送入锅炉炉膛内的燃料及时、完全、稳定和连续地燃烧，并在满足锅炉出力需要前提下使燃烧工况最佳。运行中的燃烧调节应以调整试验的结果为依据。锅炉正常运行中参数、负荷及水位变动时，一般都需要通过燃烧调节来适应新的工况。当汽压、汽温趋于下降或锅炉负荷增加时，需要强化燃烧；当汽压、汽温趋于上升或锅炉负荷降低时，需要减弱燃烧。一般，燃烧的强化和减弱通过燃料量和送风量的增减来进行。强化燃烧时增大燃料量和送风量；反之，则减少燃料量和送风量。由于锅炉的负荷和燃料的性质在运行中经常变化（尤其燃煤锅炉），所以燃料量与风量的调整和燃烧器配风工况调整是日常运行中最频繁的燃烧调整工作。

燃料量的调整是与送风量和引风量同时进行。为了避免出现炉膛冒正压、烟火外窜，燃烧不完全等现象，燃料量、送风量和引风量的调整顺序原则上按下述进行：强化燃烧时，先增加引风量，其次增加送风，最后再增加燃料量；减弱燃烧时，先减少燃料量，其次减少送风，最后再减少引风量。燃烧调节的具体方法的具体方法与燃料的特性、燃烧方式及燃烧设备的功能有关。

一、充分考虑燃料的特性

对挥发分低，难着火而发热量高的无烟煤，一般宜于采用中厚煤层、慢速燃烧。过快的进煤速度可能导致脱火。与此相反，烟煤挥发分高而容易着火，特别是低灰分的优质烟煤，适于采用薄煤层快速燃烧。如采用厚煤层慢速燃烧，可能烧坏煤闸门。为了保护炉排，低灰分煤应采取较高的进煤速度。虽然褐煤挥发分高易着火，但其水分高发热量低不经烧，炉膛温度也较低，宜于采用厚煤层慢速燃烧。为了减轻粘结的程度，强粘结性的煤应采取薄煤层燃烧。相反，不粘结的煤最好选用较厚的煤层。

煤的粒度对燃烧也有影响。较大块的煤相互之间空隙较大，通风阻力小，宜采用厚煤层，以免通风不均和局部穿火。相反，摔煤的通风阻力大，应采用薄煤层。在锅炉燃料中，3mm 以下的细煤的质量分数一般不超过 30%，不然，不论采用那种燃烧方式，都难获得满意的效果。尤其是抛煤机炉，对煤的颗粒组成，要求更严。

煤层厚度的具体数值与炉排热强度等有关。在一般情况下，无烟煤煤层厚度取 100 ~ 150 mm，强粘结烟煤取 60 ~ 100 mm，弱粘结烟煤取 110 ~ 160mm。

二、调节燃料风比例，风量分配与燃烧过程相适应

为使煤炭经济燃烧，要有一个合适的风量，过大过小都将减弱热损失。因此，在燃烧调整当中必须随进煤量的变化而相应调节进风量。由于燃烧方式不同，其燃烧操作方法也不尽相同。

层燃炉中的手烧炉，在燃烧过程中要加煤勤、投煤快、撒煤匀，使煤层厚度一般

保持在 100～150 mm，如果太薄，通风力强，可能产生风洞，影响燃烧；如果太厚，通风阻力增大，可能燃烧不完全，减弱热损失。链条炉，往复炉和振动炉在燃烧过程中主要对煤层厚度、炉排速度（往复频率）和炉膛通风三方面进行调动。通风时，前部风室和后部风室供风要小，甚至风门关闭。因为在燃烧初期的着火阶段和接近终了的燃尽阶段，只需要很少的风。中部主燃烧区要减弱送风。抛煤机炉采用层燃烧和悬浮燃烧相结合的燃烧方式，炉排下的一次风量和送入炉膛空间的二次风量要合理调整。燃用高挥发分煤和细煤含量多时，二次风量要相应减弱，以满足炉膛空间燃烧需要的空间。对燃烧工况的调整力求使炉膛内的火力维持均匀、稳定，并达到燃料的完全燃烧。燃料燃烧的好坏，一般可以从炉膛火焰的颜色、锅炉排出的炉渣和烟囱冒出的烟色来判断。火焰的颜色反映了燃烧温度的高低。如果炉膛内火焰呈金黄色或浅橙色，炉渣呈灰白色且不夹有黑色的小煤粒，烟囱冒出的烟是浅灰色，说明炉内燃烧工况良好。反之，如果炉膛内火焰暗红，炉渣呈黑色，且夹有煤粒、煤块，烟囱冒黑烟，则说明燃烧工况不良，应适当减弱送风量。如果炉膛内火焰呈刺眼的白色，烟囱冒白烟，虽然燃料燃烧完全，但因过量空气系数太大，排烟热损失减弱，反而降低了锅炉热效率。因此，锅炉运行人员要经常注意观察炉膛内的燃烧情况，并且做到勤调整。

三、维持较低的炉膛负压

炉膛负压是锅炉重要的运行参数之一。除极少数微正压运行的锅炉外，大都采用负压运行，也就是炉膛空间和烟道里的烟气压力低于大气压。从安全和环境卫生的要求来说，炉膛正压喷火是不能允许的，而且无法正常进行。正压喷火时，不可能认真做到看火投煤，看火调风。但是，负压过高，从炉墙和炉门等不严密处漏入的冷风相应增强，降低炉膛温度，增加排烟热损失，影响锅炉热效率。

自然通风的小锅炉，除利用烟囱抽力克服烟气流程上的阻力外，还要使炉排下的空气通过火床进入炉膛。因此，炉膛出口负压大致相当于火床的通风阻力。采用鼓风机时，空气通过火床的阻力由鼓风机克服。这样，有可能使炉膛出口负压维持在较低的水平。装有鼓、引风机平衡通风的锅炉，炉膛出口负压也应当维持在较低的水平，一般应维持 19.6～29.4 Pa 的炉膛负压。

炉膛负压的大小，主要取决于引风量和送风量的匹配。当送风量大而引风量小时，炉膛压力高；送风量小而引风量大时，炉膛负压力高大。在增加风量时，应先增强引风，后增强送风；减少风量时，应先减少送风，后减少引风。风量是否适当，除使用专门仪器分析外，还可以通过观察炉膛火焰和烟气的颜色大致作出判断。风量适当时，火焰呈麦黄色（亮黄色）：烟气呈灰白色。风量过大时，火焰白亮刺眼，烟气呈白色。风量过小时，火焰呈暗黄或暗红色，烟气呈黑色。

实际操作中存在的问题是，缺少相应的指示仪表，炉膛出口负压往往较高，有的炉膛出口负压竟高达 49～98 Pa。为此，应尽量在炉膛出口装设 U 形管风压计，以加强监视，合理调整。另一个问题是一些人认为炉膛正压运行有助于燃料的着火，因而有意识地保持炉膛微正压。诚然，在过高的炉膛负压下，火焰被抽向后部，炉膛火焰中心后移，炉前温度比正压运行是稍低一些，但在正常情况下，相差不是太大。为使

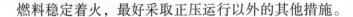

燃料稳定着火，最好采取正压运行以外的其他措施。

四、负荷变化时的燃烧调节

用汽负荷变化，锅炉蒸汽压力也要随之波动。为了维持稳定的蒸汽压力，必须相应地进行燃烧调节。这时，要求比较快地适应负荷变化。同时，希望在燃烧工况改变的过程中，不致发生正压喷火、烟囱浓烟滚滚等反常现象。

锅炉负荷从低向高调整时，如先加大给煤量然后调风，必然造成调节初期空气量不足。在一定风量下，尽管加大给煤量，但煤炭燃烧不可能迅速减弱。所以，蒸汽压力下降的趋势不能立即改变。合理的方法是，首先加大引风挡板和送风挡板的开度，减弱风量，燃烧过程随之强化，蒸汽压力下降的趋势将很快停止。随之要相应减弱给煤量，提高燃烧强度，蒸汽压力也会很快回升，从而迅速实现燃烧过程的调节，适应了外界负荷的变化。

同样，锅炉负荷从高向低调整时，首先要关小鼓风及引风挡板，然后在适当减少给煤量。这时，一些小锅炉还可补充采取适当减弱给水量、提高锅筒水位的应急措施，以控制蒸汽压力的上升。

五、燃油燃气锅炉的燃烧调节

油质燃料和气体燃料是优质燃料，与煤相比较，它们的热值高，容易着火和稳定燃烧。但是，如果在运行中不注意监督和及时调整，发生事故的可能性更大。同时，当燃烧调整不当或不合理时，会造成较大的不完全燃烧热损失，降低锅炉热效率和运行的经济性；燃油锅炉中出现低温腐蚀、严重积灰、尾部再燃烧等问题；引发锅炉燃烧器烧坏，或发生回火、脱火和炉膛灭火．处理不当时还可能造成燃油燃气爆炸事故。

（一）燃料量的调节

燃料量的调节方法与锅炉负荷的变化幅度，燃料系统及燃烧器的型式有关。下面主要介绍燃油锅炉的调节方法。

简单机械雾化油嘴的调节范围通常只有10% ~ 20%。当锅炉负荷变化不大时，可采用改变炉前油压的方法进行调节，增大油压即可达到增加喷油量的目的。当锅炉负荷变化较大时，可以更换不同孔径的雾化片来增减喷油量。当锅炉负荷变化很大时，上述两种调节方法都不能适应需要，只好通过增加与减少油嘴数量来改变喷油量。

对有多只燃烧器布置的燃油锅炉，为了避免调节时喷油量出现阶梯性，不能仅仅改变工作燃烧器的数量，而不调节燃烧器喷油量。

（二）送风量的调节

在一定范围内，随着送风量的增加，油、气与空气的混合得到改善，有利于燃烧。但是，如果风量过多，会降低炉膛温度，增加不完全燃烧损失；同时因为烟气量增加，既增加了排烟热损失，又增加了风机耗电量。如果风量不足，会造成燃烧不完全，导致尾部积碳，容易发生二次燃烧事故。因此，对于每台锅炉应通过热效率试验，确定

其在不同负荷时的经济风量。

在进行燃烧调整时，除了要调节进入炉膛的风量外，还应当注意调整配风。如果配风不合适，锅炉烟气中会出现大量碳黑，形成不完全燃烧，或出现燃烧不稳定，甚至引起熄火。这些现象可以通过对火焰和排烟的观察来确定，若火焰和烟气的颜色出现异常，应及时调节燃料量和风量，加强混合，并根据合理配风的原则，调节气流的旋流强度和各股气流的配比，以期达到最稳定和最经济的燃烧效果。

（三）引风量的调节

随着锅炉负荷的增减，燃料量发生变化时，燃烧所产生的烟气量也相对变化。因此，应及时调整引风量。当锅炉负荷增加时，应先增加引风量，后增加送风量，再增加燃料供应量；当锅炉负荷减小时，应先减少燃料供应量，再减少空气供应量，最后减少引风量。在正常运行中，应维持炉膛负压 19.6 ~ 29.4 Pa。负压过大，会增加漏风，增大引风机电耗和排烟热损失；负压过小，容易喷火烧人，影响锅炉房整洁。

（四）火焰的调节

燃油燃气锅炉在运行中，为了保持良好的燃烧工况，运行人员必须注意火焰的颜色、火焰的分布、风量的配合、烟色的变化等。燃烧工况良好时，火焰中心在炉膛中部，火焰均匀地充满炉膛但不触及四壁；高低合适，火焰不冲刷炉底，也不延伸到炉膛出口；着火点距燃烧器出口适中，以免烧坏喷嘴和风口。通常燃气锅炉采用无焰燃烧或半无焰燃烧，燃烧器出口火焰是光亮耀眼的，在炉膛上部的火焰呈透明并略带浅蓝色。燃用高炉煤气和发生炉煤气，火焰呈浅蓝色；排出的烟色应完全是透明的，即烟囱不见冒烟。燃油锅炉燃烧器出口处油雾均匀无黑色，火焰中心呈淡橙色，白亮均匀，火焰尾部无黑烟，整个火焰轮廓清晰，外圈无雪片状火星，火焰以外烟气透明。

火焰中心的位置是锅炉稳定燃烧的重要保证。火焰中心过高使得燃料在炉内的燃尽时间缩短，烟气中的可燃气体和碳黑就不能完全燃烧，带入烟道后不但增加了不完全燃烧损失，而且可能引起尾部再燃烧，同时使得过热器传热温压增加，导致过热蒸汽温度增高。火焰中心产生偏斜，大大恶化火焰的充满度，使得水冷壁和过热器受热不均匀，会造成较大的烟温偏差，严重时火焰直接冲刷水冷壁，造成"飞边"，燃油锅炉中冲刷部分形成焦结。

对于燃油燃气锅炉，火焰中心高低的调节主要是以改变燃烧器的运行方式来实现。若投入上排燃烧器，火焰中心便较高；反之，投入下排燃烧器，火焰中心就较低。保持火焰中心居中不偏斜，首先要求投入运行的燃烧器均匀分布，同墙布置的燃烧器左右对称，四角布置的燃烧器同排对称、不缺角；其次，调整好每个燃烧器出口的气流速度，要求每排或对称的燃烧器出口气流速度一致；另外，对于每个燃烧器要求调整好喷嘴的位置以及配风，油喷嘴应选择适当的雾化角，必要时改变扩口角度或燃烧器间距，及时调整火焰长度、形状及回流区位置。

燃油锅炉运行时，若燃烧器喷嘴喷出的油雾不均匀，局部流量密度较大，或者存在很粗的油滴，火焰根部可以看到一根根黑条；当大油滴燃烧时，火焰外围有雪片状火星。这时应检查喷嘴是否有局部堵塞或磨损，进行清洗或更换；调整油温、油压或雾化蒸汽压力；调整配风器或打焦；选择恰当的雾化角，对回油喷嘴，限制最低回油压力。若火焰外有未完全燃烧的碳黑和可燃气体，则可以看到火焰四周及尾部有火焰回卷及黑烟，炉膛上部烟气混浊。这时应调节风量及各个燃烧器之间的风油分配；检查并调整配风器及喷嘴位置；打焦并消除结焦的原因。

　　燃气锅炉运行中，若出现麦黄色、浑浊或灰蒙蒙的火焰，则表明风量过小或混合不良，应及时加大风量或控制燃气量；若烟囱冒黑烟，说明燃气存在不完全燃烧而析出碳黑，此时也应调节风量和燃气量等措施予以改善。

第五章 锅炉的检验与维修

第一节 概述

一、锅炉检验与维修的重要性

如前所述，锅炉是一种承压、受热、有可能发生爆炸危险的特种设备，它具有与一般机械设备所不同的特点。因此，除了严格按照运行操作规程进行运行操作之外，还必须加强对设备的检验与维修，使设备始终处于安全、正常的状态。对锅炉进行检验与维修的目的有 4 点。

（一）可及时发现并消除隐患，防患于未然

历次锅炉事故的调查结果表明，不少事故隐患，来之于新造新装的锅炉，如结构不合理、钢材选用不当、强度计算错误、制造质量低劣、安装质量不符合规范等等，这些都是将来在运行中酿成事故的重大隐患。因此，对新造、新装锅炉进行安全技术性能监督检验，防止质量不合格的锅炉投入运行，是十分必要的，也是锅炉安全运行的先决条件。但是，即使抓好了锅炉设计、制造、安装等涉及锅炉先天质量的几个环节，也绝不能忽视对在用锅炉的检验与维修。因为锅炉通过一段时间的运行，一方面，有些未发现的先天性缺陷和隐患可能会暴露出来，另一方面，在运行中因操作、管理不到位等原因还可能产生新的缺陷和隐患。因此，就必须有计划地对锅炉进行日常的或定期的检验和维修工作，方便及时发现锅炉先天和运行中产生的问题和隐患，掌握其发生与发展的规律，从而防止事故的发生。

（二）弥补缺陷、延长使用寿命

锅炉的轻微缺陷，如不及时修复，就会加速损坏，缩短使用寿命。不少锅炉由于没有进行检验，有了缺陷未能及时发现、及时修理，结果只使用了很短时间就被迫报废，

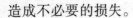

造成不必要的损失。

（三）实现安全、经济、连续运行，保障生产、生活的正常进行

按照锅炉运行状况，实行有计划的检验与维修，及时处理缺陷和隐患，就不至于在不允许停炉的时候，因发现缺陷或出现事故，造成被迫停炉的被动局面，这对满足企业生产和人民生活的需要，起到了保障作用。

（四）堵塞漏洞，节约能源

锅炉是高耗能设备，耗用燃料所占比重很大，而许多锅炉由于跑、冒、滴、漏严重，该保温的未保温，受热面结垢，燃烧不完全等原因，使锅炉的热效率下降，浪费了不少燃料。通过检验，这些问题都可以及早发现，并通过维护、维修及时填补这些漏洞，减少损失。

二、在用锅炉定期检验与维修及分类

根据《锅炉安全技术监察规程》规定，在用锅炉的定期检验工作包括锅炉在运行状态下进行的外部检验、锅炉在停炉状态之下进行的内部检验和水（耐）压试验。

（一）外部检验

外部检验有两种情况：一种是由锅炉使用单位司炉人员与锅炉房安全管理人员在锅炉运行中进行的经常性的检查，具体的检查内容及要求依据锅炉的结构和特点在《巡回检查制度》做了规定；另一种则是由法定检验机构的持证检验人员，按《锅炉安全技术监察规程》的规定对运行的锅炉进行外部检验，其外部检验周期是每年进行一次。

（二）内部检验

这种检验一般是在锅炉有计划的停炉检修时或锅炉化学清洗前后进行。通过内部检验，检验员要对锅炉设备状况作出整体评价，对存在的缺陷提出处理意见，最后作出能否继续使用的结论。如需对受压元件进行修理，修理后应进行再检验，合格后方能投用。

内部检验的周期，锅炉一般每2年进行一次。成套装置中的锅炉结合成套装置的大修期进行，电站锅炉结合锅炉检修同期进行，一般每3~6年进行一次。首次内部检验在锅炉投入运行一年后进行，成套装置中的锅炉和电站锅炉可以结合第一次检修进行。除正常的定期检验外，锅炉有下列情况之一时，亦应进行内部检验：一是移装锅炉投运前。二是锅炉停止运行1年以上恢复运行前。

（三）水（耐）压试验

检验人员或者使用单位对设备安全状况有怀疑时，应该进行水（耐）压试验；因结构原因无法进行内部检验的锅炉，应当每3年进行一次水（耐）压试验。

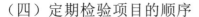

（四）定期检验项目的顺序

外部检验、内部检验和水（耐）压试验在同一年进行时，一般首先进行内部检查，然后进行水（耐）压试验、外部检验。

三、锅炉维修及分类

对在用锅炉进行维修工作是保证锅炉安全、经济、连续运行的一个重要环节，它与检验工作是相互关联和相互依存的。通过检验，可以及时发现存在的各种缺陷、隐患，并通过维护保养和维修予以消除；损坏的受压元件须由专业修理单位进行修理，而对于重大修理，还需法定检验机构对修理质量进行监督检验，检验合格后锅炉才能投入运行。对在用锅炉的维修一般分为三类。

（一）运行中的维修

是指锅炉在运行中处理临时发生的故障，以保证锅炉设备安全运行和减少热损失，如保持安全附件的灵敏可靠，维护保养辅助设备，检修管道，堵塞阀门的跑、冒、滴、漏等等。但必须注意任何时候都不得在有压力的情况下修理锅炉受压元件。

（二）定期维修

指按预定计划停炉，对在运行中发现的缺陷进行的维修，包括大修和小修。小修是对锅炉进行局部的、预防性的检修，例如清灰除渣，清扫受热面，保温层和炉墙的局部修理，仪表的校验等，一般每 3 ~ 6 个月进行一次。大修是对锅炉进行全面的、恢复性的修理，包括对受压元件的重大修理，拆修炉墙，全面维修燃烧设备、辅机、安全附件和管道阀门等等。

（三）停炉保养

锅炉在停炉期间如果进行保养，极易遭受腐蚀损坏，进而必须做好停炉保养工作，以延长锅炉使用寿命，保障安全经济运行。

第二节　在用锅炉的定期检验

锅炉的使用单位应当安排锅炉的定期检验工作，并且在锅炉下次检验日期前一个月向检验检测机构提出定期检验申请，并做好检验前的准备工作。

一、外部检验

外部检验是在运行状态下对设备进行的检查，包括对锅炉运行状况的检查和对设备功能进行的试验。外检可以发现许多在停运状态发现不了的缺陷，如安全装置是否失灵，管道或结合部的渗漏，燃烧设备是否正常等等，因而对于安全是非常重要的。

锅炉外部检验可能影响锅炉正常运行，检验前应当事先同使用单位协商检验时间，在锅炉运行状态正常和使用单位的运行操作配合下进行，并且不应当威胁锅炉安全运行。

（一）外部检验内容

1. 审查上次检验发现问题的整改情况。

2. 核查锅炉使用登记及其作业人员资格。

3. 抽查锅炉安全管理制度及其执行见证资料。

4. 抽查锅炉本体及附属设备运转情况。

5. 抽查锅安全附件及连锁与保护。

6. 抽查水（介质）处理情况。

7. 抽查锅炉操作空间安全状况。

8. 审查锅炉事故应急专项预案。

（二）外部检验的重点

1. 锅炉房内各项制度是否完整，司炉工人、水质化验人员是否持证上岗。

2. 锅炉周围的安全通道是否畅通，锅炉房内可见受压元件、管道、阀门有无变形、泄漏。

3. 安全附件是否灵敏、可靠、水位表、水表柱、安全阀、压力表等与锅炉连接通道有无堵塞。

4. 高低水位报警装置和低水位连锁保护装置运行是否灵敏、可靠。

5. 超压报警和超压连锁保护装置动作是否灵敏、可靠。

6. 点火程序和熄火保护装置是否灵敏、可靠。

7. 锅炉附属设备运转是否正常。

8. 锅炉水处理设备是否正常运转，水质化验指标是否符合标准要求。

二、内部检验

（一）检验前的准备工作

检验前的准备工作是否充分对检验质量的好坏和检验结论的正确与否有着重要影响。检验前的准备工作大概可分为停炉、安全措施以及锅炉有关技术资料等三方面的准备。

1. 检验前停炉的准备

（1）结合生产检修计划安排停炉日期

除了发生特殊损坏需要立即停炉检验外，一般每两年一次的定期内部检验要在锅炉下次检验日期前结合生产和维修计划安排进行，并提前 1 个月向当地的法定检验机构报检。

（2）检验前的停炉

一般检验前的停炉属于正常停炉，对于轮换使用的锅炉可以采取正常的停炉方法，让其缓慢自然冷却；但对于一些急需使用，不能长期停用的锅炉，或者须紧急停炉检验的锅炉，要采取正确的冷却方法，并应有足够的冷却时间以免锅炉部件因温度突然降低产生较大应力而损坏。冷却可采用注入冷水更换锅水以及炉膛内通风（打开引风机或炉门）等方法。当锅水温度降至70℃以下，方可放水。

（3）检查各种门孔

打开人孔、手孔、检查孔和灰门、炉门、烟道门各种门孔，一是可使空气对流，二是便于检验人员进行全面检查。进入炉内检验时，炉内温度应冷却至35℃以下。彻底清除受压元件的烟灰和水垢，露出金属表面，水垢样品留检验人员检查。拆掉妨碍检查的汽水挡板，分离装置及给水排污装置等锅筒内件。

2. 锅炉有关技术资料的准备

为了便于检验人员了解锅炉使用情况和管理中的问题，应将锅炉出厂技术资料、安装、维修、改造资料、锅炉使用登记证、锅炉运行记录、水质化验记录、上年度锅炉检验报告书等准备好，以供检验人员查阅。

3. 锅炉检验时的安全要求

检验人员需要进入锅炉内部检验时，应当具备以下检验条件。

一是进入锅筒（锅壳）内部工作之前，必须用能指示出隔断位置的强度足够的金属堵板（电站锅炉可用阀门）将连接其他运行锅炉的蒸汽、热水、给水、排污等管道可靠地隔开；用油或者气体作燃料的锅炉，必须可靠地隔断油、气的来源。

二是进入锅筒（锅壳）内部工作之前，必须将锅筒（锅壳）上的人孔和集箱上的手孔打开，使空气对流一段时间，工作时锅炉外面应有人监护。

三是进入烟道及燃烧室工作前，必须进行通风，并且与总烟道或者其他运行锅炉的烟道可靠隔断。

四是在锅筒（锅壳）和潮湿的炉膛、烟道内工作而使用电灯照明时，照明电压不超过24V；在比较干燥的烟道内，有妥善的安全措施，可以采用不高于36V的照明电压；禁止使用明火照明。

（二）内部检验内容

1. 审查上次检验发现问题的改正情况。
2. 抽查受压元件及其内部装置。
3. 抽查燃烧室、燃烧设备、吹灰器、烟道等附属设备。
4. 抽查主要承载、支吊、固定件。
5. 抽查膨胀情况。
6.）抽查密封、绝热情况。

（三）内部检验的重点

1. 上次检验有缺陷的部位。
2. 锅炉受压元件的内、外表面，尤其在开孔、焊缝、板边等处应检查有无裂纹、裂口和腐蚀。
3. 管壁有无磨损和腐蚀，特别是处于烟气流速较高及吹灰器吹扫区域的管壁。
4. 锅炉的拉撑以及与被拉元件的结合处有无裂纹、断裂和腐蚀。

5.胀口是否严密，管端的受胀部分有无环形裂纹和苛性脆化。

6.受压元件有无凹陷、弯曲、鼓包和过热。

7.锅筒（锅壳）和砖衬接触处有无腐蚀。

8.受压元件或锅炉构架有无因砖墙或隔火墙损坏而发生过热。

9.受压元件水侧有无水垢、水渣。

10.进水管和排污管与锅筒（锅壳）的接口处有无腐蚀、裂纹，排污阀和排污管道连接部分是否牢靠。

（四）检验结论

检验结束后，检验员应根据现场了解到的情况和检验记录，尽快进行整理，写出检验报告书。检验报告书应依据锅炉的实际情况作出正确的检验结论。最后将检验中发现的主要问题和检验结论用

《锅炉检验意见书》发给使用锅炉单位，以便迅速采取措施加以解决。锅炉内部检验结论与外部检验结论相同，分别为：符合要求、基本符合要求和不符合要求。

1.符合要求，未发现影响锅炉安全运行的问题或者对问题进行整改合格。

2.基本符合要求，发现存在影响锅炉安全运行的问题，需要采取降低参数运行、缩短检验周期或者对主要问题加强监控等措施。

3.不符合要求，发现存在的影响锅炉安全运行的问题。

三、水压试验

水压试验是锅炉定期检验的一个方面，也是主要检验的手段之一，但它不是锅炉检验的唯一手段，不能代替别的检验方法，更不能用水压试验的方法确定锅炉的工作压力。

（一）水压试验的目的

水压试验的目的，是鉴别锅炉受压元部件的严密性和耐压强度。严密性：主要是检查锅炉受压元件的接缝、法兰接头及管子胀口等是否严密，有无泄漏。

耐压强度：检查锅炉受压元件会不会因强度不足，而在水压试验压力作用下发生残余变形。

水压试验一般是在对锅炉进行内部检验合格后进行的，必要时还应在对受压元部件进行强计算的基础上进行，而不是盲目地试验。有一些单位，由于对水压试验的目的不明确，用水压试验的方法来确定锅炉的工作压力，错误地认为只要锅炉进行了水压试验，就可以按试验压力打折扣来确定锅炉最高工作压力；有的按需要的工作压力加倍打水压，认为不漏水就安全，这都是十分错误的。此外，盲目地提高水压试验压力也是不允许的，这是因为压力过高，受压元件局部或整体的应力可能会超过材料的弹性极限而发生塑性变形，致使锅炉受压元件遭到损伤，或者扩大了内在缺隐，甚至造成破坏。

（二）水压试验压力

当实际使用的最高压力低于锅炉额定工作压力时，可提照锅炉使用单位提供的最高工作压力确定试验压力；但是当锅炉使用单位需要提高锅炉使用压力（但不应当超过额定工作压力）时，应当按照提高后的工作压力重新确立试验压力进行水（耐）压试验。

（三）水压试验前的准备工作

水压试验是在对锅炉进行内部检验合格后进行，其准备工作及要求包括：①资料审查，包括锅炉出厂技术资料、安装、修理、改造资料，锅炉使用登记证，运行、维修记录，上年度定期检验报告；②核查水压试验实施单位编制的水压试验方案，方案一般应包括编制依据、水压试验目的、水压试验压力、水压试验范围、水压试验主要施工机械及工器具。

新装、移装、改装的锅炉，必须在本体安装完毕；受压元件重大修理的锅炉必须在修理完毕，并在筑炉之前，方可进行水压试验。

对在用锅炉应做好下述准备：①清除受压部件表面的烟灰和污物，对于需要重点进行检查的部位还应拆除炉墙和保温层，以利于观察；②对不参加水压试验的连通部件（如锅炉范围以外的管路、安全阀等）应采用可靠的隔断措施；③锅炉应装两只在校验合格期内的压力表，其量程应为试验压力的 1.5 ~ 3 倍，精度应不低于 1.6 级；④水压试验时，周围的环境温度不应低于 5℃，否则应采取有效的防冻措施；⑤水压试验的用水温度不低于大气的露点温度，一般选取 20 ~ 70℃；对合金钢材的受压部件，水温应高于所用钢种的脆性转变温度或按照锅炉制造厂规定的数据控制；⑥水压试验场地应当有可靠地安全防护设施。⑦水压试验时，锅炉使用单位的管理人员应到场。

（四）水压试验的程序

1. 首先应开启锅筒顶部的排空阀，给锅炉进满水并且停顿一段时间，以便排出锅内空气。确认锅炉进满水后关闭排空阀，缓慢升压至工作压力，升压速率应不超过每分钟 0.5MPa。

2. 升压至工作压力后应暂停升压，检查是否有泄漏或异常现象。

3. 继续升压至试验压力，升压速率应不超过每分钟 0.2Mpa，并注意防止超压。

4. 在试验压力下至少保持 20 分钟，保压期间降压应满足：①对于不能进行内部检验的锅炉，在保压期间不允许有压力下降现象；②对于其他锅炉，在保压期间的压力下降值 p 一般应满足的要求。

5. 缓慢降压至工作压力。

6. 在工作压力下，检查所有参加水压试验的承压部件表面、焊缝、胀口等处是否有渗漏、变形，以及管道、阀门、仪表等连接部位是否有渗漏。

7. 缓慢泄压。

8. 检查所有参加水压试验的承压部件是否有剩余变形。

（五）水压试验合格标准

锅炉进行水压试验，符合下列情况时为合格：①在受压元件金属壁和焊缝上没有水珠和水雾。②当降到工作压力后胀口处不滴水珠。③铸铁锅炉锅片的密封处在降到额定出水压力后不滴水珠。④水压试验后，没有发现残余变形。

第三节　锅炉的维修

一、运行中的维修

锅炉运行中常由于种种原因而发生安全附件、附属设备和燃烧设备故障，轻则影响正常运行，重则会导致事故的发生。因此，司炉人应掌握常见故障的原因及排除方法，切实做好运行中的维修工作，以保证锅炉安全经济稳定运行。

（一）安全附件和阀门的常见故障及排除方法

1. 压力表的常见故障及排除方法

压力表常见的故障有指针不动、指针不回零位、指针抖动、表面模糊或有水珠出现等几种。

（1）指针不动产生原因及排除方法

原因分析：①旋塞忘开或位置不正确；②旋塞、压力表汽连管或存水弯管的通道堵塞；③指针与中心轴松动或指针卡住；④弹簧弯管与表座的焊口渗漏；⑤扇形齿轮与小齿轮松动、脱开。

排除方法：①拧开旋塞或调至正确位置；②清洗压力表，吹洗通道，必要时应更换旋塞或压力表；③将指针紧固在中心轴上，或者消除指针卡住现象；④补焊渗漏处；⑤检修扇形齿轮和小齿轮，使其啮合。

（2）指针回不到零位产生原因及排除措施

原因分析：①弹簧弯管产生永久变形失去弹性；②中心轮上的游丝失去弹性或脱落；③旋塞、压力表汽连管或存水弯管。

排除方法：①更换压力表；②更换游丝或重新安装；③清洗压力表，吹洗通道，必要时应更换旋塞或压力表；④指针紧固在中心轴上，或消除指针卡住现象。

2. 水位表的常见故障及排除方法

水位表常见的故障有旋塞泄漏、水位呆滞、玻璃板（管）内水位高于实际水位和玻璃管炸裂等几种。

（1）旋塞泄漏产生原因及排除方法

原因分析：①旋塞材质或加工有缺陷；塞芯与塞座接触面磨损或腐蚀；③填料不足或变质，充填压力不均。

排除方法：①换掉旋塞；②研磨或更换旋塞；③增加或更换填料，拧紧填料压盖。

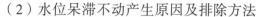

（2）水位呆滞不动产生原因及排除方法

原因分析：①水连管或水旋塞被水垢、填料等堵塞；②水旋塞被误关闭。

排除方法：①冲洗水连管与水旋塞，或用细铁丝疏通；②打开水旋塞。

3.安全阀的常见故障及排除方法

安全阀的常见故障有长期漏汽、超过规定压力值还未开启或不到规定压力值就开启，以及排汽后阀瓣不回座等几种。

（1）漏汽产生原因及排除方法

原因分析：①阀芯与阀座密合面有水垢、砂粒或附着脏物；②阀芯与阀座磨损；③阀杆弯曲变形或阀芯与阀座支承面偏斜；④弹簧式安全阀弹簧产生永久变形，失去原有弹性；⑤杠杆式安全阀杠杆与支点发生偏斜，使阀芯与阀座受力不均。

排除方法：①吹洗安全阀。如吹洗效果不明显，应在停炉后拆开安全阀，取出附着物；②更换阀芯与阀座，或在车床上车光后再研磨；③更换阀杆或重新调整水平；④更换弹簧；⑤校正杠杆中心线，严格铅直。

（2）到规定压力时不排汽产生原因以及排除方法

原因分析：①阀芯和阀座被粘或生锈；②阀杆与外壳间隙过小，阀杆受热膨胀后被卡住；③调整或维护不当，使弹簧式安全阀的弹簧收缩过紧；杠杆式安全阀的重锤与支点间距离过长；静重式安全阀的生铁盘过重；④阀门通道被盲板等障碍物堵住。

排除方法：①吹洗安全阀。严重时应停炉后研磨阀芯与阀座；②适当加大阀杆与外壳的缝隙；③重新调整安全阀；④除去障碍物。

4.阀门的常见故障及处理

（1）阀门渗漏

其原因是：①阀芯与阀座的结合面被腐蚀、磨损、划痕或有脏物黏结；②填料未压紧、不匀实或已变质；③垫圈未压紧或已变质；④螺栓松紧程度不一，使阀体与阀盖压合不紧。

（2）阀杆不活动

其原因是：①阀杆与阀盖上的螺丝损坏；②阀杆弯曲变形，或者由于锈蚀被卡住；③手轮损坏，不能带动阀杆；④闸板卡死。

（3）阀体破裂

其原因是：①材质不好，内部有砂眼、气孔，或者在铸造时产生偏析，使局部强度降低；②阀门被碰撞产生了细小裂纹，继续使用后裂纹扩展；③紧螺丝时用力过猛，螺丝孔已损坏而未发现；④阀体内存水结冰后被冻裂；⑤铸铁阀门用强力安装，因受力不均造成裂开。

处理的办法是根据实际原因，进行对应的修理或者更换。

（二）附属设备常见故障及排除方法

1.离心式给水阀常见故障及排除方法

（1）水泵不出水产生原因及排除方法

原因分析：①水泵或吸水管有空气；②底阀深入水中的深度不够；③吸水管、底阀和泵壳有泄漏，灌不满水；④转速太低或皮带太松；⑤水泵反转；⑥叶轮、吸水管、底阀被污物阻塞；⑦吸水管路阻力过大。

排除方法：①排除吸水管内空气；②增加底阀在水中的深度；③消除泄漏并灌满水；④调整转速，拉紧皮带；⑤调整转向；⑥检查泵体，清除污物；⑦检查或更换吸水管。

（2）运转中出水量减少或扬程降低产生原因及排除方法

原因分析：①转速降低水中有空气；②水位下降，吸水高度增加；③叶轮、吸水管或底阀被污物阻塞；④叶轮密封环破坏。

排除方法：①提高泵的转速；②排除水中空气；③增加水源水量；④检查泵体，清除污物；⑤更换密封环。

2. 蒸汽往复泵常见故障及排除方法

（1）完全不出水产生原因及排除方法

原因分析：①进水管或底阀阻塞；②吸水高度太大；③吸水管或填料不严，漏进空气，吸水阀关不严，灌不进引水；④给水温度过高；⑤给水管阀门没有打开；⑥水箱缺水，水缺发热；⑦机械传动部分卡住。

排除方法：①清理进水管或底阀；②适当降低吸水高度；③检修吸水管、吸水阀或填料；④适当降低给水温度；⑤打开给水管阀门；⑥向水箱加水并冷却水缸；⑦检修机械传动部分。

（2）出水量不足产生原因及排除方法

原因分析：①进水管或底阀阻塞；②吸水高度较大；③吸水管细而长；④输送热水时进水压头小；⑤盆形阀或阀座之间被污物阻塞；⑥汽缸活塞或汽阀磨损过度。

排除方法：①清理进水管或底阀；②适当降低吸水高度；③适当改进吸水管；④加大压头；⑤清除阻塞物；⑥研磨或更换汽缸活塞及汽阀。

（三）燃烧设备常见的故障及处理

1. 链条炉排常见的故障及处理

链条炉排在运行中常见的故障是炉排卡住。炉排卡住之后，即使能在短时间内维修，也会在一段时间内影响运行负荷，严重时甚至被迫停炉检修。

炉排卡住的现象、产生原因及排除方法如下：

（1）炉排卡住后出现的一般现象

现象及原因：①炉排保险销折断或保险弹簧跳动；控制炉排电动机的电流表读数增大，甚至熔丝断保险丝；③炉排断续停止或完全停止转动。

（2）炉排卡住的原因

①前、后轴不平行，使炉排跑偏；②边条销子或链条销子脱落而卡死炉排；③防焦箱距炉架的间隙不合适而卡死炉排；④边条或炉排片脱离卡死炉排；⑤炉排片脱落一段，使老鹰铁尖端下沉顶住炉排；⑥有些链子过长，与牙轮啮合不好，链子卷在齿尖上，使炉排不能转动等

（3）处理方法

立即拉闸切断电源，然后用扳手将炉排倒转（一般倒转两组炉排片），根据倒转

时用力的大小来判断故障的轻重程度。如果属轻微卡住，又无其他异常现象，启动正常，可继续运行，如果启动后又卡住，则应找出原因及时消除。

小型链条炉必须停炉检修时，可采用人工加煤的方法稍维持一段运行时间，并通知用汽部门，同时迅速做好停炉检修准备。

如果是老鹰铁被大块焦渣顶起，可以从看火门处伸入火钩拨正。如果这样做还不能恢复老鹰铁的正常位置，则应停止炉排运转进行处理。由于变速箱发生问题而使炉排不转，应先压火，然后进行抢修。

2. 煤粉炉的结焦问题及其处理

（1）结焦后出现的现象

煤粉炉的结焦又称结渣（实际两者有区别，不含固定炭为渣），是煤粉炉运行中普遍存在的问题。煤粉燃烧后的灰渣，被高温熔化后落在炉膛耐火砖或第一烟道对流管束的表面凝固，黏结成硬块的过程称为结焦。结焦后，锅炉蒸发量降低，过热器出口蒸汽温度升高，排烟温度和烟气阻力上升，不但使燃烧工况恶化，增加风机耗电量，降低热效率，而且造成局部水循环故障，甚至使管壁过热烧坏，被迫停炉。

（2）结焦的原因

①供风量不足，燃烧不完全，产生一氧化碳过多，使灰的软化温度降低；②煤粉与空气混合不好，在炉膛内喷射不均匀，使火焰偏斜。如喷射速度过大时，火焰直射后墙，容易使后墙结焦；速度过小时，容易使前墙结焦；③由于运行调节不当，煤粉在炉膛中停留的时间过短，使未燃尽的熔融状小煤粒被气流带到受热面上，逐步粘结成焦；④吹灰、除焦不及时，或操作方法不当，造成受热面表面不光滑，容易使熔渣粘住，并且越积越多。⑤煤中灰分多，灰熔点低，特别是指含硫化铁多的煤，灰熔点更低，很容易结焦。

（3）处理办法

在运行中一旦发现结焦，可通过增加过剩空气量，减低炉膛温度，减少锅炉负荷，减弱燃烧，使用吹灰器冲刷或用人力除焦等措施进行处理。如果结焦严重，影响正常运行时，应采用水力除焦。

水力除焦的水压，最高可达 1.5MPa。由于射入的水具有冲击作用，加之焦块温度很高，遇水后急剧冷却收缩，就会自行碎裂脱落。

水力除焦应该严格按照操作规程进行。水枪头的移动应呈锯齿形，水流要稍呈曲线形，不要将水直接喷射到受热面或砖墙上。当锅炉负荷低于额定负荷的 75% 时，不宜对水冷壁管进行水力除焦，因为此时往炉膛内喷水，会使原来已经较低的烟气温度更加降低，势必使水冷壁吸收的热量减少，从而降低流动压头，破坏水循环。每次除焦时间不宜超过 3min。

3. 沸腾炉的结焦及其处理

（1）高温结焦

由于给煤过多或在启动后不久料层太薄等原因，可能使料层温度过高超过1200℃，引起高温结焦。处理方法如下：①向风室中送入一定量的饱和蒸汽，使沸腾料层温度降低；②用超量风猛吹沸腾料层，使料层温度降低；此法对燃烧挥发成分较

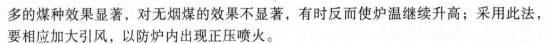

多的煤种效果显著，对无烟煤的效果不显著，有时反而使炉温继续升高；采用此法，要相应加大引风，以防炉内出现正压喷火。

（2）低温结焦

料层温度低于600～700%时，容易引起低温结焦。处理方法如下：①对于布风板面积较小的小型沸腾炉，可用扒火钩子将剧烈燃烧的部分扒开；如果有小块焦，可用火钩扒出，再继续启动；②对布风面积大的沸腾炉，如出现火口，可在短期内加大风量，将已强烈燃烧的部分冲散，避免相互粘结，促使料层平均温度升高。

二、锅炉的定期维修

锅炉的定期维修分小修与大修两种，小修3～6个月进行一次，大修每年进行一次。

锅炉小修和大修的项目及要求，应根据对锅炉的检查结果来确定。下面举出了一些主要维修的项目），以供参考。

（一）锅炉本体维修项目及要求

1. 小修

①清扫受热面外部的积灰、结渣；②检查受热面内部结垢情况，严重的应除垢；③修理或更换个别损坏的管子；④检查手孔、人孔，清除泄漏；⑤检查空气预热器的严密性；⑥换水清洗。

2. 大修

①清除受热面外部烟灰及内部水垢；②检查受压元件的变形、磨损和腐蚀情况，修理或更换损坏部位；③检修焊缝及连接处；④更换手孔、人孔盖的垫片；⑤检查空气预热器的严密性；⑥距前次水压试验已够六年，或停用一年以上，或者受压元件修重大修理后，应做水压试验。

（二）煅烧设备维修项目及要求

1. 小修

①检查传动、减速装置，并加油；②检查喷嘴、燃烧器、调风装置，消除损坏及泄漏；③检查给煤、出渣装置和抛煤机、磨煤机、更换易损件；④检修炉排，补充炉排片或炉条；⑤检查煤粉炉的点火系统。

2. 大修

①检修或更换各部位轴承；②清洗，检修变速箱，更换磨损的齿轮及离合器；③检修润滑、冷却水部分；④检修给煤、出渣装置和抛煤机、磨煤机的损坏部位；⑤检修炉排，补充或更换炉排片及炉条；⑥转动机械试转动。

（三）炉膛及炉墙维修项目及要求

1. 小修

①清除炉膛内的积灰及结渣；②检修炉门、防爆门、人孔门、看火门等处的炉墙；③修补炉墙，堵塞漏风。

2. 大修

①清除炉膛内的积灰及结渣；②检修隔烟墙，堵塞烟气短路；③检修炉拱，检修炉墙伸缩缝部分，检修炉门、拱旋、看火门、吹灰孔等；④整个或部分炉墙的重新砌筑，堵塞漏风。

三、停炉保养

锅炉在停炉期间，受热面表面吸收空气中的水分而形成水膜。水膜中的氧气与铁起化学作用而生成铁锈，使锅炉遭受腐蚀。被腐蚀的锅炉投入运行后，铁锈在高温下又会加剧腐蚀的深度和扩大腐蚀面积，并且氧化铁皮不断剥落，受压元件厚度减薄，以至缩短锅炉使用年限，甚至严重降低锅炉强度发生爆炸事故。因此，做好停炉保养工作，是保证锅炉安全经济运行必不可少的重要方法。

常用的停炉保养方法有压力保养、湿法保养、干法保养和充气保养等几种。

（一）压力保养

压力保养一般适用于停炉期限不超过一周的锅炉。该方法利用锅炉的余压，保持在 0.05 ~ 0.1MPa，锅水温度稍高于 100℃以上，使锅水中不含氧气，又可阻止空气进入锅筒。为了保持锅水温度，可以定期在炉膛内生火，也可以定期用相邻锅炉的蒸汽加热锅水。

（二）湿法保养

湿法保养一般适用于停炉期限不超过一个月的锅炉。锅炉停炉后，将锅水放尽，清除水垢和烟灰，关闭所有的人孔、手孔、阀门等，和运行的锅炉完全隔开，然后加入软化水至最低水位线，再用专用泵将配制好的碱性保护溶液注入锅炉。保护溶液的成分是：氢氧化钠（又称火碱）按 8 ~ 10kg/t 锅水，或碳酸钠（又称纯碱）按 20kg/t 锅水，或磷酸三钠按 20kg/t 锅水。当保护溶液全部注入后，开启给水阀，将软化水灌满锅炉（包括过热器和省煤器），直至水从空气阀冒出。然后关闭空气阀和给水阀，开启专用泵进行水循环，使溶液混合均匀。保护溶液的作用是使锅炉受热面表面逐渐产生一层碱性水膜，从而保护受热面不被氧化腐蚀。在整个保养期间，要定期生微火烘炉，以保持受热面外部干燥。要定期开泵进行水循环，使各处溶液浓度一致，还要定期取溶液化验，如果碱度降低，应予补加。冬季要采取防冻措施。

（三）干法保养

干法保养适用于停炉时间较长的锅炉，特别是夏季停用的采暖热水锅炉。锅炉停炉后，将锅水放尽，清除水垢和烟灰，关闭蒸汽管、热水锅炉的供热水管、给水管和排污管道上的阀门，或用隔板堵严，与其他运行中的锅炉完全隔绝，并打开人孔、手孔使锅筒自然干燥。如果锅炉房潮湿，最好用微火将锅炉本体、炉墙、烟道烘干，然后将干燥剂，例如块状氧化钙（又称生石灰）按 2 ~ 3kg/m3 锅炉容量，或无水氯化钙按 2kg/m3 锅炉容积，用敞口托盘放在后炉排上，以及用布袋吊装在锅筒内，以吸收潮气。最后关闭所有人孔、手孔，防止潮湿空气进入锅炉，腐蚀受热面。以后每隔半个月左右检查一次受热面有无腐蚀,并及时更换失效的干燥剂。

(四)充气保养

充气保养适用于长期停用的锅炉。一般使用钢瓶内的氮气或氨气,从锅炉最高处充入并维持 0.05 ~ 0.1MPa 的压力,迫使重度较大的空气从锅炉最低处排出,使金属不与氧气接触。氨气充入锅炉后,既可驱赶氧气,又因其呈碱性反应,更有利于防止氧腐蚀。

对长期停用的锅炉,受热面外部在清除烟灰后,应涂防锈漆;受热面内部在清除水垢后,应涂锅炉防腐漆。锅炉的附属设备也应全部清刷干净。光滑的金属表面应涂油防锈。送风机、引风机和机械炉排变速箱中的润滑油应放尽。所有活动部分每星期应转动一次,以防锈住,全部电动设备应按相关规定进行保养。

第六章 锅炉设备焊接与检测

第一节 承压类特种设备用钢

一、用钢管及钢材料标准

随着世界经济的发展，科技的创新，信息的传播，时空缩短人类之间交往距离，标准在日常生活中无处不在，标准关系你我他。标准化是经济贸易发展的需求，标准化工作对国民经济和社会发展起着重要的技术支撑作用。可以说：标准化让各种各样的连接和界面都更加经济、有效，而标准化的规模则从点对点，延伸到了全国范围，再到全世界。

我因因民经济和社会发展需要一-个完善的、先进的、与国际接轨的标准体系作为重要技术基础，规范我国市场经济秩序和完善我国社会主义市场经济体系建设需要标准体系作为必要的支撑，在全球经济一体化的新形式下，提高我国产品质量、服务质量和工程质量，增强我国企业和产品在国际市场的竞争力，需要先进的与国际接轨的标准体系作为重要的应对手段，建设小康社会，保证消费安全，提高人民生活质量，需要一个完善的先进的与国际接轨的标准体系作为必要条件。因此，标准化工作就越来越凸显其重要作用。

而安全始终贯穿于标准化工作中。安全牵涉的面很广，对于人类来说，面临着：交通安全、食品卫生安全、房屋建筑、生活起居、天灾人祸等隐患，对于冶金行业就牵涉到在工作环境中造成的特种安全设备的质量与安全性的所在，这就取决于设备材料的质量与性能。而控制与保证质量的法宝就是标准！标准是工业技术的具体体现，因此，标准是否能及时体现技术的发展方向和服务于生产是衡量标准先进性的一个重要指标。

目前我国与人身安全有着密切关系的标准包括：锅炉用钢、压力容器用钢、气瓶、石油化、建筑结构用钢、桥梁钢等方面，大部分均为强制性国家标准。锅炉用钢标准是标准研究的重点领域。

锅炉压力容器是生产和生活中广泛使用的、危险性较大的特种设备，一旦发生事故，会造成严重的人身伤亡及重大的财产损失。我国政府明确指出安全技术规范是规定强制执行的特种设备安全性能和相应的设计、制造、安装、修理、改造、使用管理规定和检验检测方法以及许可、考核条件、程序的一系列具有行政强制力的规范性文件，凡安全技术规范所引用的标准，标准一旦被引进，具有与安全技术规范同等的法律效力和强制属性，并成为法律法规体系的组成部分。准确地说，标准化使世界更安全展阶段，目前正在向超超临界挺进，机组的单机容量已达 1300Mw，电站效率超过42% 并逐渐逼近 45%。

火电机组参数的提高与发展，主要取决于火电机组锅炉蒸汽参数的提高和锅炉用材料技术的发展。

各国在发展超临界机组时，无不把材料的研制放在十分重要的地位。经过多年的试验、制造和运行经验，材料科学取得突破，一大批新型材料的研究开发与应用，使得超临界机组技术已经 8 趋成熟。锅炉用钢的选择、制造、采购、验收等环节是锅炉制造质量保证体系的重要组成部分。

标准体系就是一定范围内的所有标准，按其内在联系形成的科学有机整体，体系内的标准组成结构层次恰当、功能配套，形成互相联系、互相制约、互相协调的配套系统。建立和完善标准体系，是为了满足技术进步、适应生产技术对标准的需要和要求。

我国锅炉制造业的标准化工作已历经四十余年，经从无到有、从逐步满足生产需要到形成标准体系，现已建立了包含一百多项标准的锅炉及辅机标准体系。其中锅炉用钢标准，大部分由全国钢标准化技术委员会归口制订。我国现有的承接类用钢标准体系大体上可分为基础标准和钢类产品标准两层；钢类产品标准按不同的产品，分为通用标准和产品标准两类。

二、标准体系与美国 ASME 标准

我国 GB 钢材标准是在计划经济体制下，以供方为主编制的钢材质量标准，以反映钢材生产厂的要求为主。锅炉压力容器标准中引用了其中部分内容，但钢材标准不能全面地反映钢材使用者的要求。而 ASME 钢材标准是在市场经济模式下，由供需双方共同编制，且以反映钢材使用者的要求为主的标准，同时也是压力容器规范的一个组成部分。即使如此，在使用 ASME 钢材标准时，一般均有用户采购技术规范进行补充、完善。ASME 钢材标准不仅是钢材生产部门的质量标准，而且是钢材使用单位（设计、制造、检验）在选用、采购、验收、检验、加工时的依据。正因为这样，钢材标准的内容远远超过了国内的钢材标准，成为压力容器规范不可缺少的一部分。

第二节　锅炉焊接检测

在锅炉压力容器制造、安装以及修复过程中，大多会应用到焊接技术。尤其是在

锅炉压力容器逐渐向大型化方向发展的背景下，很多零部件需要运输到现场后再进行焊接组装。而锅炉压力容器使用的材料由于化学成分和物理性能不同，在焊接的过程中需要经历迅速加热和冷却的过程，容易对焊缝以及施焊区内的母材在组织和性能上产生影响，如果焊接方法和焊接工艺出现误差，将会直接影响到锅炉压力容器使用的安全性。为了提高焊接质量，在开展焊接施工前，需要详细了解焊件的化学成分和物理性能，明确施焊对象的结构特征以及使用性质，经过全面认真的分析最终制定出合理的焊接施工方案，采用适宜的焊接方法和焊接工艺，减少焊接质量缺陷，确保锅炉压力容器能够安全稳定运行。

一、锅炉压力容器焊接方法

（一）手工电弧焊

手工电弧焊的历史较早，也是最为常见的焊接方法，但是受到焊条长度的限制，只能应用于焊缝较短的焊接施工中。其应用原理主要是利用电弧产生的高温在焊条和焊件之间形成焊接熔池，经过自然冷却即完成焊接。在焊接的过程中，金属棒上熔化的药皮会产生熔渣和气体，将周围空气隔离开从而起到保护焊接熔池的目的。手工电弧焊适用于多种焊接材料，操作比较简单，只需要手工操纵焊条即可完成焊接，原理比较简单，但是焊缝的质量不易控制，对焊接操作人员的技术要求较高。在焊接技术水平不断提升的背景下，手工电弧焊在焊接施工中运用的越来越少。

（二）埋弧焊

埋弧焊是指电弧在焊剂层下燃烧的一种焊接方法，在锅炉压力容器焊接中应用比较广泛，比如在拼板焊缝、筒节焊缝以及筒节间环缝焊缝中使用埋弧焊的效果较好。因为电弧是在焊剂层下燃烧，会受到焊剂和熔渣的保护作用，所以基本不会产生辐射的热量和弧光，既能够提高热效率，又能够减少对人体的辐射。因为埋弧焊为机械化焊接，所以焊接效率较高，适用于大批量的焊接施工，尤其对于长度和厚度都较大的直线或者大直径的环缝焊接都比较适用于埋弧焊。在焊剂和熔渣对焊接熔池的保护下，焊缝金属的杂质较少，所以焊缝质量较高。但是埋弧焊也有一定的缺点，在焊接之前焊件的准备工作会耗费较长的时间，而受到焊剂保护的影响，焊接过程中操作者无法观察到焊缝和熔池的形成过程，会对焊接质量产生一定的影响。埋弧焊比较适用于水平位置或者倾斜度较低的焊缝中，使用范围受到一定的限制。由于使用机械进行焊接，所以相对于手工焊而言缺少一定的灵活性。

（三）氩弧焊

氩弧焊是利用氩气作为保护气体的焊接技术，其主要原理是在高电流的作用下使焊材在施焊点上熔化形成液态的熔池，在高温的作用下，输送出的氩气会将空气中的氧气与焊材隔离，以防止焊材氧化，在钢制压力容器焊接中比较适用。因为氩弧焊中电流的密度较大，热量比较集中，所以焊接速度快，焊接效果高。在氩弧焊中，受到氩气的保护作用，可以减少空气中其他气体对电弧和熔池的影响，可获得较高质量的焊接接头。氩弧焊的操作比较简单，几乎适用于所有金属，可以对焊件进行全位置焊接，且焊接时操作者可以观察电弧状态。因为氩弧焊无需溶剂和涂药层，所以可进行机械化和自动化操作，大大提高焊接效率。氩弧焊不适用于精密铸件缺陷的修补中，因为热影响区域大，所以焊接后焊接接头质量会有所下降。氩弧焊在焊接时会产生强光、紫外线、臭氧等物质，对施焊人员的身体伤害较大。

（四）其他焊接方法

在实际焊接施工中，应该根据焊件的材质、性能、结构、位置等要素，选择适宜的焊接方法。比较常见的焊接方法还有钨极气体保护电弧焊、电渣焊、等离子弧焊、激光复合焊等。随着焊接技术的不断发展，还会出现各种先进的焊接方法，为提高锅炉压力容器的焊接质量创造有利条件。

二、锅炉压力容器的焊接工艺

不同的焊接方法所使用的焊接工艺也不相同，随着焊接方法的多样化发展，焊接工艺也不断的更新，主要的焊接工艺有如下几种。

（一）底层焊

底层焊一般会采用氩弧焊，在锅炉的水冷壁、过热器、省煤器焊接中比较常用。采用自上而下的焊接顺序进行点焊的方式，可以保证焊缝的均匀性。在焊接前应对氩弧底部进行测试，保证氩气的纯洁性。做好施焊区的防护工作，避免自然风影响到焊接质量。在焊接过程中，可能会因为操作失误而影响到焊缝内部的均匀性，所以在焊接完成后，应该根据设计要求对底部焊缝进行检查，避免出现缝隙。

（二）中层焊

在底层焊完成后，在施焊区可能会有残留的杂质，因此在中层焊焊接之前，应该对施焊区进行清理，并进行检查，如果发现底层焊存在质量问题要及时解决。实施中层焊的焊接接头要与底层焊的焊接接头错开 10mm 以上，适宜选择直径为 3.2mm 的焊条，这样焊缝的厚度可以达到焊条直径的 8 ~ 12 倍。

（三）表层焊

因为表层焊质量直接关系到压力容器表面的美观性以及平整度，所以对焊接技术有较高的要求。在选择焊条时应该根据焊缝的已焊厚度来考虑，焊接过程中，需要控制好起弧和收弧的位置，要与中层焊的焊接接头错开，以保证焊接表面的平整度。在表层焊完成后，要检查焊缝表面是否有裂缝、熔渣等焊接质量问题，同时用钢丝刷清洁焊缝表面，并做好保温和防腐处理。

（四）焊后热处理

焊后热处理是焊接工艺中重要的环节，因为焊缝和施焊区域内的工件在短时内受到加热和冷却的作用，会对其组织和性能产生不良影响。为了消除焊接产生的残余应力，防止冷裂纹的产生，在焊接完成后，应该根据焊件大小、结构以及性能采取适宜的热处理方法，提高焊缝质量，避免锅炉压力容器在使用中发生爆炸事故，提高锅炉压力容器的安全性，延长使用寿命。

第三节　压力容器焊接

一、压力容器的概念

压力容器是指盛装气体或者液体，承受一定压力的密闭设备，其范围规定为最高工作压力大于或等于 0.1MPa（表压），且压力与容积的乘积大于或等于 2.5MPa·L 的气体、液化气体和最高工作温度高于或者等于标准沸点的液体的固定式容器和移动式容器；盛装公称工作压力大于或等于 0.2MPa（表压），且压力与容积的乘积大于或等于 1.0MPa·L 的气体、液化气体和标准沸点等于或者低于 60℃液体的气瓶、氧舱等1。

二、压力容器的分类

压力容器可以按容器的受压方式、设计压力的大小、设计温度的高低、在生产工艺过程中的作用原理、受压室的多少、安装位置、使用场所、所用材料、形状、结构类型、受热方式等进行归类；从监察管理的安全性出发，则按容器潜在危害程度的大小分类。

（一）按容器的受压方式分

分为内压容器、外压容器、真空容器。化工和石化行业中通常并无真正意义上的外压容器。

（二）按设计温度的高低分

设计温度 t 低于或等于 −20℃的钢制容器称为低温容器。

（三）按容器在生产工艺过程中的作用原理分

1. 反应压力容器

主要用于完成介质的物理、化学反应的压力容器，如反应器、低反应釜、分解锅、硫化罐、分解塔、聚合釜、高压釜、超高压釜、合成塔、变换炉、蒸煮锅、蒸球、蒸压釜及煤气发生炉等。

2. 换热压力容器

主要用于完成介质的热量交换的压力容器，如管壳式余热锅炉热交换器、冷却器、冷凝器、蒸发器、加热器、消毒锅、染色器、烘缸、预热锅、溶剂预热器、蒸锅等。

3. 分解压力容器

主要用于完成介质的流体压力平衡缓冲和气体净化分离的压力容器，如分离器、过滤器、集油器、缓冲器、洗涤器、吸收塔、干燥塔、分汽缸、除氧器等。

4. 储存压力容器

主要用于储存及盛装气体、流体、液化气体等介质的压力容器,如各种形式的储罐。

（四）按受压室的多少

可分为单腔压力容器、多腔压力容器（组合容器）。

（五）按容器的安装位置

可分为卧式容器、立式容器。

（六）按容器的使用场所

可以分为固定式压力容器、移动式压力容器。

（七）按容器的使用材料

可以分为钢制压力容器、非铁金属压力容器、非金属压力容器。

（八）按容器的形状

除应用广泛的由回转壳体构成的压力容器外,还有非圆形截面容器、球形容器。

（九）容器的结构类型

可以分为单层容器、多层容器、覆层容器、衬里容器、复钢板容器、搪玻璃容器等。

（十）容器的受热方式

可以分为非直接火压力容器、直接火压力容器。咨大

二、典型的焊接容器简介

（一）2200m3C3H6 存储球罐

与圆筒形容器相比具有如下优点：球形容器几何形状对称,受力均匀；在同样壁厚条件下球形容器承载能力最强；在相同容积条件下球形容器的表面积最小。另外,占地面移小,基础工程简单,建造费用低。

缺点：下料、冲压、拼装尺寸要求严格,矫形比较困难且加工费用高。

（二）压水堆压力容器壳体

压力壳是放置堆芯及构件并防止放射性物质外泄的高压容器。壳体主要由锻造筒体锻造球形封头、顶盖和不同直径的接管组成。整个压力壳筒体没有纵缝,部件通过环焊缝连接成整体。这不但减少了焊接工作量,还降低了容器服役期的检查工作量。

缺点：需要装备大型的冶炼、锻压和热处理装备。

三、焊接方法选择

在进行焊接方法选择时,首先应了解每种焊接方法的使用范围、特点、优缺点等；

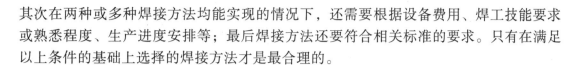

其次在两种或多种焊接方法均能实现的情况下，还需要根据设备费用、焊工技能要求或熟悉程度、生产进度安排等；最后焊接方法还要符合相关标准的要求。只有在满足以上条件的基础上选择的焊接方法才是最合理的。

（一）常见焊接方法

1. 焊条电弧焊（SMAW）

焊条电弧焊是各种电弧焊方法中发展最早、目前依然应用最广的一种焊接方法。它是以外部涂有涂料的焊条作电极和填充金属，电弧是在焊条的端部和被焊工件表面之间燃烧。涂料在电弧热作用下一方面可以产生气体以保护电弧；另一方面可以产生熔渣覆盖在熔池表面，防止熔化金属与周围气体的相互作用；熔渣更重要的作用是与熔化金属产生物理化学反应或添加合金元素，改善焊缝金属性能。

焊条电弧焊设备简单、轻便，操作灵活。可以应用于维修及装配中的短缝的焊接，特别是可以用于难以达到的部位的焊接。焊条电弧焊配用相应的焊条可适用于大多数工业用碳钢、不锈钢、铸铁、铜、铝、镍及其合金的焊接。

焊条电弧焊熔深较浅，一般为 2 ~ 5mm；单位熔敷率一般，介于埋弧焊与钨极氩弧焊之间，同时也低于熔化极气体保护焊；焊条电弧焊缝表面质量及焊缝中气孔、夹渣缺陷主要取决于焊工技能、焊前清理和焊条工艺性能，对焊工操作技能要求较高；同时焊条电弧焊烟尘较大，还有弧光污染等问题。

焊条电弧焊可用于全位置焊、打底焊和填充焊，对于厚大结构适用性差。

2. 埋弧焊（SAW）

埋弧焊是以连续送进的焊丝作为电极和填充金属。焊接时，在焊接区的上面覆盖一层颗粒状焊剂，电弧在焊剂层下燃烧，将焊丝端部和局部母材熔化，形成焊缝。

在电弧热的作用下，一部分焊剂熔化成熔渣并与液态金属发生冶金反应。熔渣浮在金属熔池的表面，一方面可以保护焊缝金属，防止空气的污染，并与熔化金属产生物理化学反应，改善焊缝金属的成分及功能；另一方面还可以使焊缝金属缓慢冷却，对于易淬硬钢，对防止热影响区出现淬硬组织有利。

埋弧焊可以采用较大的焊接电流，熔深较大（根据电流和焊丝直径不同，通常在3 ~ 6mm），因此不适于薄板焊接和打底焊；与焊条电弧焊相比，其最大的优点是焊缝成形美观、质量好、生产效率高。因此，它特别适于焊接板厚较大、焊缝较长的直缝和环缝，不适用于短焊缝、曲线复杂的焊缝，多数情况下采用机械或自动化焊接。但由于埋弧焊剂的问题，它一般只适用于平、平角位置焊接，在采用焊接工装的情况下可以采用横焊，采用磁性焊剂时可用于仰焊位置焊接。

埋弧焊已广泛用于碳钢、低合金结构钢和不锈钢的焊接。由于熔渣可减缓接头的冷却速度，故某些高强度结构钢、高碳钢等也可采用埋弧焊焊接。

3. 钨极惰性气体保护弧焊（GTAW）

这是一种非熔化极气体保护电弧焊，是利用钨极和工件之间的电弧使金属熔化而形成焊缝的。焊接过程中钨极不熔化，只起电极的作用；同时由焊炬的喷嘴送进氩气（或氦气）进行保护；还可以根据需要另外添加填充金属。在国际上通称为 TIG 焊（

tungsteninert gas welding）。

钨极氩弧焊由于能很好地控制热输入，或者可以采用脉冲焊接，熔深较浅，对于薄板焊接非常适用；由于焊接效率低、成本高，对于厚板焊接一般只用于打底焊；钨极氩弧焊具有很好的单面焊双面成型性能，所以经常用于单面焊的打底焊，以保证根部成型和焊透；钨极氩弧焊可用于任何位置的焊接，适应性强；因为没有熔滴过渡，焊缝成形美观；由于采用气体保护，抗风能力差，野外焊接时应采取防风措施；采用的钨极具有一定的放射性，对焊工身体健康有影响；焊接过程中钨极易烧损，打磨钨极的时间较多，影响了焊接效率；钨极氩弧焊对焊工操作技能要求较高。

由于采用惰性气体保护，焊缝金属中 O、N、H 的含量较低，金属塑韧性好。这种方法几乎可以用于所有金属的连接，尤其适用于焊接铝、镁这些会形成难熔氧化物的金属以及钛和锆这些活泼金属。

4. 熔化极气体保护焊（GMAW）

熔化极气体保护焊是利用连续送进的焊丝与工件之间燃烧的电弧作为热源，由焊炬嘴喷出的气体来保护电弧进行焊接的。

熔化极气体保护电弧焊通常用的保护气体有氩气、氦气、CO_2、O_2 或这些气体的混合气。以氩气或氦气为保护气时称为熔化极惰性气体保护电弧焊（在国际上简称为 MIC 焊）；以惰性气体与氧化性气体（O_2、CO_2）的混合气为保护气时，或以 CO_2 气体或 CO_2+O_2 的混合气为保护气时，统称为熔化极活性气体保护电弧焊（在国际上简称为 MAG 焊）。

熔化极气体保护电弧焊的主要优点是可以简便地进行各种位置的焊接，但由于焊枪鹅颈式结构，回转半径较大，不适用于小口径管的焊接；焊接速度较快、熔敷率较高等优点，适用于厚板结构的焊接；可采用手工、机械、自动化等焊接方式；由于存在熔滴过渡和气体受热分解膨胀等原因，飞溅较大、表面成形不美观等缺点；采用活性气体保护（MAG 焊），焊缝含氧量较高，塑韧性较差，对于塑韧性要求较高的焊缝不太适用；熔化极气体保护焊在工业生产中一般会采用水冷，焊接导线较重（气管、水管和电缆），手工焊接工人劳动强度较大；由于电流密度较大，弧光强烈，焊接时应加强保护，避免眼睛和皮肤的灼伤；由于采用气体保护，抗风能力差，野外焊接时应采取防风措施。熔化极活性气体保护电弧焊可适用于大部分主要金属的焊接，包括碳钢、合金钢；熔化极惰性气体保护焊适用于不锈钢、铝、镁、铜、钛、锆及镍合金，利用这种焊接方法还可以进行电弧点焊。

5. 药芯焊丝气体保护焊（FCAW）

药芯焊丝气体保护焊也是利用连续送进的药芯焊丝与工件之间燃烧的电弧为热源进行焊接的，可以认为是熔化极气体保护焊的一种情况。焊接时，一般可外加保护气体（常用 CO_2 气体）进行保护，药粉受热分解造气和造渣，起到保护熔池、渗合金及稳弧等作用。

药芯焊丝电弧焊不另外加保护气体时，叫作自保护药芯焊丝电弧焊，以药粉分解产生的气体作为保护气体，这种方法的焊丝干伸长度变化不会影响保护效果，其变化范围可较大。

药芯焊丝电弧焊除具上述熔化极气体保护电弧焊的优点外，由于药粉的作用，使之在冶金上更具优点，可以通过药芯改善熔敷金属成分和性能。药芯焊丝电弧焊可以应用于大多数黑色金属和各种厚度、各种接头的焊接。

与熔化极气体保护焊（实芯焊丝）相比，其焊接工艺性能较优（尤以飞溅少，焊缝成型美观突出），熔敷效率更高。因此，药芯焊丝气体保护焊发展迅速。

6. 电渣焊（ESW）

电渣焊是以熔渣的电阻热为能源的焊接方法。焊接过程是在立焊位置、由两工件端面与两侧水冷铜滑块形成的装配空腔内进行。焊接时利用电流通过熔渣产生的电阻热将工件和焊丝熔化。

根据焊接时所用的电极形状，电渣焊分为丝极电渣焊、板极电渣焊和熔嘴电渣焊。

电渣焊的优点是可焊的工件厚度大（从 30mm 至 1000mm）、生产率高，主要用于大断面对接接头及丁字接头的焊接。

电渣焊可用于各种钢结构的焊接，也可用于铸件的组焊。电渣焊接头由于加热及冷却均较慢，热影响区宽、显微组织粗大、韧性低，因此焊接以后一般须进行正火处理。电渣焊现在已基本被气电立焊所替代。

7. 高频焊

高频焊以固体电阻热为能源。焊接时利用高频电流在工件内产生的电阻热使工件焊接区表层加热到熔化或接近熔化的塑性状态，随即施加（或不施加）顶锻力而实现金属的结合。因此它是一种固相电阻焊方法。

高频焊根据高频电流在工件中产生热的方式可分为接触高频焊和感应高频焊。接触高频焊时，高频电流通过与工件机械接触而传入工件。感应高频焊时，高频电流通过工件外部感应圈的耦合作用而在工件内产生感应电流。

高频焊是专业化较强的焊接方法，要根据产品配备专用设备。高频焊生产率高，焊接速度可达 30m/min，主要用于小口径薄壁焊缝纵缝、螺旋鳍片管的焊接。

8. 爆炸焊

爆炸焊也是以化学反应热为能源的另一种固相焊接方法，但是它是利用炸药爆炸所产生的能量来实现金属的连接的。在爆炸波作用下，两件金属在不到 1s 的时间内即可被加速撞击形成金属的结合。

街在各种焊接方法中，爆炸焊可以焊接的异种金属的组合范围最广，可以用爆炸焊将冶金上不相容的两种金属焊成各种过渡接头。爆炸焊大多用于表面积相当大的平板包覆，是制造复合板的高效方法。

爆炸焊主要用于复合板复合层与基层的焊接；另外，可用于换热器管板与管子胀焊。

9. 摩擦焊

摩擦焊是以机械能为能源的固相焊接。它是利用两表面间的机械摩擦所产生的热来实现金属的连接的。

摩擦焊时，热量集中在接合面处，因此热影响区窄。两表面间须施加压力，多数情况是在加热终止时增大压力，使热金属受顶锻而结合，一般结合面并不熔化。用机摩擦焊生产率较高，原理上几乎所有能进行热锻的金属都能用摩擦焊焊接。摩擦焊还可用于异种金属的焊接，主要适用于横断面为圆形的最大直径为100mm的工件。

第四节　压力管道焊接

如今，社会在发展的过程中使用压力管道的地方越来越多，在压力管道施工的过程中，人们对于焊接技术的要求也在提升，不仅在技术方面制定了相关的规则，压力管道在耐腐蚀和焊接的质量方面也都制定出明确的要求，想要在焊接技术和质量上达到需求，就需要使用有效的方法对工程的质量进行监控和管理。

一、压力管道概述

（一）压力管道概念

所谓的压力管道就是其内部运输了一些能够引发中毒、爆炸、燃烧等物质的管道，或者在管道的外部以及内部具有一定的压力。压力管道因为具有特殊性，所以在压力管道施工的过程中，进行焊接的时候是非常重要的，工人必须具有较高的焊接技术，为管道开始应用时的质量提供保障。在安装压力管道的时候，焊接是必不可少的环节，对工程的质量有着关键性的影响，工程在竣工后的质量以及整个系统能够安全的运行都跟焊接质量的好坏有着直接的关联。

（二）焊接工艺概述

使用填充材料将不同种类或者同种的金属材料通过加压或加热的方式进行联结的方法就是焊接。通常有钎焊、压焊和熔焊等。压力管道安全运行的关键因素就是压力管道质量的高低，除了要对材料的品质进行保证外，在焊接的过程中质量控制也是开展压力管道施工的关键，对压力管道质量起着重要的保障作用，在管道焊接的时候想要具有可靠的质量，必须在焊接的过程中全程进行严格监控，焊接压力管道的质量只有通过这种方式才能得到有效的提升。

二、压力管道焊接中的问题

（一）气孔现象

压力管道在焊接的过程中，最为常见的质量问题就是出现气孔。这是由于焊接熔池中存在气体，而且在进行焊接的过程中，焊缝凝固前没有将气体排除干净而形成的。一般情况下，气孔中是由氢气、一氧化碳等成分组成的气体。通过对压力管道的焊接技术进行探究我们发现，如果焊接前烘焙焊条没有达到标准的话，就会出现化学反应，并且产生氢气或者一氧化碳。焊缝的表面如果出现裂纹，那么就是有气孔的存在，这是判断气孔最常用的方法，在焊接的过程中出现气孔要及时的进行处理，防止管道焊接的质量受到气孔的影响。重新对压力管道进行焊接是消除焊接气孔最好的办法，结

合压力管道所使用的材料针对性地进行处理。

（二）未熔合和未焊透现象

将金属进行焊容后与另外的金属一起熔合时，局部出现了残留间隙的情况就是未熔合现象，这种现象经常会出现在坡口交接的地方，所以焊接的工作人员在施工的过程中对坡口交接地方的焊接要尤为注意，一般用采取补焊法对未熔合现象进行处理，局部残留的间隙使用这种方法进行补焊，确保焊接质量。如果出现未焊透的情况，焊接的工作人员需要对出现未焊透现象的部分进行检测，测量部分的大小，并且以规定的范围为参考对未焊透部分进行比较，如果未焊透的部分确认是符合规定范围大小的，那么就可以不实施补休，否则的话要以焊接质量的实际情况以及未焊透部分的大小为依据进行补休或者重新焊接。焊接技术没有达到标准就可能会出现未焊透或者未熔合的现象，材料质量如果不达标也可能会出现这种情况，所以在施工的过程中要对焊接技术以及材料的质量进行严格的控制，最大限度地保证焊接质量。

（三）焊接间的裂纹现象

在进行压力管道焊接时候，会出现一些质量问题，其中比较严重的有焊接间裂纹问题，如果焊接间出现裂纹，对管道焊接的质量会产生严重威胁，所以一旦发现这种情况需要严肃认真的进行处理，如果没有及时处理，很容易引发管道事故。对焊接裂纹进行研究以后，发现之所以焊接间的裂纹具有这么大的危害性，是因为裂纹产生以后不仅仅是其本身的危害性，还包含了许多产生裂纹的原因，这些原因很难避免，而且产生的裂纹其形状在变化时完全没有规则，补救起来比较困难，一旦出现裂纹形成的情况，因其自身的条件或者受到外界的影响下会迅速的进行扩大，而且不容易被工作人员察觉，往往在发现的时候就已经具有危害性了，所以也会扩大了焊接裂纹的危害性。焊接间裂纹分为许多种类，在处理裂纹的时候可以进行针对性的处理，例如对质量危害比较小的、规模或者形状比较小的裂纹，可对其进行简单的打磨抛光处理，而那些对质量危害大的或者裂纹形状比较大的必须要小心处理，最好的办法就是重新进行焊接，对焊接质量提供最大限度地保障。

三、压力管道的焊接技术

（一）定位和配对工艺

在实施压力管道焊接的时候，首先需要精确地对管道的位置进行定位，这是在实施管道焊接时非常重要的一项基础工作，虽然看起来很简单，却是非常重要的，对于管道焊接的质量有着直接的影响，所以在开展管道焊接工作前，我们需要对基础工作严格的进行检测和监控。进行管道焊接的时候，要对整体性进行注意，提高在焊接过程中使用焊接技术的重视程度，以最佳的状态展现管道的焊接以及联系，在管道焊接的时候其背面要保证平整性，不能出现显眼的焊疤。在焊接时风速要小于采用的焊接方法相关规定的值。如果出现超过规定值的情况，在焊接电弧1毫米范围内需要有防风设施，而且相对应的湿度不能超过90%。如果正在刮风或者下雨，焊件的表面很湿润，

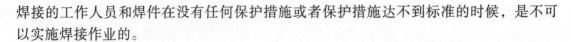

焊接的工作人员和焊件在没有任何保护措施或者保护措施达不到标准的时候，是不可以实施焊接作业的。

（二）焊接工艺介绍

在实施焊接的过程中要时刻注意焊接的位置，观察焊接的状况，确保是最优的。在整体操作焊接工艺的时候，要科学合理地对每一个环节进行操作，并且必须监控其质量。在焊接压力管道的时候，很容易出现不同的问题，所以在选择焊接工艺时要针对容易产生忽视的地方以及容易出现问题的地方进行监控和管理，无论是前期的材料检查检测、技术准备、焊接过程中技术操作，还是后期进行检测的环节都需要使焊接质量达到标准。

四、质量控制要求

（一）施工人员组织

目前来说，在进行压力管道施工的时候，施工方必须具有压力管道安装许可证，在施工的时候，每个环节都有相关的要求，需要在开始工作的时候具有相关的许可证以及安装证书，而且安装的经验要非常丰富。总体来说，需要结合员工之前的工作效果以及工作经验综合性的进行分析。在申请工程的时候，需要出示工作证明提交资格证书。

（二）焊机电源及焊机的选择

从压力管道施工现场可以看出，能否使电弧进行正常的处理以及燃烧，跟电焊接头情况是有主要关系的。焊接的工作人员在实际开展工作的时候，要对正在进行燃烧的电弧作出系统性的总结，一般来说，焊机电源以及焊机在选择的时候可以参照下面几点。①要拥有较好的调节性；②外特性要合适；③拥有较好的动特性；④需要拥有部分空载电压。

（三）焊接设备的管理

在实施焊接工作的时候离不开设备的使用，对于那些重要的设备，相关人员除了需要确认设备外，还需要根据《设备控制程序》中记载的有关条款对设备进行管理与控制，并且把独特的标识标记在设备上面。对设备的能力及性能需要定期的进行检查，在设备检测的时候，必须进行精准地检查，而且要确保设备的完好。

（四）施工中的材料准备

保证压力管道的质量就需要对焊接的材料进行严格的检测。焊接材料检测合格以后进行验收工作，可以把压力管道的材料在仓库中登记。承包的企业需要建立一个第一类焊接材料库，工程相关的部门应该建设一个二级焊接材料库。在第一类库中需要拥有必要的除湿和保温条件，在入库、发放材料的时候，需要进行详细记录。二级焊接材料库则需要拥有较好的干燥保温设备和环境，各种在设备上面的仪表需要在检测期内进行使用。在现场进行焊条烘干工作的时候，需要选择专人进行负责，对烘干的时间以及温度进行详细地记录，需要对《焊条（剂）烘干与恒温存放记录》进行填写。按照领取材料的单页发放材料，要对材料领取以及发放记录进行详细的填写。

（五）焊前技术准备工作

在开始焊接前需要对压力管道编写指导书，对焊接工艺进行评定，填写工艺卡。焊接的技术人员结合实际情况编写焊接作业指导书，制定技术措施，实行焊接方案。对于首次使用的材料、钢种、工艺方式都要开展焊接工艺评定，用来确定工程方是否可以焊出符合需求的接头，对施工方制定的焊接工艺指导书进行验证，查看是否符合需求。

（六）压力管道焊接方法和工艺

1. 组队和定位

焊接的工作人员在开展焊接工作前，首先需要对接头进行选择，其组队间隙、坡口形式、同钝边大小之间都必须是合适的，这样可保证在焊接时候拥有更好的质量，禁止管道接头背面产生未焊透、内凹、焊瘤等现象。

2. 填充层

在实施焊接之前，焊接的工作人员需要把打底层产生的焊渣清理干净。在焊接实施的过程中，焊接的工作人员在摆动焊条的时候要严格遵守焊接原则，两侧稍微慢一些、中间稍微快一些，对焊道填充层提供平坦性的保证。

3. 打底层

在开始焊接打底层的时候，对焊点要先使用长弧开始预热，在汗珠状的铁水出现在坡口的时候，应该立刻压低电弧，开始来回摆动，方向是从左向右。向下灭弧，第一个熔池座就形成了。开始二次起弧的时候，把电弧对准坡口内角，并且焊条向上顶，确保管壁内部能完全容纳电弧，这样就可以防止管壁背面产生凹陷。

4. 盖面层

焊接的工作人员在开展盖面层焊接的时候，使用的焊接技术方法应该是跟填充层一样的，要注意焊条摆动的时候是均匀的，确保形成美观的焊缝。

5. 封底层

在焊接完盖面层以后，要对压力管道内的焊道重新进行融化，同时实施封底焊接工作，确保压力管道内部焊缝在宽窄、高低方面是一致的，从而形成过渡圆滑、美观的焊接。

6. 焊接后

在焊接完压力管道后，焊接的工作人员要对焊接项目按照有关规则进行严格的焊口防腐蚀、X光探伤以及压力测试等项目检验，对焊接的质量提供保证。

（七）焊接的环境

焊接的环境也会影响焊接的质量，需要拥有适合的风速、湿度、温度进行焊接，焊缝组织才可以具有良好的质量以及外观，拥有符合需求的性能和组织。在一般情况下风力、湿度、温度都会对焊接现场产生影响，用在压力管道焊接的材料同样也会受到影响，当现场温度比焊接材料的温度低时，就需要先对材料进行预热。焊接现场环境也需要保持干燥，在进行焊接的时候，电弧1毫米范围内的湿度要小于90%。当出现刮风天气时，在选择焊接方法时要选用不同的可以对风速进行控制的方法，提升焊接的质量。

第七章　压力容器制造

第一节　压力容器的制造工艺

一般情况下，在工艺准备、材料准备和设备准备等完成后，就进入了压力容器的制造工序。制造工序大致可分为部件或元件成形前的准备、部件或元件成形、组对、焊接、检验、热处理、耐压试验、气密性试验、表面涂敷包装等阶段。成形前的准备大致可分为钢板的准备、划线、切割和边缘准备等工序。在部件或元件形成阶段，进行筒节的成形和封头的成形，一般情况下，筒节的成形采用卷制或压制；封头成形常采用冲压成形、旋压成形、爆炸成形和拼焊成形等方法，其中最常用的冲压成形。部件组对包括单筒节纵缝组对，筒节间组对，筒节与封头的组对，法兰，接管、支座与筒节之间的组对。组对完成后，进入焊接工序，焊接方法有焊条电弧焊、埋弧焊、电渣焊、气体保护焊和等离子弧焊，使用较多的是焊条电弧焊、埋弧焊和气体保护焊。在焊接工序的进行过程中，同时进行焊接检验，主要有焊前检验和焊接中间检验，在焊接完成后，还要进行焊后检验。焊接检查完成后，根据设计或标准有热处理要求的，应进行热处理，焊后热处理主要用于消除焊接残余应力，改善焊接接头性能，它也是一个特别工序。

筒节制造主要工艺程序如下：划线→气割→涂料→加热→卷板→划割→间隙→焊接→涂料→正火校圆→清理→磨光→检测→缺陷退修→机加工。

工艺简要说明如下：

划线——指毛坯下料线，划下料线同时要留出焊接试板，加工余量及收缩余量并打上各种标记钢印。

气割——可采用半自动气割下料或手工气割及下料。

加热——封头毛坯与筒体毛坯的加热是给卷板、冲压及校圆工序作准备，可在煤气加热炉内进行，加热温度要在再结晶温度以上。

冲压——封头的冲压可在大型的水压机上采用专用模具，预先调整好，随后热压一次成形。

涂料——指钢坯料在卷板前为防止产生卷轧出凹陷在加热前以及校圆和正火加热前涂刷一层耐高温抗氧化的涂料，这种涂料可以显著减少工艺减薄量（氧化皮）。

卷板、校圆——筒体的卷板和校圆可在卷板机和弯板机上进行。

机加工——指筒体端面和封头端面的坡口加工，封头端面坡口加工可在立车上车削，筒体端面坡口加工可在边缘车床上进行，加工时要注意质量，否则给装配、焊接造成困难。

装配——指各筒节装成筒体，装配各管接头、下降管、封头、内部预埋件等，要严格控制装配的质量，装配时的定位焊可参见锅筒的焊接。

纵缝焊——采用电渣焊、窄间隙焊或其他组合焊接方法焊接筒节纵缝。

环缝焊——每个筒节组装成筒体时，首先是在内部进行手工底焊，然后外面采用埋弧环缝自动焊，焊接时带环缝焊接试板。

正火——电渣焊后，为了细化焊缝晶粒，改变接头性能，需进行正火处理。正火可在煤气加热炉内进行。

磨光——纵缝、环缝和下降管角焊缝焊后应磨光焊缝表面，呈现出金属光泽，为检测做准备。

检测——指进行超声检测，磁粉检测，X线检测，检查焊缝以及接头质量。

水压试验——指焊后整体热处理完所进行的压力检验。

一、划线及下料

（一）划线

放样、划线是压力容器制造过程的第一道工序，直接决定零件成形后的尺寸和几何形状精度，对以后的组对和焊接工序都有很大的影响。放样、划线包括展开、放样、画线、打标记等环节，筒节的划线是在钢板上划出展开图。

划线时，筒节的展开尺寸，应以筒节的平均直径为计算依据。钢板在卷板机上弯卷时受辗子的碾压，厚度会减薄，长度会伸长。因此，下料尺寸应比计算出来的尺寸要短一些，伸长量与卷板机的结构形式、弯卷时的冷热状态、卷制工艺和操作等因素有关。对于热态弯卷的筒节，下料尺寸应比按平均直径计算的展开尺寸小一些，具体数值应根据具体的卷制工艺（如加热温度、卷滚次数等）来确定，通常下料尺寸大约比按平均直径计算的展开尺寸缩短0.5%左右；对于冷态弯卷时，钢板也有少量的伸长，一般可不考虑伸长量。划线时，还需要考虑筒节的机械加工余量（包括直边切割和坡口加工余量）。需要考虑伸长量时，筒节展开长按下列公式计算：

$$L = \pi D_m - \Delta L$$

式中 L——筒节展开长（mm）；

D_m——筒节平均直径（mm），$D_{i=D} = D_i + S$；

D_i——筒节内径（mm）；

S——板厚；

ΔL——钢板伸长量（mm）$\Delta L = (0.10 \sim 0.12)\pi D_m \dfrac{S}{D_i}$

封头的展开尺寸计算较筒节复杂，有些封头如椭圆形封头、球形封头和折边锥形封头，属于不可展开的零件，它们从坯料制成零件后，中性层尺寸发生变化。封头毛坯展开尺寸的计算有两种方法，即周长法和面积法，由于根据理论计算毛坯直径 D_0 比较繁复，不少企业根据经验总结出一些简单实用的经验公式。对平封头毛坯尺寸以周长法为基础的经验计算式：

$$D = d_a + r + 1.5S + 2h_0$$

当 $h_0 > 5\%d_n$ 时，式中 $2h_0$ 值应以 $(h_0 + 3\%d_n)$ 代入计算。

以面积法为基础的计算公式为

$$D_0 = \sqrt{(d_n + S)^2 + 4(d_n + S)(h_n + \delta)}$$

对椭圆形封头毛坯通常其毛坯直径都是用近似计算方法来确定。圆形封头（包括碟形）坯料的经验计算公式为

$$D_0 = k(d_a + S) + 2h_0$$

对球形封头的毛坯尺寸通常根据面积法计算。此时

$$D_0 = \sqrt{2d_n^2 + 4d_n(h_n + \delta)}$$

式中 δ ——球形封头边缘的机械加工余量。

当 $h_0 > 5\% (d_n - S)$ 时，式中 $2h_0$ 值应以 $h_0 + 5\% (d_n - S)$ 代入计算。

压力容器的制造大多为单件小批生产，筒节的放样、划线工作通常均靠人工进行，容器的划线又是十分重要的工作，一旦产生错误，将导致整个筒节报废。

近年来，在划线工序的改进方面，已出现数控自动划线及电子照相划线（或称感光划线）两种方法。数控自动划线是在电子计算机数控全自动气割机上进行的，并与气割下料工序联合完成。首先，按图样要求，打成纸带输入电子计算机，或采用CAD手段直接编程，由计算机控制切割运动直接割出所需形状。电子计算机数控划线十分精确，任何复杂形状，只要是能用计算方程式表达的形状，均可用电子计算机进行划线。但是，电子计算机本身的投资较高，且划线速度较慢。

根据筒节展开长度公式计算划线长度，在钢板上划出检查线、加工线、气割线，加工线与检查线间距一般为50mm，并打上标记，同时移植材料标记。

材料标记移植是一种可靠和行之有效的防止材料的混用、错用手段。为了确保材料标记移植的准确性。《容规》要求制造压力容器元件的材料在切割（或加工）前，应进行标记移植。压力容器受压元件、产品焊接试板、母材热处理试板一般均用打钢印的方法进行标记移植，对于铁素体钢制低温压力容器及不能用钢印做标记的容器，可用标记笔等书写方式标记，材料标记的内容通常应有：材料牌号、规格（材料厚度）、

材检编号及检验人员的确认印记等内容。可打钢印标记的受压元件、从下料直至设备出厂为终身标记，其内容不得随意更改；不能打钢印的受压元件的标记，除了实物在制造过程中有书写的标记外，还应在工艺过程卡、检验卡、流转卡上体现其标记内容并与实物相一致。待设备完工后应根据记录制成材料标记分布图；对于厚板热作件，由于在热作过程中材料标记极易消失，因此，可在其端面用焊条电弧焊焊出标记内容，待热作件加工后再用钢印标记在外表面上。

（二）下料

压力容器下料方法有机械剪切下料、冲压下料、火焰切割下料及等离子切割等多种方式。

机械剪切下料是压力容器生产中广泛采用的方法，常用的机械剪切下料多采用圆盘剪和龙门剪板机，而以龙门剪板机的应用最为广泛，但通常只能作直线剪切，有的还能一次将坡口剪出，剪切长度也受到机床跨距的限定，最大剪切长度为2000 ~ 2500mm，厚度为32mm。

冲压下料大多用在批量（多达数十万件）生产中，零件采用冲压下料的大多为塔内件，如泡帽、浮阀、山形螺栓板、异形垫片等，而承压壳体零件只有钢瓶类容器，其上下两半壳体是采用冲压下料的。在此，350t冲床上安装由上下冲剪模组成的冲裁模具，板料（一般为卷料）送入模具后经定位、预压、冲裁下料、卸料四工步一次完成。经落料的毛坯即为半球体的圆形坯料。

火焰切割通常称为气割，它是利用可燃气体与氧气混合燃烧产生的火焰流（通常称为预热火焰），将被切割的金属材料加热到其燃烧温度，然后喷出高速氧流（称为切割氧），使割缝处被加热到燃点的金属发生剧烈燃烧，并吹除掉燃烧后产生的氧化物，从而把金属分割开来。可燃气体与氧气的混合以及切割的喷射都是依靠割炬来实现的。火焰切割主要用于碳素结构钢和低合金结构钢的切割下料工作，其主要特点是：设备简单、生产率高、成本低。特别适用于切割厚度较大的或形状较复杂的零件的坯料。近年来，火焰切割技术的发展很快，光电跟踪自动气割技术、数字程序控制气割技术以及各种高速气割工艺都已开始广泛采用，这大大提高了气割工作的生产率和切割质量，并且降低了成本。

等离子切割是利用等离子弧能量高、冲刷里强、可调节等特点切割各种火焰切割和电弧切割所不能切割的材料。等离子切割常用的气体是氮、氧、氢以及它们的混合气体，而使用最广泛的是氮气，氮气纯度一般应不少于99.5‰

二、筒节成形

卷制成形是单层卷焊式压力容器筒节制造的主要工艺手段。筒节的弯卷过程是钢板的弯曲塑性变形过程，在卷板过程中，钢板产生的塑性变形沿钢板厚度方向是变化的。其外圆周伸长，内圆周缩短，中间层保持不变。其外圆周的伸长率可按下式计算：

$$\varepsilon = \frac{CS}{R}\left(1 - \frac{R}{R_0}\right) \times 100\%$$

若 $R_0 \to \infty$（平板钢），则可得

$$\varepsilon = \frac{CS}{R} \times 100\%$$

式中 C ——系数，对于碳素钢，可取 $C = 50$，对于高强度低合金钢，可取 $C = 65$；

S ——板厚；

R_0，R ——弯卷前后的平均半径。

众所周知，变形率的大小直接影响到材料所产生的冷加工硬化现象。钢板越厚或卷成的筒节直径越小，则钢板的变形率越大，其冷加工硬化现象也越严重，在钢板内产生的内应力也就越大。这样，就会严重地影响筒节的制造质量，而且会产生裂纹，导致筒节的报废。为了保证筒节的制造质量，根据长期生产实践中积累的经验，一般冷态弯卷时，最终的外圆周伸长率应限制在下列范围内：对于碳素钢、16MnR，外圆周伸长率 ≤ 3%；对于高强度低合金钢，外圆周伸长率 ≤ 2.5%。板料经多次小变形量的冷弯卷后，其各次伸长量的总和也不得超过上述允许值，否则应进行消除冷卷变形影响的热处理，或采用热卷成形工艺。

卷制成形是将钢板放在卷板机上进行滚卷成筒节，其优点为成形连续，操作简便、快速、均匀。常用的卷板机可分为三辊卷板机和四辊卷板机两类。

对于厚壁圆筒往往采用大型的四辊卷板机进行卷制工作，这种卷板机的上辊是主动的，电动机通过减速箱带动上辊转动。下辊可以上下移动，用以夹紧钢板。两侧辊可沿斜向升降，用以对钢板施加变形力，把钢板端头压紧在上下辊之间，然后利用侧辊的移动，使钢板端部了生弯曲变形，达到所要求的曲率。两头可分别预弯而不需调头。由于四辊卷板机设备庞杂，投资费用较高，近年来，逐步有被各种新型的三辊卷板机所代替的趋势。

筒节的成形根据筒体钢板的厚度和卷板设备的能力，可分为冷卷、中温卷板、高温卷板三种。冷卷成形通常在室温下完成，对 Cr-Mo 钢材料，成形时温度应不低于 10℃；中温卷板成形通常温度控制在 680℃ 左右；高温卷板成形通常温度控制在 960℃ 左右。目前国内可冷卷 150mm × 3200mm，热卷 250mm × 3200mm。

由于近年来压力容器用钢的品种较多，且由于大型化的要求，厚板卷制的情况增多，也曾发生一些冷卷筒节脆断情况。为了防止冷卷时产生脆性破坏，在某些情况下，应进行预热，预热温度视钢种及板厚而异，如 Cr-Mo 钢、高强度低合金钢，可预热至 50 ~ 150℃，对于厚板，最好先退火一次。另外，钢板边缘的硬化层应予以去除，以防止气割边缘产生裂纹。当筒节需要连接时，拼缝应先行退火。厚壁筒节冷校圆也应在退火后进行。

对超过设备冷卷能力的厚钢板，在卷制时必须加热至其锻造温度，使钢板具有良好塑性，易于卷制。热卷可以减轻卷板机负荷量，使冷卷无法卷制的钢板成形。但是，

热卷带来不少麻烦：需要将厚钢板加热至较高温度，所以价格高；高温钢板使操作者不易靠近，增加了操作困难；热卷时钢板减薄与伸长严重；氧化皮危害严重，使筒体内外产生压坑，为减少氧化皮造成的压坑，虽然可以在钢板表面预先喷涂高温抗氧化涂料，但工艺比较复杂，且增加了制造成本，所以大多数厂家也只有在设备能力所限或弯卷变形量过大的情况下，才采用热卷工艺。国内外压力容器制造厂为了消除冷、热卷的困难，兼取冷、热卷的优点，提出温卷的新工艺，这是从锻造工艺中的温锻工艺借鉴而来，即将钢板加热至 500 ~ 600℃。认为在此温度下进行卷制，不但可使钢板获得比冷态稍大的塑性，减少卷板机超载的可能，又可减少冷卷脆断的危险，氧化皮也不形成危害，操作也较方便。

近年来关于热卷时氧化皮的问题，如果采用立式卷板机，可以在很大程度上减少此危害性。立式卷板机还有占地小，卷薄钢板筒节时无塌落，但是立式卷板机的工作原理类似压弯，圆度不如卧式卷，并且筒节成形后取出后放倒也不方便，薄钢板卷制，还会因地面摩擦而使圆度上下不同。

三、封头成形

压力容器的封头，除了大型锻件平封头，是由锻造厂供应毛坯外，其他形式的封头，如球封头、椭圆形封头等大多采用冲压成形。冲压成形制造工艺过程一般为：原材料检验→划线→切割下料→坡口加工→拼板的装配与焊接→加热→冲压成形→封头余量切割→热处理→检验。

如果所需坯料直径较大，则需连接，拼接焊缝的位置应满足有关标准的要求，即拼缝距封头中心不得大于 1/4 公称直径，拼接焊缝可预先经 100% 无损检测合格（对采用电渣焊拼接缝的坯料，则应先行正火，超声检测合格）。这可避免在冲压过程中坯料从焊缝缺陷处撕裂的可能。坯料拼缝的余高如有碍成形质量，则应打磨平滑，必要时还应作表面检测。

封头的冲压成形，一般在 800 ~ 8000t 的冲压水压机或油压机上进行。上冲模与下冲模（冲环）分别装在水压机的两个垫铁之上，将加热的钢板坯料放在下冲环上并与冲环对正中心，而后让压边圈下降压紧钢板，开动水压机，使上冲模下降与钢板坯料接触，并继续下降加压使钢板产生变形，随着上冲模的下压，毛坯钢板逐渐包在上冲模表面并通过下冲环，此时封头已冲压成形，但由于材料的冷却收缩已卡紧在上冲模表面，需要特殊的脱件装置使封头与上冲头脱离。常用的脱件装置是滑块，一般沿圆周有三个或四个滑块。当冲压变形完了时，将滑块推入，压住封头边缘。待上冲模提升时，封头被滑块挡住，即从上冲模表面脱落下来，从而完成了整个冲压过程。这种方法称为一次成形冲压法。由低碳钢或普通低合金钢制成的通用尺寸封头，均可一次成形进行冲压。

冲压过程是一个逐步提延的过程，为了减少摩擦，防止模具及封头表面的伤害，提高模具使用寿命，冲压前，在拉环上涂抹润滑剂是十分必要的，这对不锈钢、有色金属尤为重要。

封头冲压过程中，坯料的塑性变形较大，对于壁厚较大或冲压深度较深的封头，为了提高材料的变形能力，必须采用热冲压的办法。实际上，为保证封头质量，目前绝大多数封头都采用热冲压。钢板坯料可在火焰反射炉或室式炉中加热。一般碳素钢与低合金钢的加热温度在 950 ~ 1150℃之间，这主要因为坯料出炉装料过程的时间长短、压力机的能力大小、过高温度对材料性能的影响等因素。冷冲压成形的封头通常须经退火后才能用于压力容器上。不锈钢的加热温度可直接按固熔化温度选取。

由于在高温下加热，钢板会发生氧化，随着加热温度的升高，加热时间的延长，氧化也更加剧，钢板表面会脱碳，对于不锈钢及低合金钢，应尽量减少加热时间，可采取 ≥ 850℃装炉，均热后保温时间一般 1.0 ~ 1.2min/mm。此外，为减少表面氧化带来的不良影响，板坯可预先经表面清理后涂刷保护涂料，用于高温防氧化的涂料牌号有 4 号及 4A-2 号两种。

值得提出的是，带拼接焊缝的不锈钢坯料加热的一次装料数量应予严格控制。对于采用连续输送的链式炉加热，可以单件装料。而如采用室式炉加热，不允许重叠装料，否则由第二件在炉内停留时间过长，焊缝性能恶化，导致冲压时撕裂。

对于薄壁封头（ $D_0 - d_i \geqslant 45S$ ），即使采用带有压边圈的一次成形法，仍然会出现鼓包皱褶现象。此时，宜采用两次成形法。第一次冲压采用比上冲模直径小 200mm 左右的下拉环，将毛坯冲压成碟形，此时可将 2 ~ 3 块毛坯钢板重叠起来进行成形；第二次采用与封头规格相配合的上下模具，最后冲压成形。

对于厚壁封头（ $D_0 - d_i \leqslant 8S$ ），因为所需的冲压力较大，同时因毛坯较厚，边缘部分不易压缩变形，尤其是对球形封头，在成形过程中边缘厚度急剧增厚，因而导致底部材料严重拉薄。一般在压制这种封头时，也可预先把封头毛坯车成斜面，再进行冲压。

对于大型封头采用整体冲压有很多弊端，需要吨位大、工作台面宽的大型水压机且大型模具和冲环制造周期长，耗费材料多，造价高，因此大型封头或薄壁封头通常采用旋压法制造。

封头的旋压成形有两种方法，即两步成形法（联机旋压）和一步成形法（单机旋压）。两步成形法的工作过程是，首先将毛坯钢板用压鼓机压成碟形，即把封头中央的圆弧部分压制到所需的曲率半径，然后再用旋压翻边机进行翻边，亦即把封头边缘部分旋压成所要求的曲率。因为是采取两个步骤完成的，故称两步成形法，又因使用两台设备联合工作，故又称联机旋压法。这种旋压成形法适合于制造中、小薄壁的封头，其缺点是需要使用两台设备。瑞士有一种立式旋压翻边机，冷旋压板厚为 24 ~ 32mm，热旋压板厚可到 100mm，最大旋压直径达 7.2m。

一步成形法就是在一台设备上一次完成封头的旋压成形过程。对于大而厚的封头，国外大多采用这种方法。这种成形法可采用有模旋压、无模旋压和冲旋联合的形式。有模旋压需要有与封头内壁形状相同的模具，通过旋压的办法将封头毛坯碾压在模具上而形成封头。这种方法速度快、效率高、成形精确，自动化程度高。因为需要备备各种规格的模具，故工装费较大。无模旋压不需要模具，封头的旋制全靠外旋辊来完成，图中下主轴 2 是主动轴，它使封头毛坯旋转，依靠外旋辊 I 旋压封头的大曲率半径部分，依靠外旋辊 II 旋压封头的小曲率半径部分。其旋压过程常采用数控自动进行。

封头的旋压过程可在毛坯加热后进行，也可在冷态下进行。冷旋压具有尺寸精度高、旋压工具简单等优点。但需要较大的旋压力，并使工件产生加工硬化。通常，壁厚较薄的工件宜采用冷旋压。但近年来，随着超重型旋压机的产生，采用冷旋压的工件厚度已达 50mm。

四、坡口加工

压力容器承压壳体上的所有 A、B 类焊缝均为全焊透焊缝，都要进行无损检测。为保证焊缝质量，坡口的制备显得十分重要，坡口形式由焊接工艺确定，而坡口的尺寸精度、表面粗糙度及清洁度取决于加工方法。筒体纵缝通常可以采取刨边、铣边、车削加工、火焰切割等工艺手段来制作。

压力容器壳体焊缝坡口在下列情况下可选择刨边：允许冷卷成形的纵环缝、封头坯料拼接；不锈钢、有色金属及复合板的纵环缝；坡口形式不允许用气割方法制备的或坡口尺寸较精确的，如 U 形坡口、窄间隙坡口；其他不适宜采用热切割方法制备的坡口，如低合金高强度材料等。采用刨边（或铣边）加工坡口的方式，在我国压力容器行业十分普遍，刨边机加工坡口与金属切削加工一样，刨边机长度一般为 3 ~ 15m，加工厚度 60 ~ 120mm。

对于大型厚壁、合金钢容器，大多采用热卷、温卷成形，其环缝坡口则可在立式车床上加工完成，其优点是对各类坡口形式都合适，钝边直径尺寸精度高。钝边加工直径容易控制，又能保证环缝装配组对准确。封头环缝及顶部中心开孔的坡口也可在立式车床上加工。国内一些大型锅炉、压力容器厂都配备有 5m 立式车床，可加工筒节高度达 5m。

采用火焰切割方法制备坡口，是目前压力容器行业广泛使用的最为经济的手段，绝大部分材料的坡口制备都是由火焰切割来完成。切割坡口时，通常是将分离切割与坡口制备合并一步完成的。当在半自动或自动切割机上做双嘴或三嘴切割时，生产率成倍提高。采用双嘴切割 V 形坡口、三嘴切割 X 形坡口可一次割成。

为进一步提高切割坡口的生产率，除了广泛采用半自动切割并配置高速割嘴外，压力容器制造行业普遍添置自动切割设备。光电跟踪切割机可以采用多种比例，但由于缩小图形切割的误差较大，故目前多数采用 1∶1 的图形。采用光电跟踪切割可简化工艺，省去划线或不用样板，生产率可提高 20% ~ 50%，但图形要求高度精确，且跟踪精度随着切割速度的增大而降低。20 世纪 70 年代时压力容器制造厂已开始自行研制数控切割机，并在生产实践中起到较好的作用，目前国内的大型压力容器厂已广泛采用国产的或引进的数控火焰等离子切割机，尤其是国外的压力容器厂，数控切割机已替代了繁杂的人工划线、放样等工作，也替代了不太经济的刨边机制备切口的工艺方式。等离子切割是在水下进行的，可割不锈钢板厚 50mm，割口光滑，切割薄板无任何变形。

筒体端面的切割、封头余量切割、筒体人孔等开孔切割、管子端口切割等工序，目前均已有相应的切割设备对其进行半自动切割。割出的坡口经打磨后即可进行组装、焊接。需要特别指出的是，作为压力容器的焊接坡口，当材料为 $\sigma_b \geqslant 540MPa$ 及 Cr-Mo 低合金钢，如采用火焰切割方法制备坡口时，应对坡口表面先进行打磨然后作磁粉或渗透检测。

封头法向斜插孔坡口加工，此类开孔轴线垂直于封头表面，如果是球形封头，找正、加工都比较方便，通常可采用镗床加工，也可以在加工中心上镗孔，坡口深度是一致的；而椭圆形封头上的斜插孔，尤其在接近过渡区时，坡口深度略有差别，但并不影响加工、焊接。

筒壁侧向开孔坡口加工，薄壁容器的开孔，如人孔等大直径孔，需制作开孔样板，按划线进行手工切割，最好能采用马鞍形切割机作开孔切割，如图 3-38a 所示。厚壁容器上的小孔可采用镗床钻孔、扩孔，大直径孔需在镗床或加工中心上加工，坡口钝边是一个等高圆柱面，坡口深度是变化的，为了简化孔的加工，此类开孔通常加工成无坡口的直孔，再用手工割出坡口，经修磨后使用，这种加工和气割结合的坡口制备方法也常用于封头，筒壁斜插孔上。

五、筒节／封头组对

筒节的制造过程中，至少有一条纵缝是在卷成形后组焊的，由于纵缝的组装没有积累误差，组装质量较易控制，但对于壁厚为 20 ~ 45mm、直径为 1000 ~ 6000mm 的筒节，若弯卷过程控制不好，就会产生错边、间隙、端口不齐等问题，从而给组装带来麻烦。

筒节的板料预弯质量不佳还会造成纵缝棱角度超差，这时靠组装过程来控制是无能为力的，而只能在筒节纵缝焊后校圆工序中予以改正。

由于电渣焊工艺的特点，而要求筒节卷制时板头两端需留直边各不小于 100 ~ 150mm。纵缝的错边也应控制在 3mm 以内。

筒节环焊缝的组装比纵焊缝困难。一方面由于制造误差，每个筒节和封头的圆周长度往往不同，即直径大小有偏差；另一方面，筒节和封头往往有一定的圆度误差。此外，组装时还必须控制环缝的间隙，以满足容器最终的总体尺寸要求。由于环缝组装的复杂性和工作量大，组对中，可用螺栓撑圆器、间隙调节器、筒式万能夹具和单缸油压顶圆器等辅助工具和有关量具来矫正、对中、对齐。

六、焊接

压力容器筒体纵缝焊接，大多数采用焊条电弧焊和埋弧焊，如果筒体内径小于 500mm，还需手工钨极氩弧焊打底。对于大厚度某些高强度钢筒体纵缝的焊接采用电渣焊工艺。压力容器筒体环缝焊接，大多数焊接方法采用焊条电弧焊和埋弧焊焊接，对于厚度较大的筒体环缝应尽可能采用窄间隙埋弧焊方法焊接。

压力容器制造行业所使用的埋弧焊机中，小车式埋弧焊机（如 Mz-1000）最为普遍，它的控制系统由送丝与行走驱动、引弧和熄弧、电源输出调节等环节组成。整个埋弧焊机的组合系统除焊接小车外，还应包括焊接电源、焊丝盘、焊剂漏斗、控制盘、焊剂回收系统及小车轨道等。高压厚壁容器的焊接还常用悬挂扣头，此时，还需配有焊接滚轮架。悬挂机头配备了以焊接速度旋转的滚轮架，才能完成埋弧焊接容器环缝的全过程。悬挂机头也可挂于伸缩臂式焊接操作机前端，进行筒体内、外纵环缝的焊接。

伸缩臂式焊接操作机目前在压力容器制造行业应用十分常见。以往容器制造厂广泛采用单轨台车式操作机，它由立架和可以升降的平台及可沿轨道行走的台车组成。焊机放在平台上，可以进行筒体外纵缝、外环缝焊接。平台可沿立架升降，立架的上轨道需由独立的立柱支撑，以免除外界的振动干扰。此类操作机目前已逐步被伸缩臂式操作机所代替。

伸缩臂式焊接操作机上的伸缩臂可横向伸缩，也可沿立柱升降，立柱有的直接安装在底座上，或固定，或右回转。立柱也可安装在台车上，便可沿轨道行走，此时操作机的机动性好，作业范围扩大了。对于这种不同组合的操作机，企业可根据产品结构、批量及对作业的合理安排来选用。尽量选用固定式底座可回转的操作机，以节省投资。它配备了装配或焊接滚轮架便可焊接筒体内外纵环缝、螺旋焊缝、内表面堆焊等焊接。横臂端头既可安放小车，也可安装焊接机头，也可装上相应的作业机头，可进行修磨、切割、喷漆、无损检测等作业，用途十分广泛。

滚轮架主要用于筒形焊件的装配与焊接，适当调整滚轮高度便可进行锥体、分段不等径回旋体的装配焊接。对于长大箱形梁构件，若将其装卡在环形卡箍内，也可在焊接滚轮架上对其进行装焊作业。

七、热处理

压力容器的焊后消除应力热处理（PWHT）是保证压力容器内在质量的重要技术手段之一。其目的在于消除焊接残余应力、冷变形应力和组装的拘束应力，软化淬硬区，改善组织，减少含氢量，尤其对合金钢，可以改善力学性能及耐蚀性，还可以稳定构件的几何尺寸。压力容器的 PWHT 通常是以回火（或低温退火）的方式进行的，即将构件加热到心以下某一确定的温度，保温一段时间，之后在炉内冷却。

炉内整体热处理《压力容器安全技术监察规程》明确规定：对于高压容器、中压反应器和储存容器、盛装混合液化石油气的卧式储罐、移动式压力容器等应采用炉内整体热处理。热处理装置（炉）应配有自动记录曲线的测温仪表，并保证加热区内最高与最低温度之差不大于 65℃。我国一些大型压力容器制造厂的大型热处理炉，对热处理过程都配备有程序控制系统，在保温期间，炉膛温差大都可控制在 ±15℃ 以内。

整体 PWHT 应安排在全部焊接工作已结束，竣工液压试验之前进行。但对于某些低合金钢容器，为减少因试压泄漏而带来补焊、重新热处理的问题，建议在竣工试压之前，先安排一次探漏性试压。

在 PWHT 中起主导作用的两个因素是加热温度和保温时间。对需要多次进行 PWHT 热处理的构件，为表征这两个因素重叠作用的程度，广泛采用拉松－米勒（Larson-Miller）参数（又称回火参数）P_0 其表示式为

$$P = T(C + lgt) \times 10^{-3}$$

式中

T——加热温度（K）；

C——常数，约等于 20；

t——保温时间（h）。

由该式可以看出，温度比时间的作用大得多，不同的钢材 P 值范围不同。一个容器产品在制造过程中可能会有多次 PWHT（包括中间热处理），且加热温度也不同，计算时可加以换算。对于 1.25Cr-0.5Mo 钢，推荐 P 值为 20.2～20.6 之间。

装炉时炉内温度不得高于 400℃。特殊情况下，如厚度大于 60mm 或结构复杂的容器，装炉温度可低于 300℃ 所有测温点应保持与容器壳壁直接接触。对于大型、厚壁容器，在炉前、炉中、炉后的三个横截面各四个方位上均需设置测温点，超厚筒体内壁尚应增加测点。加热时还应采取措施，防止火焰直接喷向容器壳壁而可能造成部分过度氧化。

升温速度应是可控的，且不应超过 $\dfrac{5000}{\delta}$℃/h（ δ 为容器壁厚），且不得超过 200T，最小可为 50℃/h。升温期间，加热区内任意长度是 5000mm 内温差不应大于 120℃。保温期间，最高与最低温度之差不宜大于 65℃。

出炉时的炉温不得高于 400℃，北方地区在冬季，可适当降低出炉温度。出炉后应在静止的空气中冷却。对于结构复杂或封闭性好的厚壁容器，在加热与降温期间速度宜取低值，以防止过大的温差而对结构造成危险。

压力容器应尽可能进行整体焊后热处理，这对提高产品的使用性能有很大的好处。对于较长的产品，由于受炉子长度的限制，不能进行整体热处理时，也可以进行调头分段热处理。此时，重叠加热长度至少为 1500mm。炉口最好应隔热，容器的炉外部分应用绝热材料包覆起来，以控制纵向温度梯度。距炉口 $2.5\sqrt{RS}$，壳壁的温度不宜小于近炉口处壳壁温度的一半（ R 为壳体内半径，S 为厚度，均以 mm 为单位）。但产品的分段热处理不一定能保证与整体工业炉处理有同等的耐应力腐蚀性能。

如更长者，可将产品分成几段制造，各段组焊完毕，分别进炉进行热处理，然后再将各段用环缝组焊起来，焊完后可对其环缝进行环带局部热处理。超长容器的分段制造、分段炉内热处理后，再进行总装环缝的组装焊接，对于总装环缝只能采用环带加热局部热处理。局部热处理的加热温度和保温时间与进炉热处理相同，保温环带宽度从环缝的最大宽度边缘算起，每侧应不少于两倍筒体壁厚。加热带以外的壳体延伸段应采用保温材料包覆起来，以控制纵向温度梯度，距保温温度环带边缘 3 倍壁厚处（外侧），壳壁的温度不宜低于环带边缘处实际温度的一半。

对于管道或短管的环带局部加热，加热带宽度在焊缝中心线两侧均不小于完工焊缝最大宽度的 3 倍。对于一个包含接管或其他焊接附件的需焊后进行环带局部热处理的容器，环形带应包围整个容器圆周，并包括接管或焊接附件，自接管或附件与容器连接的焊缝算起，环形加热带宽度至少比器壁厚度宽出 6 倍。为了避免温度梯度的危害，该加热环带应进行有效保温。加热温度及保温时间按要求进行。对容器上的纵、环焊缝返修后的局部热处理，也可照此办理。

焊缝局部热处理的加热元件近年来大量采用远红外电加热元件组成的履带式加热

器。对于管道或接管环缝的局部热处理可采用绳状电红外加热器。大型容器现场组装环焊缝的局部热处理，国内外已普遍采用瓣式燃气（油）加热炉，热处理的效果得到较大改善。焊缝局部热处理的全过程也应严格控制，即应设置测温点，对加热升温、保温、降温应有自动记录和显示，并可随时进行监控与调节。

第二节　球形储罐的现场组焊

球形储罐（以下简称球罐）具有整体受力均匀，同等体积钢材表面积最小的特点，属储存类压力容器，近年我国球罐发展迅猛，特别是大型化发展，球罐的现场组装焊接是球罐建造工程中的关键，特别是近年进口材料繁多，现场组装焊接难度增大，施工机具增多，质量要求不断增高。因此，选择合理的施工方案，减少组装应力和焊接应力，确保工程质量，是建设单位、施工单位、监理单位追求的目标。以上是球罐组焊的一般程序。球罐的施工单位必须具有国家质量技术监督总局颁发的 A3 级球罐现场组焊许可资格。

一、施工条件的准备

现场施工应做好安装现场"四通一平"（路通、电通、水通、讯通，场地平整）。按规定道路应通至距离球罐基础 70m 以内，场地平整应能行驶载重 50t 的平板车和 50t 的汽车吊。应根据安装现场的面积设计平面布置图，主要应包括组装平台、电焊机防护棚、半成品堆放地、焊条库及焊条烘干和发放室、工具房、材料库、施工电源及线路、空压站及供气线路、供水线路、施工机具存放、暗室、休息室及办公室，安装现场应有排水沟。

施工组织设计方案是球罐工程安装现场指导性文件，主要是将安装工程按计划、合理安排施工，在确保质量的情况下，使各项经济技术指标达到要求，其内容应包括：球罐设计参数及有关数据，执行标准，安装现场质量保证体系及责任人员任职、施工人员及施工机具计划、施工进度计划，组装、焊接、无损检测、焊缝返修、整体热处理、耐压试验、气密性试验等工艺，安全、防火及文明施工技术措施，检查、监理、监检的规定，竣工技术文件的整理等。

向施工所在地省级质量技术监督部门以及其授权的检验单位办理告知手续，接受其授权的检验检测机构进行的现场安全性能监督检验。

二、零部件的检查验收

球罐的零部件一般包括球壳板、人孔法兰、接管、补强圈、支柱及拉杆等。首先，将装箱清单与图样分别按部件号对照检查，两者是否完全一致，如有出入应查出原因进行更正，然后按装箱清单与实物进行逐件清点，如有问题，应及时告知制造单位处理，两者吻合后再按图样进行质量检查。

（一）对产品质量证明书的检查

球罐的零部件出厂质量证明书至少应包括以下内容：球壳板及其组焊件的出厂合格证；主要受压元件用材料质量证明书；球壳板与人孔、接管、支柱的组焊记录；无损检测报告（钢板、锻件及零部件无损检测报告、球壳板周边超声波检测报告、坡口和焊缝无损检测部位图及检测报告）；球壳排版图；技术监督部门监检机构出具的部件监检证书。

必要时，还应提供下列技术文件：球壳板材料的复验报告；材料代用审改文件；球壳板热压成形工艺试板的力学和弯曲性能报告；与球壳板焊接的组焊件热处理报告；极板试板焊接焊接接头的力学和弯曲性能报告。

（二）球壳板检查

球壳板的检查包括球壳板表面质量检查、厚度检查、成形曲率检查、几何尺寸检查、球壳板坡口检查、试板检查及球壳板超声波检测。

对球壳板表面质量进行检查，不得有裂纹、气泡、结疤、折叠和夹杂等缺陷，每块球壳板不得拼接。球壳板实测厚度不得小于钢板名义厚度减去负偏差。抽查数量为球壳板总数的20%，且每带不少于两块，上、下极各不少于一块，每块至少测五个点，测点应均布。若发现有不合格，应加倍抽检，如果仍有不合格，应逐张对球壳板检测。

球壳板直接影响球罐的组装，和几何尺寸与组装应力有直接关系，应严格控制。球壳板曲率检查方法是，用弦长不小于2000mm的曲率样板（当球壳板弦长小于2000mm时用全弦长样板）检查，样板与球壳板之间的间隙 $e \leqslant 3mm$。

球壳板气割坡口表面应平滑，表面粗糙度值 $\leqslant 25\mu m$，熔渣与氧化皮应清除干净，坡口表面不应有裂纹和分层等缺陷。用标准抗拉强度大于或等于540MPa的钢材制造的球壳板，坡口表面应经磁粉或渗透检测抽查，不应有裂纹、分层和夹渣等缺陷。

球壳板周边应进行超声波检测抽查。抽查数量不得少于球壳板总数的20%，且每带不少于两块，上、下极各不少于一块。其结果应按JB/T 4730的规定，热轧、正火状态的球壳板应不低于Ⅲ级，调质状态的球壳板应不低于Ⅱ级。

支柱与底板焊接后应保持垂直，其垂直度允许偏差为2mm。支柱全长长度允许偏差为3mm，直线度偏差应小于或等于全长的1/1000，且不大于10mm。

分段支柱上段与赤道板组焊后，采用弦长不小于1m的样板检查赤道板的曲率，间隙不得大于3mm。上段支柱直线度的允许偏差为上段支柱的1/1000，轴线位置偏移不应大于2mm。开孔球壳板周边100mm范围及开孔中心1倍开孔直径范围外，采用弦长不小于1m的样板检查球壳板的曲率，间隙不得大于3mm。人孔及接管等受压元件组焊件：开孔位置允许偏差为5mm，接管外伸长度允许偏差为5mm。除设计有特别规定外，接管法兰面应与接管中心轴线垂直，且应使法兰面水平或垂直，其偏差不得超过法兰外径的1%（法兰外径小于100mm时按100mm计），且不应大于3mm。

制造单位应提供每台球罐不少于六块（三副）的产品焊接试板和若干块焊接工艺评定所需要的试板，尺寸为180mm×650mm。试板材料应合格，且应与球壳板具有相同钢号和相同厚度，产品焊接试板的坡口与球壳板相同。

三、组装

球罐常用的组装方案多种多样，有散装法、分带组装法、半球组装法和大片装法等。安装现场用施工设备和机具、工夹具繁多，组装工艺、脚手架的搭板也不相同。

四、焊接

（一）焊接材料的选用

焊条电弧焊的焊条应符合 GB/T 5117 和 GB/T5118 标准；药芯焊丝应符合 GB/T 10045 标准。埋弧焊使用的焊丝应符合 GB/T 14957 及 GB/T8110 标准。球壳的对接焊缝以及直接与球壳焊接的焊缝，必须选用低氢型药皮焊条，焊条和药芯焊丝应按批号进行扩散氢复验，扩散氢试验方法执行 GB/T 3965 标准。焊剂与所焊的钢种匹配。埋弧焊使用的焊剂应符合 GB/T 5293 和 GB/T 12470 标准，保护用二氧化碳气体应符合 HG/T 2537 标准；保护用氩气应符合 GB/T 4842 标准。二氧化碳气体使用前，将气瓶倒置 24h，并将水放净。

（二）焊前预热和后热

预热必须均匀，预热宽度应为焊缝中心线两侧各取 3 倍板厚，且不小于 100mm。预热温度应距焊缝中心线 50mm 处对称测量，每条焊缝测点不少于三对。预热的焊道，层间温度不应低于预热温度的下限。厚度大于 32mm，且材料标准抗拉强度下限值 $\sigma_b > 540MPa$ 的，厚度大于 38mm 的低合金钢，嵌入式接管与球壳的对接焊缝，焊接试验确定需要消氢处理的，焊后均须立刻进行后热消氢处理，后热温度宜为 200 ～ 250℃，后热时间应为 0.5 ～ 1h。

（三）球罐焊接顺序和焊工布置

球罐采用焊条电弧焊时，当采用分带组装时，宜在组装平台上焊接各带的纵缝，再组装成整体，然后进行各带之间环缝的焊接；当采用分片组装时，应按先纵缝后环缝的原则安排焊接顺序；为防止球罐变形，焊工的布置应均匀，并且同步焊接。

焊条电弧焊双面对接焊缝，单侧焊接后应进行背面清根。当采用碳弧气刨清根时，清根后应采用砂轮修整刨槽和磨除渗碳层，并应采用目视、磁粉或渗透检测方法进行检查，标准抗拉强度大于或等于 540MPa 的钢材清根后必须采用磁粉或渗透方法进行检测。焊缝清根时应清除定位焊的焊缝金属，清根后的坡口形状应一致。

药芯焊丝自动焊和半自动焊时，球罐焊接顺序应符合下列要求：球罐组装完毕后，应按先纵缝后环缝的原则安排焊接顺序；纵缝焊接时，焊机布置应对称均匀，并同步焊接；环缝焊接时，焊机布置应对称，并按同一旋转方向焊接。

焊接时起弧端应采用后退起弧法，收弧端应将弧坑填入，多层焊的层间接头应错开。在距离球罐焊缝 50mm 处的指定部位，应打上焊工代号钢印，并作记录。对不允许打钢印的球罐应采用排版图记录。

（四）修磨及补焊

球壳表面缺陷及工卡具焊迹应采用砂轮清除。修磨后的实际厚度不应小于设计厚度，磨除深度应小于球壳板名义厚度的 5%，且不应超过 2mm。当超过时，应进行焊接修补。球壳板表面缺陷进行焊接修补时，每处修补面积应在 50cm2 以内；当在两处或两处以上修补时，任何两处的边缘距离应大于 50mm，而且每块球壳表面修补面积总和应小于该球壳面积的 5%。表面缺陷焊接修补后焊缝表面应打磨平缓或加工成具有 3：1 及以下坡度的平缓凸面，且高度应小于 1.5mm。焊缝表面缺陷应采用砂轮磨除，缺陷磨除后的焊缝表面若低于母材，则应进行焊接修补。焊缝表面缺陷当只需打磨时，应打磨平滑或加工成具有 3：1 及以下坡度的斜坡。

焊缝两侧的咬边和焊趾裂纹必须采用砂轮磨除，并打磨平滑或加工成具有 3：1 及以下坡度的斜坡，咬边和焊趾裂纹的磨除深度不得大于 0.5mm，且磨除后球壳的实际板厚不得小于设计厚度，当不符合要求时应进行焊接修补。进行焊接修补时，应采用砂轮将缺陷磨除，并修整成便于焊接的凹槽，再进行焊接，补焊长度不得小于 50mm。材料标准抗拉强度大于或等于 540MPa 的球罐在修补焊道上应加焊一道凸起的回火焊道，焊后再磨去多余的焊缝金属。焊接修补时如需预热，应以修补处为中心，在半径为 150mm 的范围内预热，预热温度应取上限。焊接线能量应在规定的范围内；焊接短焊缝时线能量不应取下限值。焊缝修补后，有后热处理要求的应立即进行。

焊缝内部缺陷修补前宜采用超声检测确定缺陷的位置和深度，确定修补侧。当内部缺陷的清除采用碳弧气刨时，应采用砂轮清除渗碳层，打磨成圆滑过渡，并经渗透检测或磁粉检测合格后方可进行焊接修补。气刨深度不应超过板厚的 2/3，当缺陷仍未清除时，应焊接修补后，从另一侧气刨。修补长度不得小于 50mm。焊缝修补时，如需预热，预热温度应取要求值的上限，有后热处理要求时，焊后应立即进行后热处理；线能量应控制在规定范围内，焊短焊缝时，线能量不应该取下限值。当表面缺陷焊接修补深度超过 3mm 时（从球壳表面算起）应进行射线检测。

（五）焊后检查

球罐在焊后需做消除应力整体热处理前（设计图样有要求者）或耐压试验前，均须对球罐的焊缝进行严格的无损检测，这是确保球罐质量、防止事故发生的重要措施。标准抗拉强度大于 540MPa 钢材制造的球罐，应在焊接结束 36h 后，其他钢材制造的球罐应在焊接结束 24h 后，方可进行焊缝的无损检测，一般以 100%RT 加 20% 的 UT 为主，焊缝和热影响区表面一般整体热处理前和耐压试验后各进行一次表面裂纹检测。

球罐耐压试验后应进行磁粉或渗透复查，复查比例至少为焊缝全长的 20%，部位包括每一相交的焊缝接头、接管与球壳板焊缝内外表面、补强圈、垫板、支柱及其他角焊缝的外表面、每个焊工所焊焊缝及工卡具焊迹打磨和壳体缺陷焊接修补和打磨后的部位。无损检测应符合 JB/T 4730 的规定，100% 射线检测的对接焊缝，Ⅱ 级为合格；局部射线检测的，Ⅲ 级为合格；100% 超声检测的对接焊缝，Ⅰ 级是合格；局部超声检测的，Ⅱ 级为合格。磁粉检测及渗透检测 Ⅰ 级为合格。

（五）焊后整体热处理

球罐焊后整体热处理加热方法大多采用球罐本身作为炉膛，外部敷设保温材料，内部燃烧加热的方法。加热方法最常用的为 0# 柴油高速燃油喷嘴内部燃烧法，也有用电加热器内部加热法，燃气喷嘴内部燃烧法等。

在 300℃ 及以下可不控制升温速度；在 300℃ 以上时，升温速度宜控制在 50 ~ 80℃/h 最少恒温时间按球壳厚度每 25mm 恒温 1h 计算，且不少于 1h。从热处理温度到 300℃，降温速度宜控制在 30 ~ 50℃/h，300℃ 以下在空气中自然冷却。300℃ 以上升温和降温时，球壳表面上相邻两测温点的温差不得大于 130℃。球罐上的人孔、接管均应进行保温。从支柱与球壳连接焊缝的下端算起，向下不小于 1m 长度范围内的支柱应进行保温。在恒温时间内，保温层外表面温度不宜大于 60℃。

热处理时，应松开拉杆及地脚螺栓，并在支柱底板下面设置移动装置和位移测量装置。热处理过程中，应监测实际位移值，并按计算位移值调整柱脚的位移，温度每变化 100℃ 应调整一次。移动柱脚时应平稳缓慢。热处理后，应测量并调整支柱垂直度和拉杆挠度，其允许偏差值应符合 GB 12337 的有关规定。

（七）产品焊接试板

每台球罐应按施焊位置做三块产品焊接试板（横焊、立焊和平焊加仰焊）。若球罐进行焊后整体热处理，应将产品焊接试板对称布置在球壳热处理高温区的外侧，并与球壳紧贴，与球罐一起进行热处理。试板焊缝应经外观检查和 100%RT 检测或 UT 检测，取样时可避开焊接缺陷。产品焊接试板的尺寸和试样的截开、试样的检验与评定应按 JB 4744 标准的规定。采用厚度大于 25mm 的 20R 钢板、厚度大于 38mm 的 16MnR、15MnVR、I5MnVNR 和 07MnCrMoVR 钢板制造的球壳，当球罐的设计温度低于 0℃ 时；采用厚度大于 12mm 的 20R 钢板，厚度大于 20mm 的 16MnR、15MnVR、15MnVNR 钢板制造的球壳，当球罐的设计温度低于 –10℃ 时。

五、耐压试验和气密性试验

球罐在耐压试验前应具备以下条件：球罐和零部件焊接工作全部完成并经检验合格；基础二次灌浆达到强度要求；需热处理的球罐，已完成热处理，产品焊接试板经检验合格；补强圈焊缝已用 0.4 ~ 0.5MPa 的压缩空气进行泄漏检查合格；支柱找正及拉杆调整完毕。

液压试验时，压力应缓慢上升，当压力升至试验压力的 50% 时，保持 15min；然后应对球罐的所有焊缝和连接部位进行检查，确认无渗漏后继续升压；当压力升至试验压力的 90% 时，应保持 15min，再次进行检查，确认无渗漏后再升压；当压力升至试验压力时，应保持 30min，然后将压力降至试验压力的 80% 进行检查，以无渗漏和无异常现象为合格；液压试验完毕，应将水排尽。排放时，禁止就地排放。

球罐在充水前、充水至球壳内直径的 1/3 时、充水到球壳内直径的 2/3 时、充满水时、充满水 24h 后、放水后，应对基础的沉降进行观测并作实测记录。

各支柱上应按规定焊接永久性的水平测定板；支柱基础沉降应均匀。放水后，不

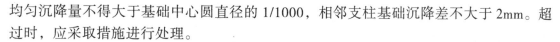

均匀沉降量不得大于基础中心圆直径的 1/1000，相邻支柱基础沉降差不大于 2mm。超过时，应采取措施进行处理。

气压试验必须采取安全措施，并经单位技术总负责人批准。压力升至试验压力的 10% 时，宜保持 5 ~ 10min，对球罐的所有焊缝和连接部位作初次泄漏检查，确认无泄漏后，再继续升压；压力升至试验压力的 50% 时，应保持 10min，当无异常现象时，应以 10% 的试验压力为级差，逐级升至试验压力，并保持 10 ~ 30min 后，降至设计压力进行检查，以无泄漏和无异常现象为合格；缓慢减压。

气密性试验应缓慢升至试验压力的 50% 时，应保持 10min，对球罐所有焊缝和连接部位进行检查，确认无泄漏后，继续升压；压力升至试验压力时，应保持 10min，对所有焊缝和连接部位进行检查，以无泄漏为合格。当有泄漏时，应在处理后重新进行气密性试验；缓慢卸压。

第三节　塔器的现场组焊

塔器的现场组焊方式有两种：一种是分片到货现场组焊，另一种是分段到货现场组焊。因塔器现场组焊的特殊性，其组焊工作与安装工作往往相互进行。

一、施工条件的准备

塔器现场组焊应具备下列技术文件：设计图样和制造厂出厂资料文件；焊接工艺评定报告和焊接工艺规程；施工方案；施工及验收标准和规范；国外到货的塔器的现场组焊应具备制造厂提供的组焊指导书、焊接工艺、试验检验规程和合格标准。

施工技术负责人应组织有关专业技术人员进行施工图会审，其审查要点如下：图样说明书等技术文件是否齐全；主要尺寸、标高、方位、材质要求是否齐全准确；各技术图样之间的衔接和要求有无矛盾；塔器结构在施工时，是否有足够的稳定性，对安全施工有无影响；设计所采用的新工艺、新材料、新技术、新结构，在施工中的可行性。会审后，所有设计变更资料包括设计变更通知，修改之后的图样等文字记录，应纳入工程档案作为施工及交工的依据。

施工技术负责人应组织专业技术人员依据图样、技术法规、标准规范、现场条件等编制施工方案，并应按规定程序进行审查。施工方案的主要内容包括：塔器概况及施工特点；塔器排版图及焊缝编号；主要施工程序；主要施工方法及质量标准；施工进度计划或网络计划（包括施工准备工作计划）；施工技术措施及安全技术措施；劳动力需求计划；施工机具及施工措施用料计划；施工平面布置图。施工平面布置图应包括：供电（变压器、电源点及线路布置）；供水（水源点、排水点及管路布置）；供气（空压机位置及管路布置）；道路（运输和施工道路的布置）；组装场地及平台设置；半成品及零部件堆放场地布置；吊装机具的位置及其行走路线；必要的临时设施；消防设施和器材的布置；整体塔器的摆放位置。

施工现场应按施工平面图进行布置，施工场地应平整、坚实，运输和施工道路畅通，并能满足机动车辆行走的要求。水、电、气系统的布置安装应符合安全技术规程的要求，计量器具应设置齐全。应按施工方案要求，铺设组焊平台，配置施工设备机具，准备工卡具样板和检测计量器具等，并将设备机具按规定的位置就位。施工设备机具性能应可靠，工卡具、样板应合格，计量器具应在检验周期内。做好半成品、零部件及焊材的验收工作，并及时运入施工现场。现场的消防器材、安全设施应合格，并经安全监督部门验收通过。

二、基础检查验收

安装前应对塔器基础进行交接验收，基础施工土建单位要提供基础施工的主要技术资料，特别是对大型塔器基础的预压和沉降方面的记录。

塔器基础检查的主要内容：基础混凝土的强度要求；基础的外形尺寸；基础面的水平度以及中心线、标高、地脚螺栓孔的间距、混凝土预埋件等，是否符合设计及施工验收技术规范的要求。

根据设计图样要求，检查所有预埋件，包括预埋地脚螺栓等的数量和位置的准确性。检查地脚螺栓孔内木盒、碎石、泥土油污、积水等杂物是否清理干净。检查基础上的地脚螺栓的间距，应与塔器的地脚螺栓孔的间距相符，并应与基础垂直，其螺纹应无损伤。土建单位施工完毕交工时，应提供基础强度的可靠数据。必要时安装单位可用钢球撞痕法检查基础混凝土强度，对大型塔器可进行预压检验。设备基础经过验收后，如发现不符合要求的地方，应立即进行处理。通常情况下，基础容易产生标高不符合要求及地脚螺栓位置偏移。

三、半成品、零部件及焊材的检查验收

所有分段或分片进入现场的塔器半成品零部件必须具备下述出厂技术文件：装箱单，产品合格证，质量证明书，压力容器产品安全性能监督检验证书，塔器说明书，塔器排版图（包括开孔位置），其他必要的技术文件。塔器半成品出厂应带足够数量的试板，标记清晰，尺寸符合标准要求。塔器的壳板或筒体应有明显的标记并与排版图相一致。塔器在现场组装前，应对制造质量进行抽检，不合格者应由订货单位负责处理。

分段或分片到货的塔器筒体及封头瓣片和筒体板的坡口表面应符合：表面应平滑；熔渣、氧化皮应清除干净；坡口表面不得有裂纹、分层、夹渣等缺陷。对于标准抗拉强度大于 540MPa 钢材及 Cr-Mo 低合金钢材的表面应经 MT 或 PT 检测。对分片到货的筒体板片，应立放在钢平台上用弦长等于且不小于 500mm 的样板检查板片的弧度，最大间隙应小于 3mm，放置板片时应采取防止变形的方法。

随塔器到货的零部件，应具有装箱单和安装说明书等技术文件，符合材料标准的材质合格证，法兰、接管、人孔和螺栓等应有材质钢印标记，零部件表面不得有裂纹、分层现象，法兰、人孔的密封面不得有刻痕和其他影响密封的损伤，已安装的塔内件应符合图样和有关标准的要求。

塔的底座圈，底板上的地脚螺栓通孔应符合图样要求，中心圆直径允差，相邻两孔弦长允差和任意两孔弦长允差不得大于 2mm。分段筒体上的接管中心方位，标高允差为 ±5mm，人孔标高允差为 ±10mm。交付安装的塔内件必须符合设计要求，并附有出厂合格证明书及安装说明书等技术文件。塔内件开箱应在有关人员参与下，对照装箱单及图样，按箱号、箱数及包装情况，内件名称、规格、型号及材质，内件的尺寸及数量，内件表面损伤、变形及锈蚀状况检查与清点，并填写记录。

四、组装

塔器的筒体、封头等部件复验合格以后，可进行筒体的组对和焊接。首先进行纵缝的组对与焊接（如果交货是筒节，该过程省略），然后再进行环焊缝的组对与焊接。可采用工卡具调整筒节对口间隙和错边量，不得进行强力组装。纵缝组对时，可采用 F 形撬棍或在两侧板边缘焊上两个带孔的角钢，用螺栓拉紧。对于壁厚较大的圆筒，可采用杠杆螺旋拉紧器，筒节较长时，两端用杠杆螺旋拉紧器，中间段每隔一定距离焊上角钢，用螺栓拉紧器拉紧。环缝组对时，可用环形螺旋推掌器或环形螺旋拉紧器来调整，同时要保证每个筒节的直线度在允许范围内。

塔器现场组焊一般应采用如下程序：在钢平台上组焊上、下封头→单节筒体组焊→单节与封头组焊→单节之间组焊→裙座与下封头段组焊→组焊成大段一将各大段按序组焊成整体。

塔器的组装，应按设计图样，排版图和施工方案要求进行。各工序间应有自检和工序交接记录，各控制点应有质量体系有关责任人签字确认。在施工条件要求的情况下，尽可能在工厂组焊成半成品，减少现场组焊工作量。

（一）筒体、封头的组装

球形封头在钢平台上划出组装基准圆，封头基准圆直径 D_B 按下式确定：

$$D_i = D_i + n \times G / \pi$$

式中

G ——对口间隙，一般取 2mm；

n ——封头分瓣数。

将基准圆按照封头的分瓣数 n 等分，在距等分线 100mm 处点焊定位板，每块瓣片的定位板不少于两块。在组装基准圆内，设置封头组装胎具，以定位板和组装胎具为基准，用工卡具使瓣片紧靠定位板和胎具，并调整对口间隙和错边量。

球瓣在钢平台组对成封头后，应对每道缝进行检测，并做好记录，对口间隙：按施工方案要求进行；对口错边量、棱角 E 、圆度 e 及球形封头内表面的形状偏差均应符合 GB150 标准要求。封头全部组对完毕，经检验符合要求并做好记录后，根据封头拼缝的长度和板厚情况，每条纵缝上可适当加 2 ~ 4 块圆弧加固板以减小焊接变形，经复验后，办理工序交工手续，交下一工序进行焊接。封头焊接后的棱角 E 、圆度 e 及球形封头内表面形状偏差控制同上述组对要求。封头经检查合格后，按排版图定出

0°、90°、180°、270°四条方位母线并做上标记，按开孔方位图组焊接管。

（二）筒节组对

单节筒体组对时，应根据每圈板片数 n 和封头端部实际周长在钢平台上划出筒体基准圆。在基准圆内侧每隔 500mm 左右焊一块定位板。单节筒体组对时，按照排版图将同一圈的板片按顺序逐块吊至钢平台上的基准圆处进行组对，使用专用工具对口，单节筒体在钢平台上组对完后，应按下列要求进行检查并做好记录。对口间隙、错边、棱角 E 和圆度 e 应符合 GB150 的规定，相邻两筒节外圆周长差应符合要求，端面不平度不得大于 0/1000，且不大于 2mm，高度应符合图样和排版图的要求。

单节筒体复检合格后，办理工序交接手续，交下一工序进行焊接。对于直径较大，刚性较差的筒体和封头，应根据具体情况采取"十"字形或"米"字形临时加固措施，加固件应支撑在圆弧加强板上。复合钢板的筒节组装时，以复层为基准，防止错边超标，影响复层焊接质量，定位板与组对卡具应焊在基层侧，防止损伤复层。筒体分段组装后，应在内壁和外壁上划出相隔 90°的四条纵向组装线和基准圆周线，作为整体组装及安装内件的依据。塔内件和筒节焊接的焊缝边缘与筒体环缝边缘的距离应不小于筒体壁厚，且不小于 50mm，所有被覆盖的焊缝及塔盘、填料支承、密封结构处妨碍安装的焊缝或突出物均应打磨至与母材对齐。

裙座的中心线应与塔体中心线相重合，其允许偏差为 ±5mm；支座、裙座与塔体相接处，如遇到塔体拼接焊缝时，应在支座、裙座上开出豁口；裙座的基础环应垂直于座圈（或塔体）中心线。不宜在塔体焊缝上开孔接管，开孔接管与塔壁的焊接形式应符合图样的要求。补强圈的弧度应与塔壁相吻合、贴紧。塔壁上有较多开孔接管且相距较近时，要采取措施，以防止开孔和焊接时造成塔体变形。

塔接管的中心标高及周向位置允许偏差为 ±5mm，液面计接口允许偏差为 ±3mm。人孔中心标高及周向位置允许偏差为 ±10mm。法兰面应该垂直于接管或筒体中心线。安装接管法兰应保证法兰面的水平或垂直（如有特殊要求的应按图样规定），ZWV < 200mm 时其偏差为 ±1.5mm；ZWV > 200mm 时其偏差为 ±2.5mm。接管法兰螺孔应对称地分布在筒体主轴中心线的两侧，有特别要求时，应在图样上注明。接管法兰面至塔体外壁距离允许偏差 ±2.5mm。

（五）焊接

焊接施工应有专人记录，其内容包括：焊接日期、容器编号、容器名称、焊缝编号、焊接部位、焊接环境、焊条牌号、焊工代号、预热和后热温度。对标准抗拉强度大于 540MPa 的钢材及 Cr-Mo 低合金钢材的焊接还应记录工艺参数。在主体焊缝附近 50mm 处的指定部位，应打上焊工代号钢印，对不能打钢印的，可用简图记载，并记入产品质量证明书中。

定位焊的焊接工艺及其对焊工的要求应与塔器正式焊接相同。对需要预热的钢种，定位焊时预热温度应取上限值，预热范围在焊缝两侧各不得小于 150mm。定位焊的焊道长度应在 50mm 以上，焊道应有足够的强度。引弧和熄弧点都应在坡口内，如发现裂纹等缺陷，必须清除重焊。复合钢板制造的容器，定位焊只应在基层金属坡口内进行，复层金属上不得点焊任何临时性工卡具。定位焊和正式焊接之间的间隔时间不应该过长。

焊接程序：在平台上焊接上、下封头焊缝大坡口侧→清根后焊小坡口侧→无损检测→–在滚轮架上焊接单节筒体纵焊缝大坡口侧→清根后焊小坡口侧→无损检测→焊接上、下封头与单节筒体环焊缝大坡口侧→清根后焊小坡口侧→无损检测→焊接带下封头筒体与裙座角焊缝→焊缝外观检查→焊接大段环焊缝大坡口侧→清根后焊小坡口侧→无损检测→焊接接管→焊接容器内固定件及外部加固圈→焊接分段处固定口环焊缝大坡口侧→清根后焊小坡口侧→无损检测。

焊接复合钢板容器时，应先焊接基层一侧坡口，清根后焊接复层一侧；对有防腐要求的双面焊缝，与介质接触的一侧应最后焊接。采用埋弧焊时，纵焊缝两端应设引弧板和收弧板。焊接前应检查坡口，清除坡口表面和两侧至少 20mm 范围内的氧化物、油污、熔渣及其他有害杂物，坡口表面不得有裂纹、分层、夹渣等缺陷。定位焊道的两端应磨削至缓坡状。为减少焊接变形和残余应力，对长焊缝的底层焊道，宜采取分段退焊法。引弧应在坡口内，引弧宜采用回焊法，熄弧时应填满弧坑，多层焊道的层间接头应错开。对用标准抗拉强度大于 540MPa 的钢材及 Cr-Mo 低合金钢制造的容器，每条焊缝宜一次焊完，如因故中断应根据工艺要求采取措施防止裂纹产生，再焊前必须仔细检查确认无裂纹后，方可按原工艺要求继续施焊。对要求焊前预热的焊件，其预热温度应根据钢材的淬硬性、焊件厚度、结构钢性、焊接方法、气候条件及使用条件等综合考虑，并经焊接裂纹试验后确定。对于双面对接焊缝，单侧焊接后应进行背面清根，焊缝清根可使用碳弧气刨、砂轮或其他机械磨削方法。碳弧气刨清根后，应用砂轮修整刨槽，磨除渗碳层、铜斑等，焊缝清根时应该将定位焊的熔敷金属消除，清根后的坡口形状，应宽窄一致。对接焊缝背面采用软垫时，则不要求清根。

碳弧气刨清根应按下列要求进行：气刨电源应采用直流反极性，电弧长度应在 1～3mm 内，碳棒伸出长度应为 80～100mm，当碳棒烧到 30～40mm 时应进行调整，刨削时碳棒与刨槽中心线夹角应保持在 45°～60°；碳弧气刨用压缩空气的压力应为 0.5～0.6MPa，压缩空气应经过滤器去掉水分和油污；对标准抗拉强度大于 540MPa 的钢材及 Cr-Mo。低合金钢材，厚度大于 38mm 的碳素钢和厚度大于 25mm 的低合金钢采用碳弧气刨清根时，应根据母材的淬硬倾向，焊接结构的刚性和气候条件等，考虑预热与否，其刨槽还应进行表面渗透检测；按刨槽所需要的宽度和深度，确定碳弧气刨规范。

焊接吊耳、工卡具以及临时性的拉筋、支撑垫板等，应采用与容器壳体相同或焊接性能相当的钢材与焊材，焊接工艺应与容器焊接工艺一样。正式焊接要求预热的场合，卡具焊接亦须按相同要求进行预热，其预热温度应取要求预热温度的上限值，预热范围原则上不小于卡具周边 150mm。焊接工卡具时，引弧和熄弧点应在工卡具或焊道上，严禁在壳体非焊接部位引弧和熄弧。吊耳及工卡具拆除工作应在热处理及耐压试验之前进行，拆除时不得伤及容器壳体。拆除后，应打磨平滑，打磨处的深度不得超过壳体名义厚度5%，且不大于2mm。否则，应按正式焊接工艺进行焊补，补焊后应打磨平滑。对于标准抗拉强度大于540MPa的钢材及Cr-Mo低合金钢材焊制的容器，工卡具等拆除部位打磨平整后，还应进行表面无损检测，检测范围应从工卡具等焊缝痕迹周边向外延伸不小于10mm，不得存在裂纹、咬边和密集气孔。

焊缝的返修部位均应查明原因，做好记录，制订措施之后方可进行返修。返修的现场记录应详尽，其内容至少包括坡口形式、尺寸、返修长度、焊接工艺参数（焊接电流、电弧电压、焊接速度、预热温度、层间温度、后热温度和保温时间、焊材牌号及规格、焊接位置等）和施焊者及钢印等。焊缝内部缺陷在返修前，应用超声波检测仪测定缺陷深度，根据缺陷深度，确定在哪一侧返修。消除缺陷，应控制在钢板厚度的2/3以内（从返修侧表面计算），如超过焊缝深度的2/3仍残留缺陷时，应立即停止清除并进行焊补，然后在其背面再次清除缺陷，进行焊补。焊补长度应大于50mm，对于标准抗拉强度大于540MPa的钢材及Cr-Mo低合金钢其焊补长度应适当增加。

有抗晶间腐蚀要求的奥氏体不锈钢制容器，返修部位仍需保证原有的抗晶间腐蚀性能。要求热处理的容器，应在热处理前进行返修。如在热处理后返修时，补焊后再作热处理。对标准抗拉强度大于540MPa的钢材及Cr-Mo低合金钢进行焊缝返修时，可在焊补的焊道上加上一道凸起的退火焊道。退火焊道焊完后应消磨该焊道多余的焊缝金属，使与主体焊缝平缓过渡。不锈复合钢板焊缝在基层与复层交界处或交界处附近的基层内存在缺陷时，应从复层侧清理返修。

焊后检查（外观、NDT及几何尺寸）按GB 150的规定执行。耐压试验和气密性试验按GB 150要求进行。

第四节　压力容器的制造质量控制

压力容器制造单位必须建立健全的压力容器制造质量保证体系，能够对其所制造的压力容器安全性能实施有效控制，保证其安全性能符合国家法律、法规、安全技术规范和相应标志的要求。质量保证体系应包含管理职责、质量保证体系文件、文件和记录控制、合同控制、设计控制、材料及零部件控制、作业（工艺）控制、焊接控制、热处理控制、无损检测控制、理化检验控制、检验与试验控制、设备和检验与试验装置控制、不合格品(项)控制、质量改进与服务、人员培训考核及其管理、其他过程控制、执行特种设备许可制度等基本要素。

压力容器制造单位应当编制适合单位实际情况的质量保证体系文件，包括质量保证手册、程序性文件（管理制度）、作业（工艺）文件和质量记录等。压力容器制造单位的法定代表人（或其授权代理人）是承担安全质量责任的第一责任人，应当在管理层中任命一名质量保证工程师，协助最高管理者对压力容器制造质量保证体系的建立、实施、保持和改进负责，任命各质量控制系统责任人员，确立职责、权限及各质量控制系统的工作接口，有效实施制造质量控制。一般情况下，压力容器制造单位应

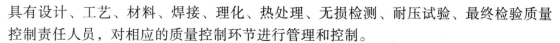

具有设计、工艺、材料、焊接、理化、热处理、无损检测、耐压试验、最终检验质量控制责任人员，对相应的质量控制环节进行管理和控制。

　　压力容器制造单位对产品质量负责。压力容器出厂之时，制造单位应向用户至少提供竣工图样；产品质量证明书及产品铭牌的拓印件；压力容器产品安全性能监督检验证书；移动式压力容器还应提供产品使用说明书（含安全附件使用说明书）、随车工具及安全附件清单、底盘使用说明书和强度计算书等技术文件和资料。竣工图样应有设计单位资格印章（复印章无效），若制造中发生了材料代用、无损检测方法改变、加工尺寸变更等，制造单位应按照设计修改通知单的要求在竣工图样上直接注明，标注处应有修改人和审核人的签字及修改日期；竣工图样上加盖竣工图章，竣工图章上应有制造单位名称、制造许可证编号和"竣工图"字样。

一、设计图样的审核

　　1.压力容器的设计总图（蓝图）上，必须盖有压力容器设计资格印章（复印章无效）。设计资格印章中应注明设计单位名称、技术负责人姓名、《压力容器设计单位批准书》编号及批准日期。设计总图上应有设计、校核、审核人员的签字。第三类中压反应容器和储存容器、高压容器和移动式压力容器，应由设计单位设计技术负责人批准签字。

　　2.压力容器的设计总图上，至少应注明下列内容：压力容器的名称、类别（其确定的类别应符合《容规》规定）；主要受压元件的材料牌号（总图上的部件材料牌号见部件图）必要时注明材料热处理状态；设计温度；设计压力；最高工作压力；最大允许工作压力（必要时）；介质名称（必要时注明其特性）；容积；焊接接头系数；腐蚀裕量；热处理要求（必要时）；防腐蚀处理要求；无损检测要求（包括检测方法、比例、合格级别等）；耐压试验和气密性试验要求（包括试验压力、介质、种类等）；包装、运输、现场组焊、安装的要求（必要时）；特殊要求：换热器应注明换热面积和程数、夹套压力容器应分别注明壳体和夹套的试验压力，允许的内外压差值，以及试验步骤和试验的要求；装有触媒的反应容器和装有充填物的大型压力容器，应注明使用过程中定期检验的要求；由于结构原因不能进行内部检查的，应注明计算厚度、使用中定期检验和耐压试验的要求；对有耐热衬里的反应容器，应注明防止受压元件超温的技术措施；为防止介质造成的腐蚀（应力腐蚀），应注明对介质纯净度的要求；亚铵法造纸蒸球应注明防腐技术要求；有色金属制压力容器制造、检验的特殊要求。

　　3.如果制造单位自行设计（有设计资格），则应检查设计任务委托书，所委托的条件是否与设计图样吻合。图样资料齐全否，自行设计的容器应有计算书，主要受压件的零件图和标准件图应齐全无误。如果图样是外来图样或委外设计的，还应审核其工艺性，图样结构设计的合理性，管口方位、尺寸、数量、连接标准的符合性、焊接接点图等。

　　4.引用的制造标准是否正确和适时，不仅有一般标准还应有特殊标准（如热交换器标准、贮槽、气瓶标准等）。既要有整体标准也应有零部件标准（如锻件标准、法兰标准等），而一切标准应该是现行的。材料选用是否与有关技术条件规定符合，如某些材料的压力等级限制。容器类别与材料选用的吻合等。对主要受压件的材料必须详加审查。无损检测方法、检测比例和合格等级以及耐压试验和气密性试验是否符合有关标准、规范的规定。其他特殊要求，如热处理等是否符合规定。

二、材料及零部件控制

压力容器材料的生产应经国家安全监察机构认可批准。用以制造压力容器主要受压元件的材料必须有材料生产厂提供的加盖质量检验章的材质证明书或其复印件。若压力容器制造单位从非材料生产单位获得压力容器用材料时，应同时取得材料质量证明书原件或加盖供材单位检验公章和经办人章的有效复印件。

在材质证明书中，除有材料制造标准代号、材料牌号名称、品种、型号规格外，还应有炉批号或出厂编号、材料的供货状态、化学成分、力学性能、弯曲性能和冲击试验，制造标准中有其他检验要求的，其检验方法与结论应明确。材料实物上应有清晰、牢固的钢印标志或其他标志，且与材质证明书一致。检验材料的表面质量和尺寸，并作相应记录。材质证明书项目不全、对材料的性能和化学成分有怀疑、设计图样或用户有要求的可进行复验。与《容规》等要求复验的一样，应有复验报告，各项指标应符合相应的材料标准。

材料验收合格后可入库，入库的钢板在钢板的一端应有材质钢印，至少包括材料名称、规格、编号和检验工号，编号可以是原始编号或本厂自编号，后者必须能和原始材料证明相对应。对于不允许打钢印的薄板、不锈钢板和低温容器用板则可以用其他方法做标记，如油漆等。对外购受压元件（封头、锻件等），其制造单位应具有国家质检总局颁发的相应级别制造许可资质，并且提供受压元件的质量证明书。

原材料的检验要在整个制造过程自始至终贯彻，如卷制筒节将钢印卷入内壁则应把它转移到外表来，经过金加工车光的零部件如法兰、管板、高压管件、高压零部件等应在端面或外周面再打上钢印，送到热处理炉中的零部件要事先挂牌栓标记以免混淆等。产品总装完成后应交付材质追踪图，在图上要注明壳体上每块钢板的材质和编号以及每个主要零部件（如大法兰、管板）的编号，使检验者即使找不到钢印也能对容器的用材一目了然。

对焊接材料（焊条、焊丝、焊剂）的控制，应确保焊接材料在保管、烘焙、领用、发放过程中的可追溯性，并保证焊工按焊接工艺卡的规定领用符合烘焙要求的焊接材料。焊接材料的储存库应保持干燥，相对湿度不得大于60%。焊条烘焙前应检查药皮有无开裂、脱离、油污，焊芯有无锈蚀，凡有以上缺陷之一的严禁烘焙使用。焊条及焊剂的烘焙工艺、烘焙次数应符合相应规定。

三、过程检验

下料前首先进行材质检验，在下料岗位上特别要注意材质标记和标记转移，所有标记应在材料分割前移植，确保材质标记的可追踪性。

其次是下料尺寸的检查，应使筒体焊缝间隙等符合有关标准、规范的要求。应该

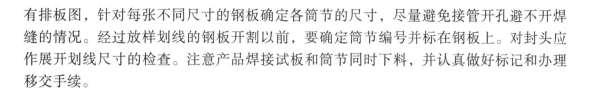

有排板图，针对每张不同尺寸的钢板确定各筒节的尺寸，尽量避免接管开孔避不开焊缝的情况。经过放样划线的钢板开割以前，要确定筒节编号并标在钢板上。对封头应作展开划线尺寸的检查。注意产品焊接试板和筒节同时下料，并认真做好标记和办理移交手续。

四、焊接控制

焊接控制包括焊工管理、焊材管理、焊接工艺评定管理、焊接环境控制、焊接工艺控制及焊缝返修控制。

焊接压力容器的焊工，必须按照《锅炉压力容器压力管道焊工考试与管理规则》进行考试，取得焊工合格证后，才能在有效期内担任合格项目范围内的焊接工作。焊接前，应对焊工资格进行审查，审查焊工证件上所列的焊接方法（焊条电弧焊、埋弧焊或钨极气体保护焊等）、母材钢号类别、试件类别、焊接位置、焊接材料等几项因素构成的合格项目是否能与所承担的焊接工作相适应，若不符合，则应认为不具备焊接资格。

压力容器产品施焊前，对受压元件之间的对接焊接接头和要求全焊透的T形焊接接头，受压元件与承载的非受压元件之间全焊透的T形或角接焊接接头，以及受压元件的耐腐蚀堆焊层都应进行焊接工艺评定。

施焊前，审查产品施焊所采用的焊接工艺评定，必须是按有关规范和标准经焊接工艺评定合格的，并且选用正确，能适用于该产品的所有焊缝。对评价未合格或未经评定的，必须经评定合格后方可采用。

根据设计资料编制的焊接工艺规程应齐全，A、B、C、D类焊缝均应有焊接工艺卡，内容是否正确，是否符合现行技术标准，制定的焊接工艺有无合格的焊接工艺评定为依据；焊接设备、电流表、电压表的状态应完好；现场焊接工艺执行情况：检查坡口形式、尺寸是否符合设计图样或有关技术条件；焊接材料的烘干情况和干燥设备是否符合技术文件的要求对焊前需预热的焊缝，预热设备和预热温度记录是否符合有关规定；检查焊接工艺参数是否与焊接工艺规程一致；对要求控制层间温度的焊缝，应检查层间温度；检查产品焊接试板的加工、焊接位置、施焊工艺参数和试板数量，以批代台的产品焊接试板的制作与管理，是否符合《容规》、焊接工艺规程的规定。

焊缝的返修应由合格的焊工担任。制定返修工艺时应对缺陷产生原因进行认真分析，返修工艺措施应经焊接责任人同意。返修工艺同样应满足焊接工艺控制要求。对焊接接头的同一部位（指焊补的填充金属重叠的部位）的返修次数超过两次以上的返修，应经受检企业技术总负责人批准，并将返修的次数、部位、返修后的无损检测结果和技术总负责人批准字样记入压力容器质量证明书的产品制造改变报告中。

焊缝内部缺陷在返修前，应用超声波检测仪测定缺陷深度，根据缺陷深度，确定在哪一侧返修。消除缺陷，应控制在钢板厚度的2/3以内（从返修侧表面计算），如超过焊缝深度的2/3仍残留缺陷时，应立即停止清除并进行焊补，然后在其背面再次清除缺陷，进行焊补。焊补长度应大于50mm，对于标准抗拉强度大于540MPa的钢材及 Cr–Mo 低合金钢其焊补长度应适当增加。

　　返修的现场记录应详尽，其内容至少包括坡口形式、尺寸、返修长度、焊接工艺参数（焊接电流、电弧电压、焊接速度、预热温度、层间温度、后热温度及保温时间、焊材牌号及规格、焊接位置等）和施焊者及钢印等。

　　要求焊后热处理的压力容器，应在热处理前焊接返修；如在热处理后进行返修，返修后应再作热处理。有抗晶间腐蚀要求的奥氏体不锈钢制压力容器，返修部位仍要保证原有的抗晶间腐蚀性能。

第八章 压力容器安全装置及失效形式

第一节 压力容器安全装置

一、安全泄压装置与安全泄放量

（一）安全泄压装置

引起压力容器超压的原因很多，除了根据不同的原因，从根本上采取措施消除或减少可能引起压力容器超压的各种因素外，安装安全泄压装置是防止过压而发生事故的关键性措施。

1. 安全泄压装置的类型及其特点

安全泄压装置按其结构类型不同可以分为阀型、断裂型、熔化型及组合型。

（1）阀型

阀型安全泄压装置就是常用的安全阀，它通过阀的开启排出气体来降低容器内的压力。

①优点。仅排泄压力容器内高于额定的部分压力，当容器内压力降至正常操作压力时，就自动关闭，所以，它可以避免一旦出现超压就把容器内气体全部排出而造成浪费和生产中断；本身可重复使用多次；安装调整比较容易。

②缺点。密封性能差，由于安全阀的阀瓣为机械动作元件，与阀座一起因受频繁起闭、腐蚀、介质中固体颗粒磨损的影响，易发生泄漏；由于弹簧的惯性作用，阀的开启有滞后现象，因此泄压反应较慢，不能满足快速泄压的要求；安全阀接触不洁净的气体介质时，阀口有被堵塞或阀瓣有被粘住的可能。

根据以上特点，阀型安全装置适用于介质比较纯净的气体（如空气、水蒸气等）的容器，不宜用于介质有剧毒或容器内有可能产生剧烈化学反应而使压力急剧升高的容器。

（2）断裂型

断裂型安全泄压装置，常见的有爆破片和爆破帽。前者用于中、低压容器，后者多用于超高压容器。这类安全泄压装置是通过爆破元件，在较高的压力下发生裂开而排放气体使容器迅速泄压的。

①优点。密封性能较好，泄压反应较快，气体中的污染物对装置元件的动作影响较小；元件爆破前的正常工作状态完全无泄漏。

②缺点。元件因超压爆破泄压后不能重复使用，容器也因此而停止运行；爆破元件长期在高压力作用下，易产生疲劳损坏，所以元件的寿命短；爆破元件的动作压力不易控制。断裂型安全泄压装置宜用于容器内因化学反应等升压速率高或介质具有剧毒性的容器；

不宜用于液化气体储罐，否则会因元件爆破后泄压失控而造成液化气"爆沸"。另外，压力波动较大、超压机会较多的容器也不宜选用断裂型安全泄压装置。

（3）熔化型

熔化型安全泄压装置就是常用的易熔塞。它是利用装置内低熔点合金在较高的温度下熔化，打开通道，使气体从原来填充有易熔合金的孔中排出而泄放压力的。

①优点。结构简单，更换容易，由熔化温度而确定的动作压力较易控制。

②缺点。完成降压作用后不能重复使用，容器停止运行；受易熔合金强度限制，泄放面积不能太大；这类装置有时还可能由于合金受压或其他原因脱落或熔化，致使意外事故发生。

熔化型安全泄压装置只能用于容器内气体压力完全是因为温度的小型压力容器，如液化气体气瓶。

（4）组合型

组合型安全泄压装置由两种安全泄压装置组合而成。通常是阀型和断裂型组合，或阀型和熔化型组合，最常见的是弹簧式安全阀与爆破片串联组合。这种类型的安全泄压装置同时具有阀型和断裂型的优点，既可防止阀型安全装置的泄漏，又可以在排放过高的压力以后使容器继续运行。

组合装置的爆破片，可以根据不同的需要设置在安全阀的入口侧或出口侧。将爆破片设置在安全阀入口侧，可以利用爆破片将安全阀与气体隔离，防止安全阀受腐蚀或被气体中的污物堵塞或黏结。当容器超压时，爆破片断裂，安全阀开启后再关闭，容器可以继续暂时运行，待进行容器检修时再装上爆破片。这种结构要求爆破片的断裂不妨碍后面安全阀的正常动作，而且要在安全阀与爆破片之间设置压力检测仪，以防止二者之间有压力影响爆破片的动作（爆破片会因两边存在压差而造成爆破压力超过设定的绝对压力，使容器超压）。爆破片设置在安全阀出口侧，可以使爆破片免受气体压力与温度的长期作用而产生疲劳，爆破片可用于防止安全阀泄漏，这种结构同样要求及时将安全阀与爆破片之间的气体排出，否则安全阀失去作用。

纵观以上四种安全泄压装置，在工业生产中最常用、最普遍的是安全阀。组合型安全装置虽具备两种以上安全泄压装置的优点（优缺点互补），但由于结构复杂，特别是在使用中必须保持两种泄压装置之间不能存在压力气体，而这点很难做到，所以未能广泛使用，一般只是用于工作介质有剧毒或工作介质为稀有气体的容器，并且由于避免不了安全阀滞后作用的缺点，而不能用于容器内升压速度极高的反应容器。

根据以上介绍，压力容器的本身特性和使用特性决定了其不可避免地在使用、运行过程中存在超压、超温的可行性，因此，为了确保容器的正常运行和避免安全事故的发生，在压力容器上必须设置安全附件。

2. 安全泄压装置的基本要求

为使安全附件能真正发挥确保压力容器安全运行的作用，必须对安全附件的设置提出一定的要求。

（1）设置原则

第一，凡《固定式压力容器安全技术监察规程》适用范围内的压力容器，应该根据设计要求装设安全泄放装置。压力源来自压力容器外部，且得到可靠控制时，安全泄放装置可以不直接安装在压力容器上。在常用的压力容器中必须单独装设安全泄压装置的有以下几种：

①液化气体储存容器（通用型液化气瓶除外）。

②压缩机附属气体储罐。

③容器内进行放热或分解等化学反应，能使压力升高的反应容器。

④高分子聚合设备。

⑤由载热物料加热，使容器内液体蒸发汽化的换热容器。

⑥用减压阀降压后进气，且其允许使用压力小于压力源设备压力的容器。

⑦与压力源直通，而压力源处未设置安全阀的容器。

第二，安全阀不能可靠工作时，应装设爆破片装置，或采用爆破片装置与安全阀装置组合的结构。采用组合结构时，应符合 GB 150—2011《压力容器》附录 B 的有关规定。对串联在组合结构中的爆破片动作时不允许产生碎片。

第三，对易燃介质或毒性强度为极度、高度或中度危害介质的压力容器，应在安全阀或爆破片的排出口装设导管，将排放介质引至安全地点，并进行妥善处理，不得直接排入大气。

第四，压力容器所装设的安全附件必须按国家有关部门的规定和要求进行校验（安装前校验和使用后定期校验）和维护。安全附件的定期检验按照《在用压力容器检验规程》的规定进行。

第五，安全附件的装设位置，应便于观察（检验）和检修。

（2）选用要求

①压力容器安全附件的设计、制造应符合《固定式压力容器安全监察规程》和相应国家标准或行业标准的规定。制造爆破片装置的单位应持有国家质量技术监督局颁发的制造许可证。

②安全阀、爆破片的排放能力，必须大于或等于压力容器的安全泄放量。对于充装处于饱和状态或过热状态的气液混合介质的压力容器，设计爆破片装置应计算泄放口径，确保不产生空间爆炸。

③如果在设计压力容器时采用最大允许工作压力作为安全阀、爆破片的调整依据，

则应在设计图样上和压力容器铭牌上注明。

④压力容器的压力表、液面计等应根据压力容器的介质、最高工作压力和温度、黏度等正确选用。

（二）安全泄放量

压力容器的安全泄放量是指当压力容器出现超压时，为了保证其压力不再持续升高而在单位时间内所泄放的气量。压力容器安全泄放装置的排放能力应不小于压力容器的安全泄放量，故安全泄放量是决定容器中的安全泄放装置是否有效、能否确保压力容器运行安全的重点。

压力容器的安全泄放量是容器在单位时间内由产生气体压力的设备所能输入的最大气量，或容器在受热时单位时间内所能蒸发、分解的最大气量。因此，对于各种压力容器，应该分别按不同的方法来确定其安全泄放量。

1. 盛装压缩气体或水蒸气的压力容器

用以储存或处理压缩气体、水蒸气的压力容器，由于容器内部不可能产生气体，而且即使容器受到较强的辐射热的影响，容器内气体的压力一般也不至于显著升高。这类压力容器的安全泄放量取决于容器的气体输入量。对压缩机储气罐和蒸汽罐等容器的安全泄放量，分别取压缩机和蒸汽发生器的最大产气（汽）量，故安全泄放量按下式计算，即：

$$W_s = 2.83 \times 10^{-3} \rho v d^2 \qquad (8-1)$$

式中

W_s ——压力容器的安全泄放量，kg/h；

d ——压力容器进料管的内径，mm；

v ——压力容器进料管内气体的流速，m/s；

ρ ——泄放温度下的介质密度，kg/m3。如果压力容器有多个进料管，那么 d 必须是采用所有进料管总流通面积折算出的总内径。

对于一般气体，$v = 10 \sim 15m/s$；对于饱和蒸汽，$v = 20 \sim 30m/s$；对过热蒸汽，$v = 30 \sim 60m/s$

2. 产生蒸汽的换热设备

安全泄放量按下式计算，即：

$$W_s = \frac{Q}{q} \qquad (8-2)$$

式中

W_s ——压力容器的安全泄放量，kg/h；

Q ——输入热量，kJ/h；

q ——在泄放压力下，液体的汽化热，kJ/kg。

3. 盛装液化气体的压力容器

（1）有火灾危险环境下的液化气体储罐

当介质为易燃液化气体或位于可能发生火灾的环境中工作的非易燃液化气体时，安全泄放量的计算式如下：

①当无绝热保温层时，安全泄放量按下式计算，即：

$$W_s = \frac{2.55 \times 10^5 FA_r^{0.82}}{q} \qquad (8\text{-}3)$$

②当有完善的绝热保温层时，安全泄放量按下式计算，即：

$$W_s = \frac{2.61(650-t)\lambda A_r^{0.82}}{\delta q} \qquad (8\text{-}4)$$

式中

W_s——压力容器的安全泄放量，kg/h；

A_r——容器的受热面积，m2；

F——系数（容器装设在地面以下，用砂土覆盖时，F =0.3；容器装设在地面上之时，F =1.0；对设置在大于 10 L/（m2·min）的水喷淋装置下时，F =0.6）；

q——在泄放压力下，液体的汽化热，kJ/kg；

t——泄放压力下介质的饱和温度，℃；

δ——容器保温层的厚度，m；

λ——650℃下绝热材料的热导率，kJ/（m·h·℃）。

各种形式的压力容器，其受热面积 A_r 应分别按以下公式计算。

半球形封头的卧式容器：

$$A_r = \pi D_o L$$

椭圆形封头的卧式容器：

$$A_r = \pi D_o \left(L + 0.3 D_o \right)$$

立式容器：

$$A_r = \pi D_o L'$$

球形容器：

$$A_r = \frac{\pi D_o^2}{2}$$

或从地平面起到 7.5 m 高度以下所包含的球壳外表面积，取两者中的较大值。式中

D_o——容器外径，m；

L——卧式容器总长，m；

L'——立式容器内最大液面高度，m。

（2）无火灾危险环境下的液化气体储罐

介质为非易燃液化气体的容器，在无火灾危险的环境下（如储罐周围不存放燃料，或用耐火建筑材料将储罐与其他可燃物料隔离）工作时，安全泄放量可以根据有无隔热保温层分别选用式（8-3）或式（8-4）计算，取不低于计算值的30%。

（3）因化学反应使气体体积增大的容器

由于介质的化学反应而使气体的体积增大，其安全泄放量应根据容器内化学反应可能生成的最大气量及反应所需的时间来确定。

二、安全阀和爆破片

（一）安全阀

1.安全阀概述

（1）基本结构

安全阀主要由密封结构（阀座和阀瓣）和加载机构（弹簧或重锤、导阀）组成，这是一种由进口侧流体介质推动阀瓣开启，泄压后自动关闭的特种阀门，属于重闭式泄压装置。阀座和座体不仅可以是一个整体，也有组装在一起的，与容器连通；阀瓣通常连带有阀杆，紧扣在阀座上；阀瓣上加载机构的载荷大小是可以根据压力容器的规定工作压力来调节的。

（2）工作原理及过程

安全阀的工作过程大致可分为四个阶段，即正常工作阶段、临界开启阶段、连续排放阶段和回座阶段。在正常工作阶段，容器内介质作用于阀瓣上的压力小于加载机构施加在它上面的力，两者之差构成阀瓣与阀座之间的密封力，使阀瓣紧压着阀座，容器内的气体无法通过安全阀排出；在临界开启阶段，压力容器内的压力超出了正常工作范围，并达到安全阀的开启压力，预调好的加载机构施加在阀瓣上的力小于内压作用于阀瓣上的压力，于是介质开始穿透阀瓣与阀座密封面，密封面形成微小的间隙，进而局部产生泄漏，并由断续地泄漏而逐步形成连续地泄漏；在连续排放的阶段，随着介质压力的进一步升高，阀瓣即脱离阀座向上升起，继而排放；在回座阶段，如果容器的安全泄放量小于安全阀的排量，容器内压力逐渐下降，很快降回到正常工作压力，此时介质作用于阀瓣上的力又小于加载机构施加在它上面的力，阀瓣又压紧阀座，气体停止排出，容器保持正常的工作压力继续工作。安全阀通过作用在阀瓣上的两个力的不平衡作用，使其启闭，以达到自动控制压力容器超压的目的。要达到防止压力容器超压的目的，安全阀的排气量不得少于压力容器的安全泄放量。

（3）基本要求

为了使压力容器正常安全运行，安全阀应满足以下基本要求：

（1）安全阀必须是有质量保证的产品，即具有出厂随带的产品质量说明书，并且阀体外表面必须有装设牢固的金属铭牌。

②安全阀应该动作灵敏可靠，当压力达到开启压力时，阀瓣即能自动迅速地开启，

顺利地排出气体。当压力降低后，能及时关闭阀瓣。

③在排放压力下，阀瓣应达到全开位置，并能排放出规定的气量。

④安全阀应该具有良好的密封性能，即要求不但能在正常工作压力下保持不漏，而且在开启排气并降低压力后能及时关闭，关闭后继续保持密封良好。

⑤安全阀应结构紧凑、调节方便且应确保动作准确可靠，即要求杠杆式安全阀应有防止重锤自由移动的装置和能限制杠杆越出的导架；弹簧式安全阀应有防止随便拧动调整螺钉的铅封装置；静重式安全阀应有防止重片脱落的装置。

2. 安全阀的分类

（1）按加载机构的类型分类

①重锤杠杆式安全阀。重锤杠杆式安全阀是利用重锤和杠杆来平衡施加在阀瓣上的力。根据杠杆原理，加载机构（重锤和杠杆等）作用在阀瓣上的力与重锤重力之比等于重锤至支点的距离与阀杆中心至支点的距离之比。所以它可以利用质量较小的重锤通过杠杆的增大作用获得较大的作用力，并通过移动重锤的位置（或改变重锤的质量）来调整安全阀的开启压力。

重锤杠杆式安全阀结构简单，调整容易，又比较准确。因加载机构无弹性元件，故在温度较高的情况下及阀瓣升高过程中，施加于阀瓣上的载荷不发生变化，因而较为适合在温度较高的场合下使用，多用于使用蒸汽系统的压力较低、温度较高的固定式压力容器。但这种安全阀也存在不少缺点，它的结构比较笨重，重锤与阀体的尺寸很不相称；加载机构比较容易振动，并会因振动而影响密封性能；杠杆与阀杆的接触也存在一些问题，当杠杆升起之后，它上面的"刀口"，即阀杆与杠杆的接触点就与阀座、阀杆不在一条中心线上，这样容易因阀杆受力不垂直而把阀瓣压偏，尤其在阀杆顶端的刀口被磨损时情况更严重；这类安全阀的回座压力一般都比较低，有的甚至要降到工作压力的 70% 以下才能保持密封。

②弹簧式安全阀。弹簧式安全阀是利用压缩弹簧的弹力来平衡作用在阀瓣上的力。螺旋圈形弹簧的压缩量可以通过旋转它上面的调整螺母来调节，利用这种结构就可以根据需要校正安全阀的开启压力。

弹簧式安全阀的结构轻便紧凑，灵敏度也较高，安装位置不受严格限制，是压力容器最常选用的一种安全阀。另外，因对振动的敏感性差，也可用于移动式压力容器。这种安全阀的缺点是不能迅速开启至顺畅排放，排放泄压滞后性明显。主要原因是施加在阀瓣上的载荷会随着阀的开启而发生变化。因为随着阀瓣的升高，弹簧的压缩量增大，作用在阀瓣上的力也随之增加，所以必须通过内压的继续升高来消除弹簧因压缩而增加的力，使安全阀有足够的开启高度来确保排气量。这就造成弹簧式安全阀的开启压力略小于排放压力。

此外，弹簧还会因长期受高温的影响而导致弹力减小，所以高温容器使用时，需考虑弹簧的隔热或散热问题。

③脉冲式安全阀。脉冲式安全阀是一种非直接作用式安全阀，它由主阀和脉冲阀构成。脉冲阀为主阀提供驱动源，通过脉冲阀的作用带动主阀动作。脉冲阀具有一套弹簧式的加载机构，它通过管子与装接主阀的管路相通。当容器内的压力超过规定的

工作压力时，脉冲阀就会像一般的安全阀一样，阀瓣开启，气体由脉冲阀排出后通过一根旁通管进入主阀下面的空室，并推动活塞。由于主阀的活塞与阀瓣是用阀杆连接的，且活塞的横截面积比阀瓣面积大，所以在相同的气体压力下，气体作用在活塞上的作用力大于作用在阀瓣上的力，于是活塞通过阀杆将主阀瓣顶开，大量的气体从主阀排出。当容器的内压降至工作压力时，脉冲阀上加载机构施加于阀瓣上的力大于气体作用在它上面的力，阀瓣即下降，脉冲阀关闭，使主阀活塞下面空室内的气体压力降低，作用在活塞上的力再也无法保持活塞通过阀杆将阀瓣继续顶开，因此主阀跟着关闭，容器继续运行。

由于脉冲式安全阀主阀压紧阀瓣的力可以比直接作用式安全阀大得多，故阀瓣与阀座之间可以获得较大的密封压力，其密封性能较好。同时也正因为主阀压紧阀瓣的力较大，且在同等条件下加载机构所承担的压紧力比直接作用式安全阀要小得多，相当于同等条件下可以大大地减少加载机构的尺寸，所以解决了重锤杠杆式安全阀和弹簧式安全阀不适用于安全泄放量较大的压力容器的问题。因为口径很大的安全阀如果用杠杆重锤式或弹簧式，要用质量很大的重锤或弹力很大的弹簧，而这两者一般都有一定的限制。为了操作方便，杠杆重锤式安全阀重锤的质量一般不宜超过 60 kg，而弹簧式安全阀弹簧的弹力最大不应超过 2×104 N，过大、过硬的弹簧不能准确地工作。而脉冲式安全阀正好能弥补这些不足，用于泄放压力高、泄放量大的场合。但脉冲式安全阀的结构复杂，动作的可靠性不仅取决于主阀，也取决于脉冲阀和辅助控制系统，受影响的因素太多，容易出现失灵或泄压不准确等现象。因此，使用上有一定的局限性，目前只在大型电站锅炉或水库中运用。

在上述的三种安全阀中，用得最普遍的是弹簧式安全阀。特别是随着技术的进步，弹簧式安全阀得到不断的改进，如弹簧在长期高温作用下弹力减退的问题已经基本解决，因此杠杆重锤式安全阀就逐步被弹簧式安全阀所取代。

（2）按安全阀的开启高度分类

安全阀的开启高度是按照其阀瓣开启的最大高度与阀孔直径之比来划分的，按这种方法分类可分为全启式和微启式两种。

安全阀开启排气时，可将气体流经整个安全阀的流通面积分为两段，一段是由阀进口端到阀瓣与阀座密封面前流道的通道面积，因为该流道的通道面积由阀体的结构所决定，是阀体所固有、不可调的，故将其称作不变流通面积。另一段是可变流通面积，安全阀开启阀瓣离开阀座，气体从阀瓣与阀座的密封面之间的空隙排走，而这一空隙会随着开启高度的变化而变化，因此将气体流经此空隙的有效流通面积称为可变流通面积。

①全启式安全阀。开启时，阀瓣可以上升到足够高度以达到完全开启的程度，即可变流通面积大于或等于不变流通面积。有的全启式安全阀装有上、下调节圈，为一种性能较好，带上、下调节圈的全启式安全阀。它有一个喷嘴式的阀座，以保证气体在阀座的窄断面处具有较高的流速。装在阀瓣外面的上调节圈和阀座上的下调节圈在气体出口处形成一个很窄的缝隙。当开启不大时，气流两次撞击阀瓣使它继续上升。开启高度增大后，上调节圈又使气流方向弯转向下，反作用力又使阀瓣进一步开启。

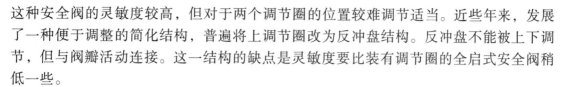

这种安全阀的灵敏度较高，但对于两个调节圈的位置较难调节适当。近些年来，发展了一种便于调整的简化结构，普遍将上调节圈改为反冲盘结构。反冲盘不能被上下调节，但与阀瓣活动连接。这一结构的缺点是灵敏度要比装有调节圈的全启式安全阀稍低一些。

②微启式安全阀。开启高度较小，一般都不到孔径的 1/20。但是它的结构简单，制造、维修和调试都比较方便，宜用于泄放量不大、压力不高的场合。公称直径在 50 mm 以上的微启式安全阀，为了增大阀瓣的开启高度，使它达到 $h \geqslant d_o / 20$ 的要求，一般都在阀座上装设一个简单的调节圈，通过它的上、下调节，可调整气体对阀瓣的作用力。对同样的排气量，全启式安全阀较微启式安全阀的体积小得多，尽管它结构、调试、维修复杂，回座压力也较低，但目前仍被较多地使用。

（3）按介质排放方式分类

安全阀的种类按照介质排放方式的不同，可分为全封闭式、半封闭式和开放式三种。

①全封闭式。全封闭式安全阀排放时，气体全部通过排气管排放，介质不能向外泄漏，排气管排出的气被收集起来重新利用或做其他处理，因此，全封闭式安全阀主要用于有毒、易燃介质的容器。

②半封闭式。半封闭式安全阀所排出的气体大部分经排气管排走，但仍有一部分从阀盖与阀杆之间的间隙中漏出，半封闭式安全阀多用于介质为不会污染环境的气体的容器。

③开放式。开放式安全阀的阀盖是打开的，使弹簧腔室或杠杆支点腔和大气相通，排放的气体直接进入周围的空间，主要适用于介质为蒸汽、压缩空气以及对大气不产生污染的高温气体的容器。

3. 安全阀额定泄放量的计算

每个合格的安全阀一般都会在其铭牌上标记该阀用于某种工作条件（压力、温度）下的额定泄放量，但实际使用条件往往与铭牌上的条件不完全相同，这就需要对安全阀的泄放量进行换算或重新计算。

（1）介质为气体

为计算安全阀的额定泄放量，将安全阀启动排泄气体时气体的流速分为临界流速和亚临界流速。临界流速是指排气时气体由安全阀阀座喷口流出时所能达到的最大流速，相应地达到此流速的条件称作临界条件。大多数安全阀在排出气体时，气体流速都处于临界状态。

①临界条件，即 $\dfrac{p_o}{p_f} \leqslant \left(\dfrac{2}{\kappa+1}\right)\dfrac{\kappa}{\kappa-1}$ 时，泄放能力按下式计算：

$$\text{k } W_s = 7.6 \times 10^{-2} C K p_f A \sqrt{\dfrac{M}{Z T_f}} \qquad (8\text{-}5)$$

②）亚临界条件，即 $\dfrac{p_o}{p_f} > \left(\dfrac{2}{\kappa+1}\right)^{\frac{\kappa}{\kappa-1}}$ 时，泄放能力按下式计算：

$$W_s = 55.85CKp_f A \sqrt{\frac{M}{ZT_f}} \sqrt{\frac{\kappa}{\kappa-1}\left[\left(\frac{p_o}{p_f}\right)^{\frac{2}{\kappa}} - \left(\frac{p_o}{p_f}\right)^{\frac{\kappa+1}{\kappa}}\right]} \qquad (8\text{-}6)$$

式中

W_s——容器的安全泄放量，kg/h；

K——气体等熵指数；

p_f——安全阀的泄放压力（绝压），包括动作压力和超压限度两部分，MPa；

p_o——安全阀的出口侧压力，m2；

A——安全阀或爆破片的泄放面积，m2；

C——气体特性系数；

K——安全阀的泄放系数，普通情况下取额定泄放系数（通常由安全阀制造厂提供）；对于液体介质，取值 0.62 或按有关安全技术规范的规定取值；

M——气体的摩尔质量，g/mol；

T_f——安全阀的泄放温度，K；

Z——气体的压缩系数，对于空气，$Z = 1.0 \cdot$。

其中，气体特性系数 C 按下式求取：

$$C = 520\sqrt{\kappa\left(\frac{2}{\kappa+1}\right)^{\frac{\kappa+1}{\kappa-1}}} \qquad (8\text{-}7)$$

（2）介质为水蒸气（饱和与过热）

$$W_s = 5.25KAC'p_f \qquad (8\text{-}8)$$

式中 C'——水蒸气特性系数，蒸汽压力小于 11 MPa 的饱和水蒸气 $C' \approx 1$；对于过热水蒸气，C' 随过热温度的增加而减小。

（3）介质为液体

$$W_s = \ddot{a}.1\xi KA\sqrt{\rho\ p}$$

式中 ρ——流体密度，kg/m3；

$\ddot{A}p$——安全阀泄放时内、外侧的压力差，MPa；

ξ——液体黏度校正系数。

系数 ξ 的取值：当液体的黏度不大于 20℃水的黏度时，取 $\xi = 1.0$；当液体的黏度大于 20℃水的黏度时，液体阻力损失增大，此时 $\xi < 1.0$，可根据雷诺数查出。

4. 安全阀的选用与安装

（1）安全阀的选用

安全阀的选用应根据容器的工作压力、工作温度、介质特性（毒性、腐蚀性、黏性和清洁程度等）以及容器有无振动等综合考虑。

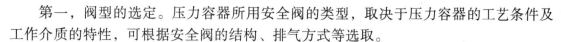

第一，阀型的选定。压力容器所用安全阀的类型，取决于压力容器的工艺条件及工作介质的特性，可根据安全阀的结构、排气方式等选取。

①按安全阀的加载机构选用。一般压力容器宜用弹簧式安全阀，因其构造紧凑、轻便，也比较灵敏可靠；压力较低、温度较高且无振动的压力容器可采用重锤杠杆式安全阀。

②按安全阀的排放方式选用。对有毒、易燃或如制冷剂等对大气造成污染和危害的工作介质的压力容器，应选用封闭式安全阀；对压缩空气、蒸汽或如氧气、氮气等不会污染环境的气体，采用开放式或半开放式安全阀。

③按安全阀的封闭机构选用。高压容器以及安全阀泄放量较大而壁厚又不太富裕的中、低压容器，最好采用全启式安全阀。对于安全泄放量较小或操作压力要求平稳的压力容器，宜采用微启式安全阀。在两者均可选取时，应首选全启式安全阀，因为同样的排量，全启式安全阀的直径比微启式的直径要小得多，故采用全启式安全阀可以减小容器的开孔尺寸。

第二，规格的确定。

①公称压力。安全阀是根据公称压力 pN 标准系列进行设计制造的。其型号有 1.6 MPa、2.5 MPa、4.0 MPa、6.4 MPa、10 MPa、16 MPa 和 32 MPa。公称压力表示安全阀在常温状态下的最高许用压力，因此高温容器选取安全阀时还应考虑高温对材料许用应力的降低，即

$$p_N \geqslant \frac{p}{\dfrac{[\sigma]^t}{[\sigma]}}$$

式中

p_N——安全阀的公称压力，MPa；

p——容器的设计压力，MPa；

$[\sigma]^t$——阀体材料在常温下的许用应力，MPa；

$[\sigma]$——阀体材料在工作温度下的许用应力，MPa。

安全阀的公称压力只表明安全阀阀体所能承受的强度，并不代表安全阀的排气压力，排气压力必须在公称压力范围内，不同的压力容器对安全阀的排气压力有不同的要求。因此，安全阀的设计在公称压力的范围内，还通过将弹簧分成适当的级别，以适应不同的排气压力（工作压力），不同级别配备不同刚度的弹簧。例如，公称压力 pN=1.6 MPa 的安全阀，按压力大小配有 5 种级别的弹簧，选用了应按压力容器的设计压力选定最接近的且稍大于排气压力的一种。

②公称直径。安全阀的通径也是设定标准系列（公称直径）进行制造的。为了保证安全阀在容器超压并排放气体后，容器内的压力不再持续升高，要求安全阀的排量必须不小于容器的安全泄放量。

如果安全阀的铭牌上标注有排量，则可以选择排量略大于或等于容器安全泄放量的安全阀。但当容器的工作介质或设计压力、设计温度等与安全阀铭牌标注的条件不

同时，则应该按铭牌上的排量换算成实际使用条件下的排量，并要求此排量不小于压力容器的安全泄放量。

（2）安全阀的安装

为保证压力容器的安全运行，防止事故的发生，安装安全阀时需遵守以下几点要求：

①在安装安全阀之前，应根据使用情况对安全阀进行调试校验后才允许安装使用；调试校验原则上应由有压力容器安装资质的安装队或送经当地质监部门认可的安全阀校验站调试校验，并出具校验证。

②应垂直安装安全阀，并应将安全阀装设在压力容器液面以上的气相空间部分，或装设在与压力容器气相空间相连的管道上。

（3）对于压力容器与安全阀之间的连接管和管件的通孔，其截面积不得小于安全阀的进口截面积，其接管应尽量短而直，以尽量减少阻力，避免使用急弯管、截面局部收缩等增加管路阻力甚至会引起污物积聚而发生堵塞等的配管结构。

④压力容器的一个连接口上若装设两个或两个以上的安全阀，则该连接口入口的截面积应至少等于这些安全阀的进口截面积总和。

⑤安全阀与压力容器之间一般不宜装设截止阀。为实现安全阀的在线校验，可以在安全阀与压力容器之间装设爆破片装置。对于盛装毒性程度为极度、高度、中度的危害介质，易燃介质，腐蚀、黏性介质或贵重介质的压力容器，为便于安全阀的清洗与更换，经使用单位主管压力容器安全的技术负责人批准，并制定可靠的防范方法，方可在安全阀（爆破片装置）与压力容器之间装设截止阀。压力容器安全运行期间截止阀必须保证全开并加铅封或锁定，截止阀的结构和通径应不妨碍安全阀的安全泄放。安全阀的装设位置，应便于日常检查、维护和检修；安装在室外露天的安全阀，应有防止气温低于0℃时阀内水分冻结，影响安全排放的可靠措施。

⑥针对介质按要求装设排放导管的安全阀，排放导管的内径不得小于安全阀的公称直径，并有防止导管内积液的措施。两个以上的安全阀若共用一根排放导管，则导管的截面积不应小于所有安全阀出口截面积的总和。氧气和可燃性气体及其他能相互产生化学反应的两种气体不能共用一根排放导管。

⑦安装杠杆式安全阀时，必须使其阀杆严格保持在铅垂的位置。安全阀与它的连接管路上的连接螺栓必须均匀地上紧，以免阀体产生额外应力，妨碍安全阀的正常工作。

5.安全阀的维护保养

要使安全阀经常处于良好的状态，保持灵敏可靠和密封性能良好，就必须在压力容器的运行过程中加强对它的维护和检查。

（1）要经常保持安全阀清洁，防止阀体弹簧等被油垢脏物粘满或被锈蚀，防止安全阀排放管被油垢或其他异物堵塞。对设置在室外露天的安全阀，还要注意防冻。

（2）经常检查安全阀的铅封是否完好。检查杠杆式安全阀的重锤是否有松动、被移动以及另挂重物的现象。

（3）发现安全阀有泄漏迹象时，应及时修理或更换。禁止用增加载荷的方法（如加大弹簧的压缩量或移动重锤和加挂重物等）减除阀的泄漏。

（4）对空气、水蒸气以及带有黏性物质而排气又不会造成危害的其他气体的安全阀，应定时做手提排气试验。手提排气试验的间隔期限可以根据气体的洁净程度来确定。

（二）爆破片

爆破片是另一种常用的压力容器安全泄放装置，由爆破片本身和相应的夹持器组成，通常所说的爆破片包括夹持器等部件。爆破片是一种由压力差作用驱使膜片断裂而自动泄压的装置。与安全阀相比，它有两个特点：一是属于无机械动作元件，可以做到完全封闭；二是泄压时惯性小，反应迅速，爆破压力精度高。

爆破片装置结构简单，使用压力范围广，并可采用多种材料制作，因而耐腐蚀性强。但爆破片断裂泄压后不能继续工作，容器也只能停止运行，因而爆破片只是在不宜装设安全阀的压力容器中使用。由于爆破片装置是一种非自动关闭的动作灵敏的泄压装置，所以其爆破压力必须由对应的温度来确定。同时，爆破片的选用除根据不同的类型及材料以外，还与操作温度、系统压力和工作过程等许多因素有关，因而爆破片的选型、安装及使用应比安全阀更严格和慎重。

1.爆破片的分类

按破坏时的受力形式不同，爆破片可分为拉伸型、压缩型、剪切型和弯曲型。按爆破形式不同，爆破片可分为爆破型、触破型和脱落型。按爆破元件的材料不同，爆破片可分为金属爆破片和非金属爆破片。按产品外观不同，爆破片可分为正拱形、反拱形和平板形。

（1）正拱形爆破片（拉伸型）

正拱形爆破片的压力敏感元件呈正拱形。安装后拱的凹面处于压力系统的高压侧，动作时该元件发生拉伸破裂。爆破片拱的成形压力为爆破压力的 75% ~ 92%，所以普通爆破片的允许工作压力不应超过其规定爆破压力的 70%。当工作压力为脉动压力时，工作压力不应超过规定爆破压力的 60%。因而在正常工作压力下，爆破片膜片的形状一般不会改变。通常较适用于系统压力过程比较稳定的场合。

①正拱普通型。正拱普通型爆破片为单层膜片，是由坯片直接成形的，爆破压力由爆破片的材料强度控制。当设备系统超压时，爆破片被双向拉伸，发生塑性变形，使壁厚减薄，以致最终破裂而释放压力。正拱普通型爆破片装置是用塑性良好的不锈钢、镍、铜、铝等材料制成爆破片装在一副夹持器内构成。

②正拱开缝型。正拱开缝型是在正拱普通型的基础上为解决箔材的厚度不适应各种需要的压力动作而研制的。它是由有缝(孔)的拱形片与密封膜组成的正拱形爆破片。由于有缝（孔）造成薄弱环节，其爆破压力由薄弱环节控制。当膜片承压后，爆破片被双向拉伸，在压力达到规定时，薄弱环节破裂。为了保持在正常工作压力下的密封和变形，在膜片凹侧贴有一层含氟塑料。

膜片可以按箔材的成品厚度规格制造，调整孔桥间的宽度或小孔直径，但一般是调整小孔中心圆的直径来调节膜片的爆破压力，以满足容器设计压力的需要。

③正拱刻槽型。正拱刻槽型是在拱面上加工有槽的正拱形爆破片。开槽的作用与开缝相似。

（2）反拱形爆破片（压缩型）

反拱形爆破片的压力敏感元件呈反拱形。安装后，拱的凸面处于压力系统高压侧，该系列爆破片的爆破压力是靠爆破片的弹性失稳控制的。当被保护系统超压时，爆破片被双向压缩发生弹性失稳，使预拱的爆破元件反向屈曲，快速翻转或被刀片切开，或沿爆破片上的槽裂开，打开排放截面泄放压力，起到了保护系统的作用。

反拱形爆破片弥补了拉伸型爆破片靠拉伸强度控制爆破压力的缺陷。它利用爆破片材料的抗压强度来确定其爆破压力，系统压力作用在爆破片的凸面。这种爆破片几乎不会疲劳，不产生碎片，且系统的最高工作压力可在其爆破压力的90%或更高的条件下正常操作，比普通爆破片有更好的适应性和准确性。

反拱形膜片的制造材料与正拱形相同。根据泄放的方式不同，反拱形爆破片分为反拱刀架（或颚齿）型爆破片、反拱脱落型爆破片和反拱刻槽型爆破片。

①反拱刀架（或颚齿）型爆破片。反拱刀架（或颚齿）型爆破片是压力敏感元件失稳翻转时因触及刀刃（或颚齿）而破裂的反拱形爆破片，被较早和普遍应用。在爆破片泄放侧法兰下面固定着一组经热处理变硬的、刃磨得非常锋利的不锈钢刀片（或颚齿）。爆破片快速翻转时被刀片（或颚齿）刺破，从而实现系统的压力泄放。

反拱刀架（或颚齿）型爆破片泄放能力较差，不适用于低压、液体泄压及易燃气体泄放的情况。因为在液压下爆破片的转动速度慢，没有足够的能量切破爆破片。对于易燃气体，刀刃切割膜片可能产生高度静电积聚甚至直接产生火花，有引燃气体的危险。

②反拱脱落型爆破片。反拱脱落型爆破片是指压力敏感元件失稳翻转时沿支承边缘破裂或脱落，并随高压介质冲出的反拱形爆破片。这种爆破片不宜在移动式压力容器、高温高压容器、可能出现负压工况的容器上选用，反拱脱落型爆破片是通过爆破片翻转时整体与夹持器分离来实现泄放的。振动、高温高压或负压的存在，均可能导致爆破片意外脱落。

③反拱刻槽型爆破片。反拱刻槽型爆破片是在爆破片拱顶的凹面刻下十字交叉的减弱槽，爆破片翻转时沿减弱槽拉断，形成一个畅通的孔，而且没有碎片，但加工较困难。

（3）平板形爆破片（弯曲型）

平板形爆破片的压力敏感元件呈平板形，是较早的一种形式，常用脆性材料制成，如铸铁、硬塑料和石墨等。平板形爆破片分为平板开缝型爆破片和平板带槽型爆破片。平板开缝型爆破片的压力敏感元件由带缝（孔）的平板形片与密封膜构成，平板带槽型爆破片的压力敏感元件平面上加工有槽。平板形爆破片是利用膜片在较高的压力载荷下产生的弯曲应力达到材料的抗弯强极限而碎裂排气的，爆破片同时受拉伸与剪切作用。常用的爆破片安装形式有夹紧式和自由嵌入式两种。

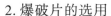

2. 爆破片的选用

（1）类型

应根据压力容器介质的性质、工艺条件及载荷特性等来选取爆破片。

①在介质性质方面，首先考虑介质在工作条件（如压力、温度等）下膜片有无腐蚀作用。对腐蚀性介质，宜采用正拱开缝型爆破片，或采用在介质的接触面上有金属或非金属保护膜的正拱形爆破片。如果介质是可燃气体，则不宜选用铸铁或碳钢等材料制造的膜片，以免膜片破裂时产生火花，在容器外引起可燃气体的燃烧爆炸。

②当容器内的介质为液体时，不宜选用反拱形。因为超压液体的能量不足以使反拱形爆破片失稳翻转。

③在压力较高时，宜选用正拱形；压力较低时，宜选用开缝型和反拱形。

④脉动载荷或压力大幅度频繁波动的容器，最好选用反拱形或弯曲型爆破片。因为其他类型的爆破片在工作压力下膜片都处于高应力状态，较易疲劳失效。

⑤当容器内为易燃、易爆介质或爆破片与安全阀联合使用时，需选择无碎片的爆破片，如正、反拱刻槽型，也可选用开缝型或反拱刀（颚齿）架型。

⑥对于在高温条件下产生蠕变的容器，应保证在操作温度下膜片材料的强度。

⑦如系统有真空工况或承受背压，就爆破片需配置背压托架。

（2）动作压力

为了确保压力容器不超压运行，爆破片的动作压力应不大于容器的设计压力。表8-1给出了不同结构形式爆破片的最低标定爆破压力与容器正常工作压力间的关系。对于装设爆破片的压力容器，在设计压力确定后，要由表8-2中给出的比值确定容器的操作压力；或者在一定的条件下，明确容器的设计压力。

表8-1　最低标定爆破压力

爆破片的形式	载荷性质	最低标定爆破压力 p_{mir}/MPa
正拱普通型	静载荷	$\geqslant 1.43 p_w$
正拱开缝型、正拱刻槽型	静载荷	$\geqslant 1.25 p_w$
正拱形	脉动载荷	$\geqslant 1.70 p_w$

（3）泄放面积

为了保证爆破片爆裂时能及时泄放容器内的压力，防止容器继续升压操作，爆破片必须具有足够的泄放面积。根据 GB 150—2011《压力容器》中的规定，爆破片泄放面积的计算方法如下。

①气体。分两种情况：

k4La s $p_o / p_f \leqslant [2/(\kappa+1)]^{\frac{\kappa}{(\kappa-1)}}$ 时，爆破片的排放面积按下式计算，即：

$$A = 13.16 \frac{W_s}{CKp_f} \sqrt{\frac{ZT_f}{M}} \qquad (8-10)$$

亚临界条件，即 $p_o / p_f > [2/(\kappa+1)]^{\frac{\kappa^\kappa}{(\kappa-1)}}$ 时，爆破片的排放面积按下式计算，即

$$A \geqslant \frac{K p_f \sqrt{\dfrac{M}{Z T_f} \sqrt{\dfrac{\kappa}{\kappa-1}\left[\left(\dfrac{p_o}{p_f}\right)^{\frac{2}{\kappa}}-\left(\dfrac{p_o}{p_f}\right)^{\frac{\kappa+2}{\kappa}}\right]}}}{} \qquad (8\text{-}11)$$

式中

A ——安全阀或爆破片的泄放面积，mm2；

C ——气体特性系数；

K ——泄放装置的泄放系数；

M ——气体的摩尔质量，kg/mol；

T_f ——泄放装置的泄放温度，

W_s ——容器的安全泄放量，kg/h；

Z ——气体的压缩系数，对于空气，$Z=1.0$。

其中，对于爆破片中 K 的取值，当满足以下四个条件时，K 是和爆破片装置入口管道形状有关的系数，如图 8-1 所示。

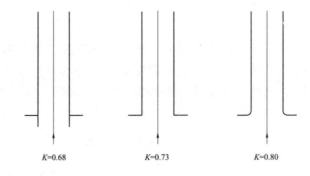

图 8-1　K 值与爆破片装置入口管道形状的关系

第一，直接向大气排放。

第二，爆破片安全装置离容器本体的距离不超过 8 倍管径。

第三，爆破片安全装置泄放管长度不超过 5 倍管径。

第四，爆破片安全装置上、下游接管的公称直径大于或等于爆破片安全装置的泄放口公称直径。当入口管道形状不易确定或不满足上述四个条件时，可以按实测值确定或取 K=0.62。

②水蒸气（饱和与过热）安全泄放面积按下式计算，即：

$$A = 0.196 \frac{W_s}{K C' p_f} \qquad (8\text{-}12)$$

式中

A ——安全阀或爆破片的泄放面积，mm2；

C' ——水蒸气特性系数，蒸汽压力小于 11 MPa 的饱和水蒸气，$C' \approx 1$，对于过热水蒸气，随过热温度的增加而减小；

K ——泄放装置的泄放系数；

W_s ——容器的安全泄放量，kg/h。

液体安全泄放面积按下式计算，即

$$A = 0.196 \frac{W_s}{\zeta K \sqrt{\rho \ddot{A} p}} \qquad (8\text{-}13)$$

式中 A ——安全阀或爆破片的泄放面积，mm2；

K ——泄放装置的泄放系数；

$\ddot{A}p$ ——泄放装置泄放时内、外侧的压力差，MPa；

W_s ——容器的安全泄放量，g/h；

ρ ——流体密度，kg/m3；kg/m3；

ζ ——液体动力黏度校正系数。

其中，系数的取值：当液体的黏度不大于20℃水的黏度时，取 ζ =1.0；当液体的黏度大于20℃水的黏度时，液体阻力损失增大，此时 ζ < 1.0，可根据雷诺数查出 ζ 值。

3. 爆破片的装设

爆破片的装设主要分为单独使用爆破片作为安全泄压装置，或爆破片与安全阀一起作为安全泄压装置，这主要根据压力容器的用处、介质的性质及设备运转条件来确定。

（1）爆破片单独作为泄压装置

在压力快速增长，或者对密封有较高要求，或者容器内物料会导致安全阀失灵以及安全阀不能适用的情况下，必须采用爆破片装置。而对于有较高密封要求的情况，一般指物料毒性程度为高度或极度危害的容器，该类容器仅安装安全阀不能满足高密封要求。另外，当容器内物料的黏度较大或可能产生粉尘时，可能导致安全阀失灵。

爆破片单独作为泄压装置时，其安装如图8~9所示。爆破片的安装位置要靠近压力容器，泄放道要直并且泄放的管道要有足够的支撑，以免由于负荷过重而使爆破片受到损伤。当爆破压力较高时，还要考虑爆破时的反冲力与振动问题。通常在爆破片的进口处设置一个截止阀，截止阀的泄放能力要大于爆破片的泄放能力，它的作用是更换爆破片时切断气流，在正常工作时，它总是处在全开状态并固定。爆破片的尺寸应尽量大，必要时可装两个或多个爆破片。在使用两个或两个以上爆破片时，根据需要可以串联安装，也可以并联安装。因为爆破片是凭借两侧的压力差达到某个预定值时才爆破的，因此，在串联时必须在两个爆破片之间安装压力表和放气阀，分别用以观察前级爆破片有无泄漏及排放两爆破片之间可能积聚起来的压力。

（2）爆破片与安全阀串联使用

当容器安装于某种可能损害安全阀动作性能的环境中，如该环境可能产生粉尘团、纤维团、飞溅碎物和腐蚀性气体等，而这些有害物质又可能从安全阀出口进入阀体，导致弹簧卡塞、元件腐蚀时，应采用爆破片与安全阀串联组合成安全泄放装置。

常见的串联组合型安全泄放装置为弹簧式安全阀和爆破片的组合使用，爆破片可设在安全阀入口侧，也可设在出口侧。

为将爆破片装在安全阀进口处的串联组合安全泄放装置，它利用爆破片将安全阀与介质隔开，防止安全阀受腐蚀或被气体中的污物堵塞或黏结，以保证安全阀的正常使用。当容器内部压力超过爆破片的爆破压力时，爆破片动作，安全阀自行开启和关闭，容器可继续运行。这种连接方式使两者的优点都能得到很好的发挥，爆破片后面的安全阀可不采用昂贵的耐蚀材料，介质损耗也少。这种布局还便于在现场校验安全阀，校验时不必拆下安全阀，可直接向安全阀与爆破片之间充压，系统内压力仍可以保持，但需要在爆破片下设置真空托架。爆破片与安全阀串联使用时需要注意的是：选用的爆破片在破裂后，其碎片不能阻碍安全

阀的工作，其出口通道面积不得小于安全阀的进口截面积。爆破片与安全阀之间要装压力表、旋塞、放空管或报警装置，用以指示和排放积聚的压力介质，及时发现爆破片的泄漏或破裂。为将爆破片设置在安全阀的出口处，对于介质是比较洁净的昂贵气体或剧毒气体和有公共泄放管道的情况，普遍采用这种装置。这种安装方式可使爆破片避免受介质压力及温度的长期作用而产生疲劳，但爆破片则用以防止安全阀的泄漏，还可以将安全阀与可能存在于公共泄放管道中的腐蚀介质隔开，防止对安全阀弹簧和阀杆的腐蚀，并可使安全阀的开启不受公共泄放管内背压的影响。为防止阀门背压累积，使安全阀在容器超压时能及时开启排气，在安全阀和爆破片之间应设置放压口，将由安全阀泄漏出的气体及时、安全地排出或回收，或采用先导式、波纹管式安全阀结构。

这种安装方式，要求安全阀即便是在背压的情况下，必须采用在正常开启压力下仍然能动作的结构。在工作温度下爆破片应在不超过容器设计压力时爆破，且爆破片爆破时应有足够大的开口，其碎片不能妨碍安全阀的工作。爆破片在对应设计温度下的额定爆破压力和安全阀与爆破片之间连接管道压力之和不得超过容器的最大允许压力或安全阀的开启压力。

（3）爆破片与安全阀并联使用

对于因物理过程瞬时的超压仅由安全阀泄放，而剧烈的化学反应过程持续较长，严重的超压由爆破片和安全阀共同泄放。在这种情况下，安全阀作为主要的泄压装置（一级泄压装置），爆破片则作为在意外情况下的辅助泄压装置（二级泄压装置）。

这种并联方式，爆破片是一个附加的安全设施。爆破片的爆破压力稍高于安全阀的开启压力。其中安全阀的动作压力应不大于容器的设计压力，爆破片的动作压力不大于1.04倍的设计压力。爆破片与安全阀泄放能力之和应大于容器所需的安全泄放量。

（4）爆破片与安全阀串联、并联组合使用

并联的爆破压力应稍高，当系统超压时，串联的爆破片爆破，起泄放作用。若压力继续升高，则并联的爆破片爆破，使系统泄压。

三、其他安全附件

压力容器的安全附件除前面所介绍的安全阀、爆破片作为压力容器安全运行保障

的核心附件外，还包括压力表和液面计，压力表和液面计就相当于观察和操控压力容器的眼睛。它们的设置可以避免压力容器盲目操作。另外，压力容器的安全附件还包括测温装置和减压阀等。

（一）压力表

1. 压力表的结构和工作原理

压力表的种类较多，有液柱式、弹性元件式、活塞式和电量式四大类。

液柱式压力表分为 U 形管、单管和斜管等形式。其测量原理是利用液体静压力的作用，根据液柱的高度差与被测介质的压力相平衡来确定所测的压力值。这类压力表的特点是结构简单，使用方便，测量准确。但因为受液柱高度的限制，只适用于测量较低的压力。

弹性元件式压力表有单圈弹簧式、螺旋形（多圈）弹簧式、薄膜式（又称波纹平膜式）、波纹筒式和远距离传送（接触点式、带变阻器式的传送器）等多种形式。它是利用各种不同形状的弹性元件，在压力下产生变形的原理制成的压力测量仪表，根据元件变形的程度来测定被测的压力值。这类压力表的优点是结构坚硬，结实耐用，不易泄漏，测量范围宽，具有较高的准确度，对使用条件的要求也不高。但使用期间必须经过检验，而且不宜用于测定频率较高的脉动压力。在压力容器中使用的压力表一般为弹性元件式，且大多数是单弹簧管式压力表，只有在一些工作介质有较大腐蚀性的容器中，才使用波纹平膜式压力表。

活塞式压力表是做校验用的标准仪表。它利用加在活塞上的力与被测压力平衡的原理，根据活塞面积和加在其上的力来确定所测的压力。它的准确度很高，测定范围较广，但不能连续测量。

电量式压力表是利用金属或半导体的物理特性，直接将压力或是形变转换为电压、电流或频率信号输出，有电阻式、电容式、压电式和电磁式等多种形式。这类压力表可以测量快速变化的压力和超高压力，精确度可达 0.02 级，测量范围从数十帕至 700 MPa 不等，应用也比较广泛。

2. 常用的压力表

（1）单弹簧管式压力表

单弹簧管式压力表是利用中空的弹簧弯管在内压作用下产生变形的原理制成的。按位移量转换机构的不同，这种压力表又可以分为扇形齿轮式和杠杆式两种。

压力表的主要元件是一根横断面呈椭圆形或扁平形的中空弯管，通过压力表的接头与承压设备相连接。当有压力的流体进入这根弯管时，由于内压的作用，弯管向外伸展，发生位移变形。这些位移通过拉杆带动扇形齿轮或弯曲杠杆的传动，带动压力表的指针转动。进入弯管内的流体压力越高，弯管的位移越大，指针转动的角度也就越大。这时指针在压力表表盘上指示的刻度值就是压力容器内压力的数值。

（2）波纹平膜式压力表

波纹平膜式压力表的弹性元件是波纹薄膜，薄膜被一副特制的盒形法兰夹持住，上、下法兰分别与压力表表壳及管接头相连。容器内的介质压力通过接头进入薄膜下部的气腔内，使薄膜受压向上凸起，并通过销柱、拉杆、齿轮转动机构等带动指针，从而使容器内介质的压力由指针在刻度盘上表示出来。

波纹平膜式压力表不能用于较高压力的测量（一般不大于 3.0 MPa），且测量的灵敏度和准确度都较差。但它对振动和冲击不太敏感，特别是它可以在薄膜底部用抗介质腐蚀的金属材料制成保护膜，将腐蚀性介质与压力表的其他元件隔绝，因而常用于装有腐蚀性介质的化工容器中。

3. 压力表的选用与安装

（1）压力表的选用

选用压力表时应注意以下事项：

①压力表的量程。选用的压力表必须与压力容器的工作压力相适应。压力表的量程最好选用设备工作压力的 2 倍，最小不应小于 1.5 倍，最大不应高于 3 倍。从压力表的寿命与维护方面来要求，在稳定压力之下，使用的压力范围不应超过刻度极限的70%；在波动压力下，不应超过 60%。如果选用量程过大的压力表，就会影响压力表读数的准确性。而压力表的量程过小，压力表刻度的极限值接近或等于压力容器的工作压力，又会使弹簧弯管经常处于很大的变形状态下，所以容易产生永久变形，引起压力表的误差增大。

②压力表的精度。选用的压力表精度应与压力容器的压力等级和实际工作需要相适应，压力表的精度是以它的允许误差占表盘刻度极限值的百分数按级别来表示的（如精度为 1.5 级的压力表，其允许误差为表盘刻度极限值的 1.5%），精度等级一般都标在表盘上。工作压力小于 2.5 MPa 的低压容器所用压力表，其精度一般不应低于 2.5 级；工作压力大于或等于 2.5 MPa 的中、高压容器用压力表，精度不应低于 1.5 级。

③压力表的表盘直径。为了方便、准确地看清压力值，选用压力表的表盘直径不能过小，一般不应小于 100 mm。压力表表盘直径常用的规格为 100 mm 和 150 mm。如果压力表安装得较高或工作离岗位较远，表盘直径还应增大。

（2）压力表的安装

压力表的安装应符合以下规定：

①压力表的接管应直接与承压设备本体相连接，装设的位置应便于操作人员观察和清洗，并且要防止压力表受到辐射、冻结或振动。

②为了便于更换和校验压力表，压力表与承压设备接管中应装设三通旋塞或针形阀，三通旋塞或针形阀应装在垂直的管段上，并应有开启标记和锁紧装置。

③用于工作介质为高温蒸汽的压力表，在压力表与容器之间的接管上要装有存水弯管，使蒸汽在这一段弯管内冷凝，以避免高温蒸汽直接进入压力表的弹簧管内，致使表内元件过热而产生变形，影响压力表的精度；为了便于冲洗和校验压力表，在压力表与存水弯管之间应装设三通阀门或其他相应装置。

④用于具有腐蚀性或高黏度工作介质的压力表，则应在压力表与容器之间装设能隔离介质的缓冲装置；如果限于操作条件不能采用这种保护装置，则应选用抗腐蚀的压力表，如波纹平膜式压力表等。

⑤可以根据压力容器的最高许用压力在压力表的刻度盘上画上警戒红线，并注明

下次校验的日期，加铅封。但不应把警戒红线涂画在压力表的玻璃上，以免玻璃转动产生错觉，造成事故。

4.压力表的维护与校验

要使压力表保持灵敏、准确，除了合理选用和正确安装以外，在压力容器运行过程中还应加强对压力表的维护和校验。压力表的维护和校验应符合国家计量部门的有关规定，并应做到以下几点：

（1）压力表应保持洁净，表盘上的玻璃要明亮清楚，保证表盘内指示的压力值清楚易见。

（2）压力表的连接管要定期吹洗，特别是用于含有较多油污或其他黏性物料气体的压力表连接管，以免堵塞。

（3）经常检查压力表指针的转动与波动是否正常，检查连接管上的旋塞是否处于全开启状态。

（4）压力表必须按计量部门规定的限期进行定期校验，校验由国家法定的计量单位进行。

（二）液面计

液面计又称液位计，用来观察和测量容器内液位位置的变化情况。特别是对盛装液化气体的容器，液位计是一个必不可少的安全装置。操作人员根据其指示的液面高低来调节或控制装置，从而保证容器内介质的液面始终在正常范围内。盛装液化气体的储运容器，包括大型球形储罐、汽车罐车和铁路罐车等，需装设液面计，以防止容器内因充满液体发生液体膨胀而致使容器超压。用作液体蒸发用的换热容器、工业生产装置中的一些低压废热锅炉和废热锅炉的锅筒，也都应装设液面计，以防止容器内液面过低或无液位而发生超温事故烧坏设备。

1.液面计的分类

按工作原理不同液面计分为直接用透光元件指示液面变化的液面计（如玻璃管液面计或玻璃板液面计）以及借助机械、电子和流体动力学等辅助装备间接反映液面变化的液面计（如浮子液面计、磁性浮标液面计和自动液面计等）。此外，还有一些带附加功能的液面计，如防霜液面计等。固定式压力容器常用的是玻璃管式和平板玻璃两种，移动式压力容器常用的是滑管式液面计、旋转管式液面计和磁力浮球式液面计。这里主要介绍下面四种。

（1）玻璃管式液面计

玻璃管式液面计主要由玻璃管、气（汽）旋塞、液（水）旋塞和放液（水）旋塞等部分组成。这种液面计是根据连通管的原理制成的。气（汽）旋塞、液（水）旋塞分别由气（汽）连管及液（水）连管和压力容器气（汽）、液（水）空间相连通，所以压力容器液面能够在玻璃管中表示出来。

（2）平板玻璃液面计

平板玻璃液面计主要由平板玻璃、框盒、气（汽）旋塞、液（水）旋塞等部分组成。平板玻璃液面计用经过热处理、具有足够强度和稳定性的玻璃板，嵌在一个锻钢盒内，

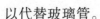

以代替玻璃管。

（3）旋转管式液面计

旋转管式液面计主要由旋转管、刻度盘、指针和阀芯等组成，如图 8~19 所示。旋转管式液面计的测量原理是，由弯曲旋转管内小孔向外喷出气相或液相介质来测出液面位置。管子的旋转动作带动表盘指针来指示水液面高度。

旋转管式液面计一般安装在罐体后封头中部，比较方便操作观测。但仍存在由于动作快慢和喷出时间而存在误差的缺点。旋转管式液面计结构牢固，显示准确、直观，且操作方便，因而在槽车上得到广泛的应用。

（4）磁力浮球式液面计

磁力浮球式液面计是利用磁力线穿过非磁性不锈钢材料制成的盲板，在罐体外部用指针表盘方式来表示液面高度。

磁力浮球式液面计的工作原理是利用液体对浮球的浮力作用，以浮球为传感元件，当罐内液位变化时，浮球也随之做升降运动，从而使与齿轮同轴的磁钢产生转动，通过磁力的作用带动位于表头内的另一块磁钢做相应的旋转，与磁钢同轴的磁针便在刻度板上指示一定的液位值。磁力浮球式液面计不怕振动，指示表头与被测液体互相隔离，因而密封性与安全性好，适合各类液化气槽车使用。但它结构复杂，对材料的磁性有一定的要求。

2. 液面计的选用原则

液面计应根据压力容器的介质、最高工作压力和温度正确选用。

（1）盛装易燃，毒性程度为极度、高度危害介质的液化气体压力容器应采用玻璃板液面计或自动液面指示器，并应有防止泄漏的保护装置。

（2）低压容器选用管式液面计，中、高压容器选用承压较大的板式液面计。

（3）寒冷地区室外使用的容器，或由于介质温度与环境温度的差值较大，导致介质的黏度过大而不能正确反映真实液面的容器，应选用夹套型或保温型结构的液面计。盛装 0℃以下介质的压力容器，应选用防霜液面计。

（4）要求液面指示平稳的，不应采用浮标式液面计，可采用结构简单的视镜。

（5）压力容器较高时，宜选用浮标式液面计。

（6）移动式压力容器不得采用平板式液面计，通常应选用旋转管式或滑管式液面计。

3. 液面计的安装

液面计的安装应符合下列规定：

（1）在安装使用前，低、中压容器用液面计应进行 1.5 倍液面计公称压力的液压试验；高压容器的液面计，应进行 1.25 倍液面计公称压力的液压试验。

（2）液面计应安装在便于观察的位置。若液面计的安装位置不便于观察，则应增加其他辅助设施。大型压力容器还应有集中控制的设施和警报装置。

（3）液位计安装完毕并经调校后，应在刻度表盘上用红色漆画出最高、最低液面的警戒线。要求液面指示平稳的，在液面计上部接管可设置挡液板。

4. 液面计的使用和维护

液面计的使用温度不要超过玻璃管（或板）的允许使用温度。在冬季，则要防止液面计冻堵和发生假液位。对易燃、有毒介质的容器，照明灯应符合防爆要求。

压力容器操作人员应加强对液面计的维护管理，使液面计经常保持完好和清晰。使用单位应对液面计实行定期检修制度，可根据运行的实际情况，规定检修周期，但不应超过压力容器内、外部检验周期。液面计有下列情况之一的，应停止使用并换掉。

（1）超过检修周期。

（2）玻璃板（管）有裂纹、破碎。

（3）阀件固死。

（4）经常出现假液位。

（5）指示模糊不清。

（三）减压阀

减压阀是通过控制阀体内启闭件的开度来调节介质的流量，使流体通过时节流压力减小的阀门，常适用于要求更小的流体压力输出或压力稳定输出的场合。减压阀主要有两个作用：一是将较高的气（汽）体压力自动降低到所需的较低压力；二是当高压侧的介质压力波动时，能自动调节，让低压侧的气（汽）压稳定。

1. 减压阀的分类及原理

减压阀按结构形式不同，可分为薄膜式、弹簧薄膜式、活塞式、杠杆式和波纹管式；按阀座数目不同，可分为单座式和双座式；按阀瓣的位置不同，可分为正作用式和反作用式。下面介绍几种常用的减压阀。

（1）弹簧薄膜式

当薄膜下侧的气（汽）体压力大于薄膜上侧的弹簧压力时，薄膜向上移动，压缩弹簧，阀杆随即带动阀芯向上移动，使阀芯的开启度减小，于是由高压端进入的气（汽）流量随之减少，从而使出口压力降低到规定的范围内。当薄膜下侧的气（汽）体压力小于上侧的弹簧压力时，弹簧伸长，顶着薄膜向下移动，阀杆随即带动阀芯向下移动，使阀芯的开启度增大，于是由高压端进入的气（汽）流量随之增多，从而使出口处的压力升高到规定的范围内。

弹簧薄膜式减压阀的灵敏度较高，而且调节比较方便，只需旋转手轮来调节弹簧的松紧度即可。但是，薄膜承受的温度和压力不能太高，同时行程大时，橡胶薄膜容易损坏。因此，弹簧薄膜式减压阀被普遍使用在温度和压力不太高的蒸汽和空气介质管道上。

（2）活塞式

当调节弹簧在自由状态时，由于阀前压力的作用和下边的主阀弹簧顶着，主阀瓣和辅阀瓣处于关闭状态。拧动调整螺栓顶开辅阀瓣，介质由进口通道经辅阀通道进入活塞上方。由于活塞的面积比主阀瓣大，受力后向下移动，使主阀开启，介质流向出口；同时介质经过通道进入金属薄膜下部，逐渐使压力与调节弹簧压力持平，使阀后压力保持在一定的误差范围内。若阀后压力过高，膜下压力大于调节弹簧压力，膜片即向上移动，辅阀关小，使流入活塞上方介质减少，引起活塞及主阀上移，减小主阀瓣开启程度，出口压力随之下降，达到新的平衡。

活塞式减压阀的活塞在气缸中的摩擦较大，灵敏度比弹簧薄膜式减压阀差，制造工艺要求较严，所以它适用于温度、压力较高的蒸汽和空气介质管道和设备上。

（3）波纹管式

当调节弹簧在自然状态时，阀瓣在进口压力和顶紧弹簧的作用下处于关闭状态，拧动调整螺栓使调节弹簧顶开阀瓣，介质流向出口，阀后压力逐渐上升至所需压力。阀后压力经通道作用于波纹管外侧，使波纹管向下的压力与调整弹簧向上的压力平衡，从而使阀后的压力变大，波纹管向下的压力大于调节弹簧压力，使阀瓣关小，阀后压力降低，达到所要求的压力。波纹管式减压阀主要适用于介质参数不高的蒸汽和空气管路上。

2. 减压阀的安装使用与定期检修

减压阀必须在产品限定的工作压力、工作温度范围内工作，减压阀的进出口必须有一定的压力差。在减压阀的低压侧必须装设安全阀和压力表。不能把减压阀当截止阀使用，当减压阀用气（汽）设备停止用气（汽）后，应将减压阀前的截止阀关闭。

定期检修的内容如下：

（1）检查主阀、导阀的磨损情况。

（2）检查各部分弹簧是否疲劳。

（3）检查膜片是否疲劳。

（4）检查气缸是否磨损及腐蚀。

（5）检查活塞环是否失去涨力。

（6）拧开阀盖上的螺塞，取出过滤网，以清除内腔的污物。

（7）拧下阀底的螺塞，打开下阀盖，清除阀体下腔和弹簧内所存积的污物以及主阀瓣上的污垢。

（四）测温装置

压力容器测温通常有两种形式：测量容器内工作介质的温度，使工作介质的温度控制在规定的范围内，以满足生产工艺的需要；对需要控制壁温的压力容器进行壁温测量，防止壁温超过金属材料的允许温度。在这两种情况下，通常需要装设测温装置。常用的压力容器测温装置有温度表、温度计、测温热电偶及其显示装置等。这类测温装置有的独立使用，有的同时组合使用。

1. 温度计的分类与工作原理

根据测量温度方式的不同，温度计可分成接触式温度计和非接触式温度计两种。接触式温度计有液体膨胀式、固体膨胀式、压力式以及热电阻和热电偶温度计等。非接触式温度计有光学高温计、光电高温计和辐射式高温计等。非接触式温度计的感温元件不与被测物质接触，而是利用被测物质的表面亮度和辐射能的强弱来间接测量温度。

（1）膨胀式温度计

膨胀式温度计是以物质受热后膨胀的原理为基础，利用测温敏感元件在受热后尺寸或体积发生变化来直接显示温度的变化。液体膨胀式温度计是应用最早而且当前使用最广泛的一种温度计，其测温上限取决于所用液体汽化点的温度，下限受液体凝点温度的限制。为了防止毛细管中液柱出现断续现象，并提高测温液体的沸点温度，常在毛细管中液体上部充以一定压力的气体。固体膨胀式温度计是利用两种不同膨胀系数的材料受热时产生机械变形而使表盘内的齿轮转动，通过指针来表现温度的。

（2）压力式温度计

压力式温度计是利用温包里的气体或液体受热使体积膨胀而引起封闭系统中压力变化，通过压力大小间接测量温度的。

（3）热电阻式温度计

热电阻式温度计根据热电效应原理，导体和半导体的电阻与温度之间存在着一定的函数关系，利用这一函数关系，通过测量电阻的大小，可得出所测温度的数值。目前由纯金属制造的热电阻的主要材料是铂、铜和镍，它们已得到广泛的应用。

（4）热电偶式温度计

热电偶是当前热电测温中普遍使用的一种感温元件，它是利用热电偶由两种不同材料的导体在两个连接处的温度不同产生热电动势的现象制成的。

（5）辐射式高温计

辐射式高温计是利用物质的热辐射特性来

测量温度的。因为这种温度计是利用光的辐射特性，因此可以实现迅速测温。

2. 安装使用与维护保养

（1）介质温度的测量

用于测量压力容器介质温度的主要有插入式温度计和插入式热电偶测量仪，也有的直接使用水银（酒精）温度计。这些温度仪测温的特点是温感探头直接或带套管（腐蚀性介质或高温介质时用）插入容器内与介质接触测温，温度直接在容器上显示，测温热电偶则可通过导线将显示装置引至操作室或容易监控的位置。为防止插入口泄漏，一般在压力容器设计上留有标准规格温度计接口，接口连接形式有法兰式和螺纹连接两种，并带有密封元件。

（2）壁温的测量

对于在高温条件下操作的压力容器，当容器内部在介质与容器壁之间设置有保温砖等的绝热、隔热层时，为了防止由于隔热、绝热材料安装质量、热胀冷缩或者是隔热、绝热减薄或损坏等造成容器壁温过高，导致容器破坏，需要对这类压力容器进行壁温的测量。此类测温装置的测温探头紧贴容器器壁，常用的有测温热电偶、接触式温度计和水银温度计等。

（3）使用维护

压力容器的测温仪表必须根据其使用说明书的要求和实际使用情况，结合计量部门规定的限期设定检验周期进行定期检查。壁温测量装置的测温探头必须根据压力容器的内部结构和容器内介质反应和温度分布的情况，装贴在具有代表性的位置，并做好保温措施，以消除外界引起的测量误差。测温仪的表头或显示装置必须安装在方便观察和方便维修、更换、检测的地方。

第二节 韧性断裂与脆性断裂

一、延性断裂

（一）概述

压力容器承压部件的延性断裂是在器壁发生大的塑性变形之后产生的，器壁的变形将引起容器容积的变化，而器壁的变形又是在压力载荷下产生的，所以对于具有一定直径与壁厚的容器，它的容积变形与它所承受的压力有很大的关系。若以容器的容积变形率为横坐标，容器的压力为纵坐标，则可以得到容器的压力－容积变形图，如图 8-2（内径为 600 mm、壁厚为 10 mm、两端椭圆封头、20 G 钢板焊接的容器进行水压爆破时实际测出的压力，容积变形曲线）所示，图中的曲线形状与器壁材料的拉伸图有某些相似之处。

压力较小时，器壁的应力也较小，器壁产生弹性变形，容器的容积和压力成正比增加，保持直线关系。如果卸掉载荷，即把容器内的压力降低，容器的容积即恢复原来的大小，而不会产生容积残余变形。

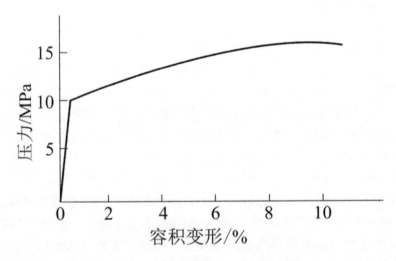

图 8-2　容器的压力、容积变形曲线

当压力升高至使容器器壁上的应力超过材料的弹性极限时，变形曲线开始偏离直线，即容器的容积变化不再与压力成正比关系，而且在压力卸除之后，容器不能完全恢复原来的形状，而是保留一部分容积残余变形。根据这种特征，压力容器进行耐压试验时，测出容器在试验前后的容积变化，以确定容器在试验压力下，器壁的应力是否在材料的弹性极限之内。

若容器内的压力升高至使器壁上的应力达到材料的屈服强度，由于器壁产生明显的塑性变形，容器的容积将迅速增大，那么在压力不再增高甚至下降的情况下，容器的容积变形仍在继续增加。这种现象与金属材料拉伸图中的屈服现象相同，也可以说容器处在全面屈服状态。承压部件的这种屈服现象，在水压爆破试验时经常出现。当容器内的压力升至一定值时，尽管水压泵仍在不断地转动，加水计量管也表明容器内继续进水，但压力表的指针却突然停止不前，有时还可能有轻微下降的情形。这是因为容器整个截面上的材料已达到屈服强度，此时的压力被认为是容器的实际屈服压力。

承压部件在延性断裂前先产生大量的容积变形，这种现象对防止某些容器发生断裂事故也是有利的。例如，充装过量的液化气体气瓶会由于介质温度增高而使压力急剧升高，致使容积的大量变形，有利于缓解器内压力的激增，有时还会避免容器的断裂。对于一些器壁严重减薄的气瓶或其他容器，有时会在充气或进行水压试验过程中，因压力表突然停止不动而被发现其已达到屈服状态。

容器的内压力超过它的屈服压力以后，如果把压力卸除，容器也会留下较大的容积残余变形，有些用肉眼或直尺测量即可发现。因为圆筒形容器的环向应力比径向应力大一倍，所以一般总是环向产生较大的残余变形，即容器的直径增大。而圆筒形容器端部的径向增大又受到封头的限制，因而在壁厚比较均匀的情况下，圆筒形容器的变形总是呈现两端较小而中间较大的腰鼓形。这样一些发生过屈服的容器就易于被发现。

容器内压超过屈服压力以后，如果压力继续升高，容积变形程度将更快地增大，致使器壁上的应力达到材料的断裂强度，容器则发生延性断开。

（二）延性断裂的特征

金属材料的延性断裂是显微空洞形成和长大的过程。对于常用以制造压力容器的碳钢及低合金钢，这种断裂首先是在塑性变形严重的地方形成显微空洞（微孔），夹杂物是显微空洞成核的位置。在拉力作用下，大量的塑性变形使脆性夹杂物断裂或使夹杂物与基体界面脱开而形成空洞。空洞一经形成，即开始长大和聚集，聚集的结果是形成裂纹，最后导致断裂。所以金属材料特别是塑性较好的碳钢及低合金钢，在发生延性断裂时，总是先产生大量的塑性变形。这种现象对于防止机器设备发生断裂事故是十分有利的。因为在零件断裂以前，设备即会由于过量的塑性变形而失效。

发生延性断裂的承压部件，从它破裂以后的变形程度、断口和破裂的情况以及爆破压力等方面，常常可以看出金属延性断裂所具有的一些特点。

1. 破裂容器发生明显变形

金属的延性断裂是在大量的塑性变形后发生的，塑性变形使金属断裂后在受力方向留存较大的残余伸长，表现在容器上则是直径增大和壁厚减薄。所以，具有明显的形状改变是压力容器延性断裂的主要特征。从许多爆破试验和爆炸事故的容器所测得的数据表明：延性断裂的容器，最大圆周伸长率常在10%以上，容积增大率（根据爆破试验加水量计算或按破裂容器的实际周长估算）也往往高于10%，有的甚至在

20%～30%。

2. 断口呈暗灰色纤维状

碳钢和低合金钢延性断裂时，由于显微空洞的形成、长大和聚集，最后形成锯齿形的纤维状断口。这种断裂形式多数属于穿晶断裂，即裂纹发展方式是穿过晶粒的。因此，断口没有闪烁金属光泽而是呈暗灰色。由于这种断裂是先滑移而后断裂，所以它的断裂方式一般是切断，即断裂的宏观表面平行于最大切应力方向，而与最大主应力成45°角。承压部件延性断裂时，它的断口往往也具有金属延性断裂的特征：断口也是暗灰色的纤维状，没有闪烁金属光泽；断口不齐平，而与主应力方向约成45°角。

3. 容器一般不是碎裂

延性断裂的容器，因为材料具有较好的塑性和韧性，所以破裂方式一般不是碎裂，即不产生碎片，而只是出现一个裂口。壁厚比较均匀的圆筒形容器，常常是在中部裂开一个形状为"X"的裂口。裂口的大小则与容器爆破时释放的能量有关。盛装一般液体（例如水）时，因为液体的膨胀功较小，所以容器破裂的裂口也较窄，最大的裂口宽度一般也不会超过容器的半径。盛装气体时，因膨胀功较大，裂口也较宽。特别是盛装液化气体的容器，破裂以后容器内压力下降，液化气体快速蒸发，产生大量气体，使容器的裂口不断扩大。

金属的延性断裂是经过大量的塑性变形，而且是在外力引起的应力达到它的断裂强度时产生的。所以延性断裂的承压部件，器壁上产生的应力一般都达到或接近材料的抗拉强度，即设备是在较高的应力水平下破裂的，它的实际爆破压力往往与计算爆破压力相接近。

（三）延性断裂事故的预防

1. 延性断裂的基本条件

容器产生显著的塑性变形的情况，只有在它受力的整个截面上的材料都处于屈服状态下才能产生。如果在某一截面中仅有一部分由于局部应力过高产生塑性变形，而其他大部分还是弹性变形，则局部应力高的部分的塑性变形就会受到相邻部分的抑制而仅仅产生微量的变形，并降低过高的局部应力。所以承压部件的延性断裂是由于它的薄膜应力超过材料的屈服强度而产生的。如果只在承压部件的某些部位存在较高的局部应力，有时还可能超过材料的屈服强度，它并不会引起部件的显著变形。但这种局部应力对于那些反复加压和卸压的设备是十分不利的，因为它会致使容器的疲劳断裂，但它不会直接引起延性断裂。

2. 常见压力容器延性断裂事故

（1）液化气体容器充装过量

有些盛装高临界温度的液化气体的气罐、气桶和气瓶，往往由于操作疏忽、计量错误或其他原因造成充装过量，使容器在充装温度下即被液态气体充满（因为液化气体的充装温度一般都低于室温），因此在运输或使用过程中，器内液体的温度会受环境温度的影响或太阳曝晒而升高，体积急剧膨胀，造成容器压力迅速上升并产生塑性变形，最后造成断裂事故。

（2）压力容器在使用中超压

违反操作规程、操作失误或其他原因可造成设备内的压力升高，并超过它的最高许用压力，而设备又没有装设安全泄压装置或安全泄压装置不灵，因而使压力不断上升，最后发生过量的塑性变形而破裂。

（3）设备维护不良以致壁厚减薄

有些部件因为介质对器壁产生腐蚀，或长期闲置不用又没有采取有效的防腐措施，以致器壁发生大面积腐蚀，壁厚严重减薄，结果部件在正常的操作压力之下发生破裂。

3. 压力容器延性断裂事故的预防

要防止压力容器发生延性断裂事故，最根本的办法是保证承压部件在任何情况下，器壁上的当量应力都不超过材料的屈服强度。

（1）使用的压力容器必须按规定进行设计，承压部件必须经过强度检验，未经正式设计而制成的压力容器禁止投入运行。

（2）禁止将一般容器改成或当成压力容器使用，防止不承压的容器因结构或操作的原因在容器内产生压力。

（3）压力容器应按规定装设性能和规格都符合要求的安全泄压装置，并经常保持其处于灵敏、可靠的状态。

（4）认真执行安全操作规程。要经常注意监督检查，防止压力容器超压运行。

（5）做好压力容器的维护保养工作，采取有效措施防止腐蚀性介质与大气对设备的腐蚀，并经常保持防腐措施处于良好的有效状态。尤其是对于长期停用的容器，更应注意保养维护。

（6）严格执行定期检验制度，检验时若发现承压部件器壁被腐蚀而致厚度严重减薄，或容器在使用中曾发生过显著的塑性变形时应停用。

二、脆性断裂

运行中的设备或构件，当外载荷超过该设备或构件的静强度时（$\sigma > [\sigma]$）就发生破坏，也就是说，设备或构件处于不安全状态。那么通常所说的设计准则就是$\sigma < [\sigma]$。

但是否工作应力$\sigma < [\sigma]$，设备就一定安全呢？事实上，也并非安全。脆性断裂（$\sigma \ll \sigma_s$）就是例外。即许多压力容器破裂，并非都经过显著的塑性变形，有些容器破裂时根本没有宏观变形，而且根据破裂时的压力计算得到器壁的薄膜应力也远远没有达到材料的强度极限，有的甚至还低于屈服强度。这种断裂多表现为脆性断裂。由于它是在较低应力状态下发生的，所以又称为低应力脆性断开。

（一）脆性断裂的基本原因

脆性断裂都是在较低的应力水平（即断裂时的应力一般低于材料的屈服强度）下发生的，究竟是什么原因使这些钢制结构件在这样低的应力水平下发生断裂的呢？

首先把钢的脆性断裂和低温联系起来，而且从大量的冲击试验中获知，钢在低温下的冲击值显著降低。钢在低温下冲击韧性降低，表明在温度低时钢对缺口的敏感性增大，所以最初人们都认为构件的脆性断裂是低温引起的。

钢构件的脆性断裂与它的使用温度低有一定的关系，这是无疑的。但是低温并不是脆性断裂的唯一原因，因为钢的冷脆性（表现为低温下冲击韧性降低）表明它在低温时对缺口的敏感性增大。显然，"缺口"的形状和大小就必然是影响脆性断裂的主要因素。

材料力学是建立在材料是均匀和连续的基础上的，而不均匀和不连续却是绝对的。任何材料和它的构件总是存在各式各样的缺陷，只不过是有时候缺陷比较小，用肉眼不易被观察到，或是探伤检测仪器灵敏度低而没有被发现而已。因此，用材料力学计算的结果就不能反映材料的断裂行为。

断裂力学承认材料或构件内部存在缺陷（将它简化为裂纹），而且脆性断裂总是由材料中宏观裂纹的扩展引起的。当带有宏观裂纹的材料或构件受到外力作用时，裂纹尖端附近的区域就产生应力应变集中效应。当此区域的应力应变达到一定的数值，超过材料的负荷极限时，裂纹便开始迅速扩展（称为失稳扩展），并造成整个材料或构件在低应力状态下产生脆性断裂。这就是断裂力学对断裂现象的解释。

（二）脆性断裂的特征

承压部件发生脆性断裂时，在破裂形状、断口形貌等方面都具有一些和延性断裂正好相反的特征。

1. 容器没有明显的伸长变形

由于金属的脆性断裂一般没有使残余伸长，因此脆性断裂后的容器就没有明显的伸长变形。许多在水压试验时脆性断裂的容器，其试验压力与容积增量关系在断裂前基本上还是线性关系，即容器的容积变形还是处于弹性状态。有些脆裂成多块的容器，将碎块组拼起来再测周长，往往与原来的周长相比没有变化或变化很小。容器的壁厚一般也没有减薄。

2. 裂口齐平，断口呈金属光泽的结晶状

脆性断裂一般是正应力引起的断裂，所以裂口齐平并与主应力方向垂直。容器脆断的纵缝裂口与器壁表面垂直，环向脆断时，裂口与容器的中心线相垂直。又因为脆断往往是晶界断裂，所以断口形貌呈闪烁金属光泽的结晶状。在器壁很厚的容器脆断口上，还常常可以找到人字形纹路（辐射状），这是脆性断裂的最主要宏观特征之一。人字形的尖端总是指向裂纹源，始裂点往往都有缺陷或在几何形状突变处。

3. 容器常破裂成碎块

由于容器脆性破裂时材料的韧性较差，而且脆断的过程又是裂纹迅速扩展的过程，破坏往往在一瞬间发生，容器内的压力无法通过一个裂口释放，因此脆性破裂的容器常裂成碎块，且常有碎片飞出。即使是在水压试验时，器内液体膨胀功并不大，也经常产生碎片。如果容器在使用过程中发生脆性断裂，器内的介质为气体或液化气体，则碎裂的情况就更严重。

4. 断裂时的名义应力较低

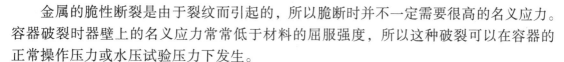

金属的脆性断裂是由于裂纹而引起的，所以脆断时并不一定需要很高的名义应力。容器破裂时器壁上的名义应力常常低于材料的屈服强度，所以这种破裂可以在容器的正常操作压力或水压试验压力下发生。

5.破坏多数在温度较低的情况下发生

由于金属材料的断裂韧度随着温度的降低而降低，所以脆性断裂常在温度较低的情况下产生，包括较低的水压试验温度和较低的使用温度。

此外，脆性破裂常见于用高强度钢制造的容器及厚壁容器。当器壁很厚时，厚度方向的变形受到约束，接近所谓的"平面应变状态"，于是裂纹尖端附近形成了三向拉应力，材料的断裂韧度随之降低，这就是所谓的"厚度效应"，所以这样的钢材，厚板要比薄板更容易脆断。同样材料的强度等级越高，其断裂韧度往往越低。

（三）脆性断裂事故的预防

1.脆性断裂的基本条件

纵观国内外的脆性断裂事故，其主要影响因素是构件存在缺陷以及材料的韧性差。所以，防止脆性断裂最基本的措施就是减小或消除构件的缺陷，要求材料具有较好的韧性。

2.压力容器脆性断裂事故的预防

（1）减少部件结构及焊缝的应力集中。裂纹是造成脆性断裂的主要因素，而应力集中往往又是产生裂纹的主要原因。许多容器破坏事故都是在应力集中处先产生裂纹，然后以很快的速度扩展而致整体破坏。

在承压部件中，引起应力集中的因素是很多的，诸如结构形状的不连续、焊缝的布置不当和焊接不符合规定等。所以必须在设计及制造工艺上采取具体措施来减少或消除应力集中。

（2）确保材料在使用条件下具有较好的韧性。材料的韧性差是造成脆性断裂的另一个主要原因，因此要防止承压部件的脆性断裂，必须保证设备在使用条件下材料的韧性。

合理选材，确保材料在使用条件和使用温度下有较好的韧性。在低温下使用的容器，应提出材料在使用温度下必需的最低冲击值。材料的断裂韧度不但与它的化学成分有关，而且还与它的金相组织有关。所以在制造容器时，要防止焊接及热处理不当造成材料韧性的降低。在使用过程中也需要防止容器材料的韧性降低，例如防止容器的使用温度低于它的设计温度，开停容器时要防止压力的急剧变化等，因为材料的断裂韧度会因加载速度过大而降低。

（3）消除残余应力。容器中残余应力（由装配、冷加工、焊接等产生）的存在也是产生脆性断裂的一个原因，更多的情况是残余应力与外力的叠加而致使破坏发生的。

容器大多数是焊接容器，焊缝的残余应力是最主要的残余应力，特别是在一些布置不合理的焊缝中。所以在焊接容器时应采取一些适当的措施，以减少或消除焊接残余应力。焊接较厚的容器时要在焊后进行消除残余应力的热处理。

当然，有些容器虽然名义应力并不太大，但因为存在较大的残余应力，这两者互相叠加往往就足以使裂纹扩展，最后导致整个容器脆性断裂。所以消除残余应力也是防止容器发生脆性断裂的一个重要措施。

（4）加强对设备的检验。裂纹等缺陷既然是导致脆性断裂的首要原因，因此应对已经制成的或在使用的压力容器加强检验，力争及早发现问题，这也是防止设备发生脆性断裂事故的一项措施。容器中有些宏观裂纹是在焊接过程中产生的，如果在焊后加强对焊缝等的宏观检查和无损探伤，则可以避免把这些有裂纹的容器盲目地投入使用以致发生脆性断裂。事实上有些部件虽然有裂纹，经过消除或采取一些防止裂纹扩展的措施后仍可继续使用；即使没有补救措施而致部件报废，也可以避免在使用过程中发生爆炸事故而造成更大的损失。

第三节　疲劳断裂与蠕变断裂

一、疲劳断裂

疲劳断裂是压力容器承压部件较为常见的一种破裂形式。据英国一个联合调查组统计，容器在运行期间发生的破坏事故，有89.4%是由裂纹引起的。而在由裂纹引起的事故中，原因是疲劳断裂的占39.8%。国外还有些资料估计，压力容器运行中的破坏事故有75%以上是由疲劳引起的。由此可见，压力容器的疲劳断裂是绝不能忽略的。

（一）金属疲劳现象

大约在一百多年以前，人们就发现，承受交变载荷的金属构件，尽管载荷在构件内引起的最大应力并不高，有时还低于材料的屈服强度，但若长期在这种载荷作用下，它也会突然断裂，且无明显的塑性变形。由于这种破坏通常都经历过一段时间才发生，人们就把它归因于金属的"疲劳"。试验证明，引起这种破坏的最主要因素是反复应力的作用，而与载荷作用的时间无关。所以严格来讲，"疲劳破坏"实质上应该说是"反复应力破坏"。

引起疲劳断裂的交变载荷及应力，可以是机械载荷及机械应力，也可以是热应力。后一种疲劳又称为"热疲劳"。

所谓交变载荷，是指载荷的大小、方向或大小和方向都随时间发生周期性变化的一类载荷。这种交变载荷的特性一般用它的平均应力（即循环应力中的最大应力与最小应力的平均值）、应力半幅（最大应力与最小应力之差的一半）和应力循环对称系数r（最小应力与最大应力之比）来表示。即：

平均应力：

$$\sigma_m = \frac{1}{2}\left(\sigma_{max} + \sigma_{min}\right)$$

应力半幅：

$$\sigma_a = \frac{1}{2}(\sigma_{max} - \sigma_{min})$$

循环对称系数：

$$r = \frac{\sigma_{min}}{\sigma_{max}}$$

1. 疲劳曲线与疲劳极限

人们经过大量的试验发现，金属疲劳有这样的规律：金属承受的最大交变应力越大，它所能承受的最大交变次数就越少；相反，若最大交变应力越小，交变次数就越多。若把金属所受的最大交变应力和相对应的交变次数绘成线图，则可以得到如图 8-3 所示的曲线，称为疲劳曲线。金属的疲劳曲线表明，当金属所能承受的最大交变应力不超过某一数值时，交变次数为无穷，即它可以在无数次的交变应力作用下不会发生疲劳断裂。这个应力值（即曲线平直部分所对应的应力）称为材料的疲劳极限（或持久极限）。有些金属，如常温下的钢铁材料等，疲劳曲线有明显的平直部分；而有些金属，如在高温下或在腐蚀介质作用下的钢材以及部分有色金属等，曲线没有平直部分。这样，一般规定与某一个交变循环次数相对应的应力作为"条件疲劳极限"。金属的疲劳极限通常以 σ_r 表示，下标 r 表示应力循环对称系数，如果是对称应力循环，$r = -1$，就它的疲劳极限用 σ_{-1} 表示。

试验得知，结构钢的疲劳极限与它的抗拉强度有相应的比例关系。对称应力循环中，疲劳极限 σ_r 约为抗拉强 R_m 的 40%；若仅承受拉伸的脉动循环（即应力的方向不变，而应力的大小发生变化），则此比例值还要高一些。

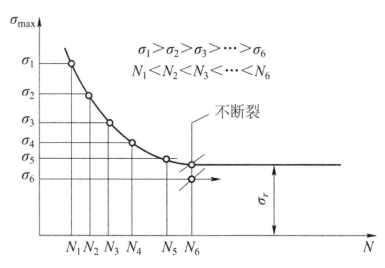

图 8-3　金属疲劳曲线

2. 低周疲劳的规律

疲劳通常分为高周疲劳与低周疲劳。一般转动机械发生的疲劳断裂，应力水平较低，而疲劳寿命较高，疲劳断裂时载荷交变周次 $N \geqslant 1 \times 10^5$ 次，称作高周疲劳或简称疲劳。若交变载荷引起的最大应力大于材料的屈服强度，而疲劳寿命 $N = 10^2 \sim 10^4$ 次，则为大应变低周疲劳或简称低周疲劳。对于压力容器，通常承受的是低周疲劳。

低周疲劳的特点是应力较高而疲劳寿命较低。试验表明，低周疲劳寿命 N 取决于交变载荷引起的总应变幅度。

曼森·柯芬根据试验提出如下关系式：

$$N^m \varepsilon_t = C \qquad (8\text{-}14)$$

式中

N ——低周疲劳寿命，次；

m ——指数，与材料种类及试验温度有关，一般为 0.3 ~ 0.8，通常取 $m = 0.5$；

ε_t ——构件在交变载荷下的总应变幅度，包括弹性应变幅度和塑性应变幅度两部分，以后者为主；

C ——常数，与材料在静载拉伸试验时的真实伸长率 e_K 有关，$C = (0.5 \sim 1)e_K$，但 e_K 与材料的断面收缩率 Z 有如下关系：

$$e_K = ln \frac{1}{1-Z} \qquad (8\text{-}15)$$

因而 $C = (0.5 \sim 1) ln \dfrac{1}{1-Z}$。

如式（8-14）和式（8-15）所示，相应于一定的交变载荷和总应变幅度，低周疲劳寿命取决于材料的塑性。塑性越好 Z 值越大，C 值越大，相应的低周疲劳寿命 N 越大。

为了使用方便，将总应变幅度，包括弹性应变及塑性应变，均按照弹性应力·应变关系折算成应力。由于塑性变形时应力·应变关系不遵守胡克定律，所以这样的折算是虚拟的，折算出的应力幅度称为虚拟应力幅度（也称作应力半幅），其计算式为：

$$\sigma_a = \frac{1}{2} E \varepsilon_t \qquad (8\text{-}16)$$

σ_a ——虚拟应力幅度，MPa；

ε_t ——总应变幅度；

E^- ——材料的弹性模量，MPa。

按上述折算办法可把 $\varepsilon_t - N$ s:s $\sigma_a - N$ 关系，考虑一定的安全裕度，可得出许用应力幅度与寿命的关系式及关系曲线，即 $[\sigma_a] - N$ 曲线。该曲线通常称为低周疲劳设计曲线，可用于决定低周疲劳寿命或许用应力幅度，美国最先将它用作简易疲劳设计的依据，至今已被许多国家采用，如图 8-4 所示。

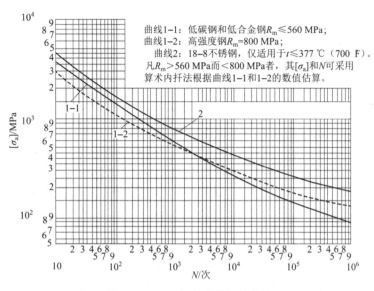

图 8-4　ASME 低周疲劳设计曲线

（二）压力容器承压部件的疲劳断裂

压力容器的疲劳问题过去并未引起人们的普遍重视。由于它不像高速转动的机器那样承受很高交变次数的应力，而且以往又多采用塑性较好的材料，设计应力也较低，所以问题并不突出。在常规强度设计中，人们关心的主要是承压部件的静载强度失效问题。但实践表明，由于压力容器存在起动停运、调荷变压、反复充装等问题，从宏观上说压力容器承受的压力载荷仍是交变的，交变频率较低，周期较长，多属于脉动载荷（$r=0$）。随着压力容器参数的提高和高强钢的应用，疲劳断裂问题在国内外日益受到关注。

承压部件的疲劳断裂，绝大多数是属于金属的低周疲劳，金属低周疲劳的特征是承受较高的交变应力，而应力交变的次数并不需要太多，这些条件在许多压力容器中是存在的。

1. 存在较高的局部应力

低周疲劳的一个条件是它的应力接近或超过材料的屈服强度。这在承压部件的个别部位是可能存在的。因为在承压部件的接管、开孔、转角以及其他几何形状不连续的地方，在焊缝附近，在钢板存在缺陷的地方等都有不同程度的应力集中。有些地方的局部应力往往要比设计应力大好几倍，所以完全有可能达到甚至超过材料的屈服强度。如果反复地加载和卸载，将会使受力最大部位产生塑性变形并逐渐发展成微小的裂纹。随着应力的周期变化，裂纹逐步变大，最后导致部件断裂。

2. 存在反复的载荷

承压部件器壁上的反复应力主要是在以下的情况中产生：

（1）间歇操作的设备经常进行反复的加压和卸压。

（2）在运行过程中设备压力在较大的范围内变动（一般超过 20%）。

（3）设备工艺温度及器壁温度反复变化。

（4）部件强迫振动并引起较大的局部附加应力。

（5）气瓶等充装容器多次充装等。

（三）疲劳断裂的特征

1.部件没有明显的塑性变形

承压部件的疲劳断裂也是先在局部应力较高的地方产生微细的裂纹，之后逐步扩展，到最后所剩下的截面应力达到材料的断裂强度，因而发生开裂。所以它也和脆性断裂一样，一般没有明显的塑性变形。即使它的最后断裂区是延性断裂，也不会造成部件的整体塑性变形，即破裂后的直径不会有明显的增大，大部分壁厚也没有显著的变薄。

2.断裂断口存在两个区域

疲劳断裂断口的形貌与脆性断裂有明显的区别。疲劳断裂断口一般都存在比较明显的两个区域：一个是疲劳裂纹产生及扩展区；另一个是最后断裂区。在压力容器的断口上，裂纹产生及扩展区并不像一般受对称循环载荷的零件那样光滑，因为它的最大应力和最小应力都是拉伸应力而没有压应力，断口不会受到反复的挤压研磨。但它的颜色和最后断裂区有所区别，而且大多数承压部件的应力交变周期较长，裂纹扩展较为缓慢，所以有时仍可以见到裂纹扩展的弧形纹线。如果断口上的疲劳线比较明晰，还可以由它比较容易地找到疲劳裂纹产生的策源点。

3.设备常因开裂泄漏而失效

源点和断口其他地方的形貌不一样，而且常常产生在应力集中的地方，特别是在部件的开孔接管处。

承受疲劳的承压设备或部件，一般不像脆性断裂那样常常产生碎片，而只是开裂一个破口，使部件因泄漏而失效。开裂部位常是开孔接管处或其他应力集中及温度交变部位。

4.部件在多次承受交变载荷后断裂

承压部件的疲劳断裂是器壁在交变应力作用下，经过裂纹的产生和扩展然后断裂的，所以它总要经过多次反复载荷以后才会产生，而且疲劳断裂从产生、扩展到断裂，发展都比较缓慢，其过程要比脆性断裂慢得多。一般来说，即使原来存在裂纹，只要裂纹的深度小于失稳扩展的临界尺寸，则裂纹扩展至最后的疲劳断裂，都需要经过多次的交变载荷。对于压力容器这样的低周疲劳断裂，通常认为低周疲劳寿命在102～105次。

（四）压力容器疲劳断裂的预防

1.在保证结构静载强度的前提下，选用塑性好的材料。

2.在结构设计中尽量避免或减小应力集中。

3.在运行中尽量避免反复频繁地加载和卸载，减少压力和温度波动。

4.加强检验，及时发现和消除结构缺陷。

5.对于可能存在多次的反复载荷及局部应力较高的承压部件，应考虑做疲劳设计。

二、蠕变断裂

金属材料在应力与高温的双重作用下会产生缓慢而连续的塑性变形，最终导致断裂，这就是金属的蠕变现象。高温容器的承压部件如果长期在金属蠕变温度范围内工作，直径就会增大，壁厚逐步减薄，材料的强度也有所降低，严重时会致使承压部件的断裂。

（一）高温部件蠕变断裂的常见原因

高温部件蠕变断裂的常见原因有以下两个：

1. 选材不当。例如，由于设计时的疏忽或材料管理上的混乱，错用碳钢代替抗蠕变性能较好的合金钢制造高温部件。

2. 结构不合理，使部件的部分区域过热；制造时材料组织改变，抗蠕变性能降低。例如，奥氏体不锈钢的焊接常常使其热影响区材料的抗蠕变性能恶化，大的冷弯变形也有可能产生同样的影响。有些材料长期受到高温和应力的作用而发生金相组织的变化，包括晶粒长大、再结晶及回火效应，碳化物、氮化物及合金组分的沉淀以及钢的石墨化等，特别是钢的石墨化，因石墨化可使钢的强度及塑性显著降低而造成部件的破坏。有些管子就会因选材不当或局部过热引起石墨化，并降低抗蠕变强度而破裂。此外，操作不正常、维护不当，致使承压部件局部太热，也常常是造成蠕变断裂的一个主要原因。

（二）蠕变过程及蠕变断裂

蠕变过程通常通过蠕变曲线表示。蠕变曲线是蠕变过程中变形与时间的关系曲线，如图 8-5 所示。曲线的斜率表示应变随时间的变化率，叫蠕变速度，这个计算式为：

$$v_c = \frac{d\varepsilon}{dt} = tan\, \alpha$$

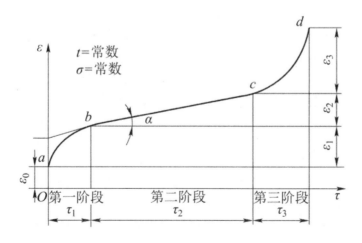

图 8-5　蠕变曲线

试验表明，对一定材料，在一定的载荷及温度作用下，其蠕变过程一般包括三个阶段。如图 8-5 所示中 Oa 表示试件加载时的初始变形，它可以是弹性的，也可以是弹塑性的，因载荷大小而异，但它不是蠕变变形。

第一阶段：蠕变的减速期，以曲线的 ab 段表示。即试件开始蠕变时速度较快，随后逐步减慢，这一段是不稳定蠕变期。

第二阶段：蠕变的恒速期，以曲线的 bc 段表示。bc 近似为一条直线，当应力不太大或温度不太高时，这一段持续时间很长，是蠕变寿命的主要组成部分，也叫稳定蠕变阶段。

第三阶段：蠕变的加速期，以曲线的 cd 段表示。此时蠕变速度越来越快，直至 d 点试件断裂。

蠕变断裂是蠕变过程的结果。不同材料、不同载荷或不同温度，可以有形状不同的蠕变曲线，但均包含上述三个阶段，不同蠕变曲线的主要区别是恒速期的长短。

实际在高温下运行的构件，一般难以避免蠕变现象和蠕变过程，但是可以控制蠕变速度，使之在规定的服役期限内仅仅发生减速及恒速蠕变，而不发生蠕变加速及蠕变断裂。

（三）蠕变断裂的特征

宏观上可见到蠕变胀粗形貌，材料为 Cr5Mo，介质为渣油，入口温度为 400℃，压力为 2 MPa，出口温度为 500℃，压力为 0.2 MPa。

金属材料的蠕变断裂基本上可分为两种：穿晶型断裂和沿晶型断裂。

穿晶型蠕变断裂在断裂前有大量塑性变形，断裂后的伸长率高，往往形成缩颈，断口呈延性形态，因而也称为蠕变延性断裂。

沿晶型蠕变断裂在断裂前塑性变形很小，断裂后的伸长率甚低，缩颈很小或者没有，在晶体内常有大量细小的裂纹，这种断裂也称为蠕变脆性断裂。

蠕变断裂形式的变化与温度、压力等因素有关。在高应力及较低温度下蠕变时，发生穿晶型蠕变延性断裂；在低应力及较高温度下蠕变时，发生沿晶型蠕变脆性断裂。另外，蠕变断裂的断口常有明显的氧化色彩。

高温下钢的石墨化会使材料塑性明显降低，因石墨化而引起断裂的断口呈脆性断口，并由于石墨的存在而呈现黑色。从断裂的性态来说，这种断裂实际上是高温下的脆性断裂（钢因石墨化断裂也称"黑脆"）。因它是在长期高温作用下产生的，所以也可以把它看作由于抗蠕变性能的降低而发生的破坏。

（四）蠕变断裂的预防

预防高温承压部件的蠕变断裂，主要从以下几个方面来考虑：

1. 在设计部件时，根据使用温度选用合适的材料，并按该材料在使用温度和需要的使用寿命下的许用应力选取相应强度指标。

2. 合理进行结构设计和介质流程布置，尽量避免承受高压的大型容器直接承受高温，避免结构局部高温及过热。

3. 采用合理的焊接、热处理及其他加工工艺，防止在制造、安装、修理中降低材料的抗蠕变性能。

4.严格按操作规程运行设备,防止总体或局部超温、超压,从而降低蠕变寿命。

第四节　应力腐蚀断裂

压力容器的腐蚀断裂是指承压部件由于受到腐蚀介质的腐蚀而产生的一种断裂形式。钢的腐蚀破坏形式按它的破坏现象来分,可以分为均匀腐蚀、点腐蚀、晶间腐蚀、应力腐蚀和腐蚀疲劳。其中,点腐蚀和晶间腐蚀属于选择性腐蚀,应力腐蚀和腐蚀疲劳属于腐蚀断裂。

根据承压设备的情况,主要讨论应力腐蚀裂开。应力腐蚀是特殊的腐蚀现象和腐蚀过程,应力腐蚀断裂是应力腐蚀的最终结果。

一、应力腐蚀及其特点

应力腐蚀又称腐蚀裂开,是金属构件在应力和特定的腐蚀性介质共同作用下导致脆性断裂的现象,叫应力腐蚀断裂。金属发生应力腐蚀时,腐蚀和应力起互相促进的作用,一方面腐蚀使金属的有效截面积减小,表面形成缺口,产生应力集中;另一方面应力加速腐蚀的进程,使表面缺口向深处(或沿晶间)扩展,最后导致断裂。所以应力腐蚀可以使金属在应力低于它的强度极限的情况下破坏。应力腐蚀及其断裂有以下特点:

第一,引起应力腐蚀的应力必须是拉应力,且应力可大可小,极低的应力水平也可能导致应力腐蚀破坏。应力既可由载荷引起,也可是焊接、装配或热处理引起的内应力(残余应力)。压缩应力不会引起应力腐蚀及断裂。

第二,纯金属不发生应力腐蚀破坏,但几乎所有的合金在特定的腐蚀环境中,都会产生应力腐蚀裂纹。极少量的合金或杂质都会使材料产生应力腐蚀。各种工程实用材料大都有应力腐蚀敏感性。

第三,产生应力腐蚀的材料和腐蚀性介质之间有选择性和匹配关系,就当两者是某种特定组合时才会发生应力腐蚀。

第四,应力腐蚀是一个电化学腐蚀过程,包括应力腐蚀裂纹萌生、亚稳扩展、失稳扩展等阶段,失稳扩展即造成应力腐蚀断裂。

化工压力容器中常见的应力腐蚀有:液氨对碳钢及低合金钢的应力腐蚀,硫化氢对钢制容器的应力腐蚀,苛性碱对压力容器的应力腐蚀(碱脆或苛性脆化),潮湿条件下一氧化碳对气瓶的应力腐蚀等。国内外均发生过多起压力容器应力腐蚀断裂事故。

二、应力腐蚀断裂的特征

第一,即使具有很高延性的金属,其应力腐蚀断裂仍是完全脆性的外观,属于脆性断裂,断口平齐,没有明显的塑性变形,断裂方向与主应力垂直。突然脆断区断口,常有放射花样或人字纹。

第二,应力腐蚀是一种局部腐蚀,其断口一般可分为裂纹扩展区和瞬断区两部分。

前者颜色较深，有腐蚀产物伴随；后者颜色较浅且洁净。断口微观形貌在其表面能见到覆盖的腐蚀产物及腐蚀坑。

第三，应力腐蚀断裂一般为沿晶断裂，也可能是穿晶断裂。裂纹形态有分叉现象，呈枯树枝状，由表面向纵深方向发展，裂纹的深宽比（深度与宽度的比值）很大。

第四，引起断裂的因素中有特定介质及拉伸应力。

三、应力腐蚀断裂过程

应力腐蚀断裂过程可分为以下三个阶段。

（一）孕育阶段

这是裂纹产生前的一段时间，在此期间主要是形成蚀坑，作为裂纹核心。当部件表面存在可作为应力腐蚀裂纹的缺陷时，则没有孕育期而直接进入裂纹扩展期。

（二）裂纹亚稳扩展阶段

在应力和介质的联合作用下，裂纹缓慢地扩大。

（三）裂纹失稳扩展阶段

这是裂纹达到临界尺寸后发生的机械性断裂。

四、应力腐蚀断裂的预防

由于对应力腐蚀的机理尚缺乏深入的了解和一致的看法，因而在工程技术实践中，常以控制应力腐蚀产生的特点和条件作为预防应力腐蚀的主要措施，其中常见的有：

1. 选用合适的材料，尽量避开材料与敏感介质的匹配，如不以奥氏体不锈钢作为接触海水及氯化物的容器。

2. 在结构设计中避免过大的局部应力。

3. 采用涂层或衬里，把腐蚀性介质与容器承压壳体隔离。

4. 在制造中采用成熟合理的焊接工艺及装配成形工艺并进行必要合理的热处理，消除焊接残余应力及其他内应力。

5. 应力腐蚀常对水分及潮湿气氛敏感，使用中应注意防湿防潮。对于设备加强管理和检查。

第九章　法定检验

第一节　法定检测的基本认知

一、概述

（一）监督检验的一般规定

监督检验指锅炉、压力容器及压力管道元件产品的制造监督检验（根据 TSG D7001《压力管道元件制造监督检验规则》，现压力管道元件仅应用于埋弧焊钢管和聚乙烯管）；锅炉、压力容器和压力管道安装监督检验，压力容器安装监检主要指压力容器的吊装就位，现场组焊属于制造监督检验，锅炉、压力容器和压力管道修理或改造监督检验。锅炉、压力容器、压力管道修理、改造可按其制造或／和安装监督检验进行。

监督检验工作内容包括对锅炉、压力容器、压力管道生产（生产指制造、安装、修理或改造，下同）过程中涉及到安全质量的项目进行监检和对受检单位承压设备生产过程中质量保证体系运转情况的监督检查。监督检验工作的根据是《条例》、相应的规程、规则和标准、技术条件以及设计文件等。

受检单位必须持有与所生产的承压设备级别相适应的许可证；承担承压设备监督检验工作的检验机构应经国家特种设备安全监督管理部门的资格核准，并在资质核准范围内开展监检工作；从事承压设备监督检验的检验人员，应在其检验资格批准范围内从事监检工作。监检工作应当在承压设备生产现场且在生产过程中进行，监检是在受检单位质量检验合格的基础上，对承压设备安全质量进行的监督验证。

境外企业制造的锅炉、压力容器产品，如未安排或因故不宜进行制造过程中监检的，在设备到岸后，必须进行进口锅炉、压力容器产品安全性能检验。"监检大纲"和"监检项目表"所列项目和要求是对锅炉、压力容器及压力管道元件产品安全性能监检的通用要求，检验机构可以按照其品种、材质、结构和生产工艺等实际情况，对不适用的项目和内容进行适当改动。

受检单位提供下述文件资料：受检单位的质量保证体系文件（包括质量保证手册、程序文件、管理制度、各责任人员的任免文件、质量信息反馈资料等）；从事承压设备焊接的持证焊工名单一览表（包括持证项目、有效期、钢印代号）；从事无损检测的人员名单一览表（包括持证项目、级别、有效期）；从事承压设备质量检验人员名单；设计资料、工艺文件和检验文件；受检产品的生产计划或工程进度。

监检人员应熟承压设备的生产工艺，包括生产设备和工装，监检工作需要配备的工具与仪器设备主要有直尺、钢卷尺、塞尺、焊缝检测器、棱角测量仪、检验锤、10倍放大镜、超声波测厚仪、手电筒、内径量杆、内外样板、观片灯，光谱分析仪等。

采用审查资料、工艺过程抽检和现场监检相结合的方法，监检项目分为：A类、B类。

A类——指监检员必须到现场进行监检，并在受监检单位提供的相应的见证文件（检验报告、记录表、卡等）上鉴字确认；未经监检确认，不得流转至下一道工序。

B类——指监检员一般可以到现场进行监检，并在受监检单位提供的相应的见证文件（检验报告、记录表、卡等）上鉴字确认；如不能到场监检，对受检单位提供的相应的证明文件进行审查并鉴字确认。

监检基本程序为：设计文件、图样审查（含施工工艺审查）——材料监督检验——焊接工艺评定（PQR）——冷热成型监督检验——焊接（含产品试板）监督检验——外观和几何尺寸监督检验——无损检测监督检验——热处理监督检验——耐压试验监督检验——安全附件监督检验——气密性试验监督检验——出厂（竣工）资料审查——制造产品铭牌上打监督检验钢印——填写监督检验记录—签发监督检验证书——监督检验资料归档。

监检单位应当向受检单位通告监检大纲、监检工作程序，并对所承担的监检工作质量负责。监检员必须履行职责，严守纪律，保证监检工作质量，对受检单位提供的技术资料等应妥善保管，并予以保密。在监检过程中，发现受检单位发生质量体系运转和产品安全性能违反有关规定的一般问题时，监检员应当向受检单位"监检工作联络单"；发现受检单位发生违反有关规定的严重问题时，监检单位应将向受检单位签发"监检意见通知书"，同时报所在地的地市级（或以上）安全监察机构。"监检项目表"保存期不得少于五年。监检单位进行质量保证体系的监督检查时，实施监督检查的人员应当逐项检查并且作出评价，评价分"合格"、"不合格"、"有缺陷"三种结论。对评价结论为"不合格"或者"有缺陷"的项目，在"问题记录以及备注"栏内填写存在问题，并且在记事栏内记录不符合的具体情况和情节，以及制造单位的处理情况。

严重问题是指对安全性能有较大影响的问题，如产品生产A类监检，项目不合格；B类监检项目不合格而又不易纠正；生产单位质量保证体系严重失控；生产单位对"监检工作联络单"提出的问题拒不改进；生产单位不再具备制造许可的基本条件；生产单位在生产经营中有违反制造许可有关规定的行为等。

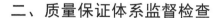

二、质量保证体系监督检查

锅炉、压力容器和压力管道生产单位必须建立健全锅炉压力容器制造质量保证体系和相应的管理制度、程序文件、工艺标准等，并且确保质量保证体系正常运转。对受检单位质保体系运转情况的评价主要从两个方面进行：一是评价受检单位是否能持续满足制造、安装（维修、改造）许可的资源条件，包括基本条件和专项条件，质保体系人员、技术人员、专业作业人员、制造场地、焊接场地、射线曝光室和焊接试验室等方面是否满足要求，质保体系质控系统责任人员是否到岗，是否切实履行职责。二是评价受检单位质保体系是否能持续满足制造许可的体系要求，表现在18个要素能否得到控制，编制的体系文件要求能否得到贯彻落实，各项管理制度是否贯彻执行，岗位责任制落实情况、产品安全性能能否得到落实、现场管理情况、反馈意见落实情况等方面。在承压设备产品生产安全性能的监检过程中，对相关的质量保证体系进行检查发现问题应及时进行处理，并将情况记录在监检项目表的记事栏中，质量保证体系监督检查项目和要求如下：

（1）管理职责，抽查相关责任人员是否上岗工作，检查各类质量保证文件中其相关人员是否履行审核、审批责任，签字手续是否齐全。检查安装、修理、改造告知书。

（2）质量保证体系，抽查各项质量记录、表卡，核查是否符合管理体系文件要求；对照质量保证体系文件，核查产品生产质量控制点的设置是否符合规定。

（3）文件和资料控制，抽查产品生产使用的文件是否是最新版本的受控文件，抽查在与产品生产质量控制有关的规定场所，检查是否有相应的受控文件，抽查产品生产过程中形成的质量记录、检验检测和试验报告等。

（4）合同控制，审查是否规定了合同评审的范围、内容，合同签订、修改、会签程序和要求；抽查近期合同评审记录，所签订的合同是否满足相关法律法规及标准的规定，合同的签订、修改、会签按程序审批，并进行了合同评定。

（5）设计控制，抽查生产产品的设计环节的控制是否符合质量保证体系相应管理程序的规定，审查设计文件是否符合安全技术规范、标准的规定；对外来设计文件设计责任人员是否履行了确认手续。

（6）采购与材料控制，抽查产品主材和焊接材料等原材料（聚乙烯管为混配料）的采购文件，核查材料是否由合格供方购入，查阅对材料供方的质量问题处理的记录，检查有关质量问题是否按照规定进行了处理。材料、零部件的验收（复验）按照规定的控制程序执行，抽查审查验收记录，检查材料验收是否符合规范、标准的要求。材料、零部件存放与管理、焊接材料烘干条件、领用和使用、标识和标识移植等符合相关要求，材料、零部件台账所记录的材质、规格、型号完整清晰，与实物一致。检查受压元件材料质量证明、焊接材料证明。

（7）工艺控制，工艺文件如焊接、胀接、砌筑、水压等工艺管理及执行情况，抽查生产相关工序及其相关操作人员的实际操作，现场使用的作业（工艺）文件、质量计划、质量记录等，如施工方案、工艺文件、图样、焊接工艺评定报告等；审查工艺执行情况是否符合要求。

（8）焊接控制,查阅焊接人员资格证和档案,焊接人员标识（如钢印、资料记录等）,且与施焊记录一致；检查焊接材料控制,包括烘干保温设备、温湿度装置；审查焊接工艺评定报告（PQR）、焊接工艺卡是否符合要求；审查施焊记录,检查焊接工艺执行情况）；焊缝返修是否进行了审批,返修后按相关规定进行了复验。

（9）热处理控制程,审查热处理工艺文件、热处理记录和报告、热处理温度自动记录等是否符合相关要求；若热处理分包,查阅热处理分包合同（协议）、分包方的评价报告、热处理记录、报告等资料,及热处理责任人员确定。

（10）无损检测控,制审查无损检测人员资格证,无损检测通用工艺、专用工艺及其执行情况、无损检测方法、数量、比例、评定标准、射线检测底片保管是否符合规定;如果无损检测工作分包,审阅分包合同（协议）及分包方的评价报告,检查分包方核准的无损检测项目范围、无损检测人员资格、无损检测记录、报告等是否符合要求,责任人员进行了确认。

（11）性能试验（理化检验）控制,抽查性能试验记录、报告,检查理化检验方法、试样数量是否正确,理化检验工艺是否符合要求；如果性能试验分包审阅分包合同（协议）及分包方的评价报告,审查试件的加工、试验报告的审核等是否符合规定。

（12）检验控制,包括质量检验的控制、检验工艺的执行、检验记录是否齐全等。抽查检验工序,检查是否有检验作业指导书（质量计划、检验与试验工艺）,其内容是否符合规定；抽查检验后的产品是否按照规定做出了检验状态标识,抽查检验与试验条件、状态、记录、报告和质量证明文件等资料是否符合要求；审查出厂检查、竣工验收、调试验收、试运行验收等是否满足安全技术规范、标准的规定。制造、安装、修理、改造质量证明书（包括材料、焊接质量、无损检测、金属监督和水压试验证明等）。

（13）设备和检（试）验装置控制,检查产品所使用的设备、检验与试验装置台账、档案与实物是否一致,状态标识量是否符合相关规定；抽查产品加工设备上的计量仪表（如电流表、电压表、压力表、温度表等）是否有校验合格标志且在有效期内,抽查属于法定检验的设备和检验与试验装置是否有相应资格的检验机构出具的有效检定证书。

（14）不合格品（项）控制,抽查产品制造（安装、维修、改造）所涉及的不合格品的标识、记录、评价、隔离和处置（回用、返修、报废）,检查是否符合质量体系文件规定,对不合格品（项）进行原因分析、处置后进行检验及纠正措施的制定、审核、批准、实施及其跟踪验证符合规定的要求。

（15）质量改进,跟踪检查涉及产品制造（安装、维修、改造）的"监检工作联络单"或"监检意见通知书"所提出的问题、内部审核,对所发现的问题、服务用户提出的质量问题等是否及时得到了改正。即对质量信息进行了记录、分析、反馈、处理并采取了有效的纠正措施,纠正和预防措施的执行情况等。

（16）人员培训,抽查在产品生产时新上岗的质量体系责任人员、检验人员、产品性能试验人员等,检查对产品制造（安装、维修、改造）质量有重要影响的人员否经过规定的培训。

（17）特殊过程控制,指承压设备生产过程中对安全性能有重要影响的、需要特别控制的过程，如锅炉管板与烟管胀接、锅炉的安装调试；球片的压制、封头的成形、锻件的加工、缠绕容器的绕带；管件成形、阀门装配测试、压力管道穿跨越工程、阴极保护装置安装等。抽查特殊过程加工工艺、检验工艺，检查加工记录和检验记录，判断是否符合质量体系文件规定及是否满足安全技术规范、标准的规定。

（18）执行许可证制度，主要检查产品是否扩散和出让许可证情况及许可标志的使用管理情况。

三、定期检验的要求

锅炉、压力容器、压力管道正确的设计、制造和安装，为承压设备的安全使用提供了良好的起始状态，随着承压设备投入使用和运行时间的延长，由于操作条件和介质各类腐蚀的综合作用，承压设备原有或新生缺陷的扩大，以及材料金属组织和性能的变化，承压设备的安全状况也不可避免地发生着缓慢的变化。定期检验的目的是在承压设备使用过程中，每隔一个规定的时间，采用各种适当而有效的方法如宏观、微观、无损检测等方法，对各个受压部件和安全附件进行检查和试验，借以早期发现承压设备存在的危及安全的各种缺陷（制造、安装留下的先天性缺陷和使用中新生的缺陷），并在缺陷在尚未发展到使承压设备失效前予以消除或采取监控等措施，严重的及时予以判断以防承压设备在运行中发生事故，确保承压设备安全运行。

锅炉定期检验包括：内部检验、外部检验和水压试验；压力容器定期检验包括：年度检验、全面检验和水压试验；压力管道定期检验包括：在线检验、全面检验和水压试验。锅炉、压力容器、压力管道的检验根据分别为《锅炉定期检验规则》、《压力容器定期检验规则》、《在用工业管道定期检验规则》（试行）。

第二节　制造监督检验

一、锅炉制造监督检验

1.图样资料审查

图样资料审查的目的核对要制造产品是否在"制造许可证"允许范围之内；保证锅炉的设计符合安全、可靠的要求；确保各项工艺齐全、规范，符合现行的规程及标准的要求。受检锅炉产品的设计资料应经省级设计文件鉴定机构评审，在锅炉的总图与本体图上加盖评审合格印章并签字。图样上各项标记及标注应清晰、齐全、准确，所列的技术条件中的各项标准应该是如今有效的相关标准。受检锅炉产品的制造工艺和检验工艺应齐全、完整，并能够指导现场实际工作，工艺文件须按质量管理体系的要求经各级责任人员签字确认后方能生效。设计资料的修改须经本单位设计及相关部门的批准，修改资料应及时存档备查，并且对涉及安全及重大结构的修改，还应到省级设计文件鉴定机构评审。监检人员在评审图样上鉴字确认，工艺文件监检人员应进行抽查，必要时对受检单位提供的进行签字确认。对设计修改也应在相应工作见证件上签字。

2. 主要原材料的监督检验

为保证锅炉产品具有良好的抗疲劳性和抗腐蚀性，金属材料和焊接接头金属在使用条件下应具有规定的强度、韧性和伸长性以及良好的抗疲劳性能和抗腐蚀性能。制造锅炉受压元件的金属材料一定是镇静钢。对于板材其20℃时的延伸率δ_5应不小于18%。对于碳素钢和碳锰钢室温时的夏比（V形缺口试样）冲击吸收功不低于27J。

原材料监督检验的目的，保证锅炉所用材料符合国家标准和行业标准，防止用错材料或不合格的材料用于锅炉产品。锅炉主要原材料包括锅炉钢板、锅炉钢管、型钢（25钢以上的槽钢和工字钢）、圆钢（用于制造拉杆和直径40cm及以上的吊杆）、结构钢板、焊接材料（包括焊条、焊丝、焊剂和保护气体）。

用于锅炉的主要材料如锅炉钢板、锅炉钢管和焊接材料必须经检查部门按 JB/T 3375《锅炉原材料入厂检验》规定进行入厂检验，合格后才能使用。用于额定蒸汽压力小于或等于 0.4MPa 的蒸汽锅炉、用于额定热功率小于或等于 4.2MW 且额定出水温度小于 120℃的热水锅炉的主要材料，如果原始质量证明书齐全，且材料标记清晰、齐全时，可免于复验。对于质量稳定并取得安全监察机构产品安全质量认可的材料，可免于复验。

锅炉钢板在切割下料后应按 JB/T 4308《锅炉产品钢印及标记移植规定》进行标记移植。封头、筒体、集中下降管管座上必须打上材料入厂检验编号。锅炉受压元件和重要的承载元件的材料（如钢板和钢管），应该采用化学成分和力学性能相近的锅炉用钢材，满足强度和结构上的要求，且须经制造单位的技术部门（包括设计和工艺部门）同意。用强度低的材料代替强度高的材料；用厚度小的材料代替厚度大的材料（用于额定蒸汽压力小于或等于 1.6MPa 及热水锅炉上的受热面管子除外）；代用的钢管公称外径不同于原来的钢管公称外径，还应报省级设计文件鉴定机构评审。

监检人员须到现场进行监检，对材质证明书、材料复验报告进行审查核查，符合要求后签字确认。对材料标记移植进行抽检确认，对材料代用也应在相应工作见证件上签字。

3. 冷、热作件监督检验

冷、热作件监督检验的目的是保证制造质量，减少缺陷出现，抽查材料、焊工、检测、检验等各项标记是否齐全完整，保证下一步生产有序进行。

（1）筒体（锅壳、炉胆）监督检验最小壁厚的限制主要是考虑工艺性要求和稳定性要求，最大壁厚限制主要是为了防止产生过大的温差应力。炉胆的最大直径的限制主要是考虑稳定性，对平直炉胆计算长度限制主要是考虑减少炉胆与管板连接处的附加弯曲应力。

几何形状、尺寸偏差、纵环缝对接边缘偏差应符合图纸的要求，还应符合 JB/T 1609 和 JB/T 1619 中的相关技术要求。同一截面上最大内径与最小内径之差不大于公称内径的 1%。除了筒体上的纵缝处以外，其他部位不允许有棱角度。棱角度用弦长为 d/6（1/6 的公称内径）并且小于 300mm 的样板进行检验，棱角度应不大于 4mm。

筒体的表面质量应符合 JB/T 1609 和 JB/T 1619 中的相关技术要求。焊缝外形尺

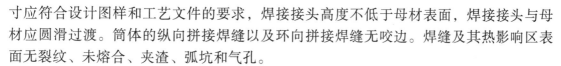

寸应符合设计图样和工艺文件的要求，焊接接头高度不低于母材表面，焊接接头与母材应圆滑过渡。筒体的纵向拼接焊缝以及环向拼接焊缝无咬边。焊缝及其热影响区表面无裂纹、未熔合、夹渣、弧坑和气孔。

锅筒内径大于或等于800mm水管锅炉和锅壳内径大于1000mm的锅壳锅炉，均应在筒体或封头（管板）上开设人孔，锅筒内径小于800mm的水管锅炉和锅壳内径为800 ~ 1000mm的锅壳锅炉，至少应在筒体或封头（管板）上开设一个头孔。

（2）封头（管板、炉胆顶、下脚圈）监督检验扳边元件与圆筒形元件对接焊接时，扳边弯曲起点至焊缝中心线的距离（L）应要求。封头冲压前应去除钢板毛刺，冲压后应去除内外表面的氧化皮，表面不允许有裂纹，重皮等问题。冲压封头、管板上的内外表面的凹陷深度大于5mm但不大于公称壁厚的10%并且不大于3mm时应修磨成圆滑过渡，超过以上规定时应焊补并修磨平整，并进行无损检测检查。封头的拼接、几何形状和尺寸偏差应符合JB/T 1609和JB/T 1619中相关技术要求。

与筒体及炉胆对接应采用全焊透的接头形式，焊接时要保证焊透；若采用T形接头，则管板与锅壳、炉胆的连接焊缝应全部位于锅壳、炉胆的筒体上；锅壳式锅炉的管板下部若无人孔或头孔时，应开设清洗孔。

（3）集箱监督检验集箱拼接焊接接头外观及表面质量应符合JB/T 1610中的相关技术规定，用合金钢制成的筒体、管接头或端盖及其连接焊缝均应逐个逐条进行光谱定性分析以免错用母材或焊接材料。集箱制成后应以集箱工作压力得1.5倍压力进行水压试验，并在试验压力下保持5min。热水锅炉和不大于2.5MPa的蒸汽锅炉中无管接头的集箱，可不单独进行水压试验。与其他受压元件组装的集箱，可在组装后进行水压试验。

管接头的焊接管孔应尽量避免开在焊缝上，并且应尽量避免管接头的连接焊缝与相邻焊缝的热影响区互相重合。如果不能避免，允许在焊缝上或其热影响区开孔，但应同时满足以下要求：管孔周围60mm（当管孔直径大于60mm时，取管孔直径）范围内的焊缝应经射线检测合格，并且在管孔边缘处的焊缝没有夹渣；管接头的连接焊接接头应经焊后热处理消除应力。管孔中心距和管孔尺寸的偏差应符合JB/T 1623及JB/T 1625的规定。

（4）管子监督检验水冷壁、对流管束、连接管、锅炉范围内管道拼接应符合JB/T 1611中的相关技术要求；管子表面的机械损伤如果不超过壁厚下偏差并且无尖锐棱角，允许仔细磨去，如果超过壁厚下偏差时，应焊补并修磨平整。为了控制流通截面的减少，防止流通截面因被管内毛刺、焊瘤等堵截而减少，从而影响水循环系统的正常工作。公称外径。不大于60mm的对接接头或弯管应进行通球试验，通球直径按JB/T 1611规定；用合金钢制成的管子及其手工焊接方法焊接的焊缝均应逐根、条进行光谱定性分析以免错用钢材或焊接材料。

对接焊接的受热面管子及其他受压管件，应逐根以管子工作压力的2倍进行水压试验，并在此压力下保持10 ~ 20s。如果对接焊缝经氩弧焊打底并100%无损检测合格，能够保证焊接质量，在制造单位内可免做水压试验，工地组装的受热面管子、管道的焊接接头可与本体同时进行水压试验。

4.组装监督检验

锅壳锅炉烟管与管扳的组装，为防止管端伸出管板过长而使管端烧裂，对管端伸出管板长度规定如下：受高温烟气辐射的管端，伸出管板长度不得超出其连接焊缝 1 ~ 5mm；受低温烟气辐射的管端，伸出管板长度不得大于其连接焊缝 5mm。

为防止锅炉安装时渗漏和运行时假水位出现，特别强调的是水位表法兰的偏差应保证在允许的范围之内。锅筒的组装（封头、管板、炉胆、锅壳、炉胆顶、U 形圈、冲天管）均应严格按图样的装配尺寸进行，偏差执行标准 JB/T 1619。

拉撑件有角撑板、拉撑杆、斜拉杆和拉撑管，角撑板厚度不小于管板厚度的 80%，拉撑杆直径不应小于 25mm，斜拉杆与管板夹角不应小于 60°。拉撑件数量、位置、坡口尺寸应符合图样要求，角焊缝与主焊缝不应重合，拉撑管与管板连接时应先胀后焊，拉撑件不得采用拼接。

5.焊接监督检验

焊接工艺评定是用以评定施焊单位是否有能力焊出符合规程和产品技术条件所要求的焊接接头，验证施焊单位制定的焊接工艺指导书是否合适。锅炉受压元件的对接接头；锅炉受压元件之间或受压元件与承载的非受压元件之间的连接的要求全焊透的 T 形接头和角接接头应进行焊接工艺评定。焊接工艺评定应符合《蒸规》中附录 I 的规定，监检人员应进行核查，并对受检单位提供的工艺文件进行签字确认。

锅炉受压元件的焊接接头质量应进行下列项目的检查和试验：外观检查，无损检测检查，力学性能试验，金相检验和断口检验，水压试验。焊接产品试板的目的是为了检验产品焊接接头的力学功能，以便进行拉力、冷弯和必要的冲击韧性试验。产品检查试样的数量和具体要求按《蒸规》和《热水规》的要求进行。

严格执行焊接工艺就可以保证焊接质量。锅炉制造过程中，焊接环境温度低于 0T 时，没有预热措施，不得进行焊接；下雨、下雪时不得露天焊接。焊接装配时，不得在强力组装下焊接，以防附加的残余应力影响焊缝的使用强度。焊接设备的电流表、电压表、气体流量计等仪表、仪器等是控制调整焊接工艺参数、保证焊接质量重要手段，因此，上述仪表应按计量部门的规定执行定期检定，保证仪表、仪器及规范参数调节装置的灵敏、准确，是实施焊接工艺的重要条件。

焊条、焊丝、焊剂符合图样和工艺的要求，焊接材料按规定要求进行烘烤、保温，现场焊接材料按规定进行发放、回收。施焊焊工应持有相应的合格项目，现场抽查，在锅炉受压元件的焊接接头附近应该有清晰、齐全的低应力焊工代号钢印，并与实际施焊记录相吻合，现场施焊记录应符合焊接工艺的要求。

如果受压元件的焊缝经无损检测发现存在不合格的缺陷，施焊单位应找到原因，制定可行的返修方案，才能进行返修；补焊前，缺陷应彻底清除；补焊后，补焊区应做外观和无损检测。要求焊后热处理的元件，补焊后应做焊后热处理。同一位置上的返修不应超过三次。焊缝返修应该下返修通知单，焊缝一次返修应有焊接技术人员签字，焊缝二次返修应有焊接责任工程师签字，焊缝三次返修应有技术总负责人签字。

6.胀接监督检验

采用胀接方法将管子和管板连接，主要是利用在胀接过程中管壁和管孔壁不均匀变形而产生的残余径向应力。胀接前应进行试胀工作。在试胀中检查胀口部分是否有裂纹，胀接过渡部分是否有剧烈变化，喇叭口根部与管孔壁的结合状态是否良好等，然后检查管孔壁与管子外壁的接触表面的印痕和啮合状况。胀管器的质量直接影响到胀接质量，应检查胀管器的质量，检查管材的胀接性能，通过试胀结果对管材胀接性能加以评定，根据对试件对比性检查结果确定合理的胀管率。

制造单位应根据锅炉设计图样和试胀结果制定胀接工艺规程。胀管操作人员应经过培训，并严格按照胀接工艺规程进行胀管操作，保证胀接质量；胀接管子材料宜选用低于管板硬度的材料，若管端硬度大于管板硬度或管端布氏硬度（HB）大于17°时，应进行退火处理。管端退火不得用煤炭作燃料直接加热，管端退火长度不应小于100mm。

管端伸出量以 6 ~ 12mm 为宜，过短无法进行 12° ~ 15° 扳边；喇叭口扳边应与管子中心线成 12° ~ 15° 角，以防止锅炉运行中将管子拉脱；扳边起点与管扳表面以平齐为宜。胀接后，管端内外表面不应有粗糙、剥落、裂纹、刻痕和夹层等缺陷，在胀接过程中，应随时检查胀口的胀接质量，及时发现和消除缺陷），12° ~ 15° 扳边后管端不应有有裂口，90° 扳边后边缘不应有超过 2mm 的细小裂纹。

7. 焊后热处理监督检验

焊后热处理的目的消除由于钢板受到不均匀加热而今产生的焊接残余应力，焊缝及热影响区在高温下停留较长时间，从而使金属组织的晶粒边的粗大，同时易产生过热的魏氏组织。焊后备无损检测》，射线底片抽查数量不少于30%（应该包括焊缝交叉部位、T 形接头、可疑部位及返修片）。无损检测委托及时、规范，原始记录清晰、准确，检测报告中各级人员签字齐全。无损检测记录（包括底片），制造单位妥善保存至少七年或到期后可移交使用单位长期保存。

9. 水压试验监督检验

水压试验的压力、试验程序和合格标准应符合规定。监检人员应审验水压试验方案，水压试验时，监检人员现场监督检查，水压试验合格后，监检人员在报告上签字。

10. 主要附件仪表及其他监督项目的检验

主要附件及仪表包括安全阀、止回阀、排污阀、水位表、高低水位报警器等保护装置、压力表、测温仪表等。由于主要附件及仪表都是锅炉制造厂的外购件，因此要对这些产品的质量情况进行检查，重点是安全附件的数量、规格、型号及产品合格证均应符合要求。

整装燃油（气）锅炉的厂内安全性能热态调试检验内容：安全阀、压力表、水位计的型号、规格是否符合要求；水位示控装置是否灵敏；超压保护装置是否灵敏、有效；点火程序控制和熄火保护装置是否灵敏；燃烧设备是否与锅炉相匹配。

11. 出厂资料审查

锅炉出厂时必须附有与安全有关的技术资料，这些资料是锅炉登记建档所必须的，有了这些资料，既可以检查锅炉的设计、制造是否符合有关标准、规范、规程，也便于锅炉的安装与管理，锅炉出厂资料应符合《蒸规》和《热水规》的规定。

新制造的锅炉必须有金属铭牌，并应装在明显的位置，金属铭牌上至少应写明下列项目：锅炉型号；制造厂锅炉产品编号；额定蒸发量（t/h）或额定热功率（MW）；额定出口介质压力（MPa）；额定蒸汽温度或额定出口/进口水温（Y）；制造厂名称；锅炉制造许可证级别和编号；锅炉制造监检单位名称和监检标记；制造年月。

产品经监检合格后，监检人员应在产品铭牌上监检标记处打监检钢印；监检人员应及时汇总监检过程中抽查、审核过的见证资料，认真填写"锅炉压力容器产品安全性能监督检验项目表"并且出具"锅炉压力容器产品安全性能监督检验证书"。

二、压力容器制造监督检验

1. 图样审查

设计总图（蓝图）上必须有压力容器设计单位的设计资格印章（复印章无效），确认资格有效。设计资格印章失效的图样和已加盖竣工图章的图样不得用于制造压力容器，设计总图上签字手续齐全，有设计、校核、审核（定）人员的签字，对于第三类中压反应容器和储存容器、高压容器和移动式压力容器，应有压力容器设计技术负责人的批准签字；压力容器类别确定应符合《容规》第6条的规定；设计图样所选用的制造、检验等标准，应为现行标准；设计图样所选用的无损检测方法、检测比例和合格级别，应符合有关规范、标准的规定；审查设计结构的合理性、设计计算的正确性、设计文件手续是否齐全，设计变更（含材料代用）的手续是否完整。

2. 材料监督检验

由于压力容器应用范围广、使用条件复杂，故采用的材料种类较多，有金属材料和非金属材料。监检员要熟悉材料的标准、性能、使用范围和验收标准。《容规》第25条规定，压力容器的筒体、封头（端盖）、人孔盖、人孔法兰、人孔接管、膨胀节、开孔补强圈、设备法兰；球罐的球壳板；换热器的管板和换热管；M36以上的设备主螺栓及公称直径大于250mm的接管和管法兰均作为主要受压元件。

受检企业应向监检员提供材料生产单位按相应标准的规定向用户提供的质量证明书（原件）。材料质量证明书的内容一定齐全、清晰，并加盖材料生产单位质量检验章。如受检企业从非材料生产单位获得压力容器用材料时，应向监检员提供材料质量证明书原件或加盖供材单位检验公章和经办人章的有效复印件。

主要受压元件材料（含焊材）应有生产厂提供的材质证明书（或复印件），质量证明书的内容必须填写齐全，化学成分、力学性能、供货状态、各项试验结果等应符合材料相应标准的规定；按《容规》等规范、标准要求复验的，应有复验报告，各项指标应符合相应的材料标准。核验实物的钢印标志或其他标志，包括材料制造标准代号、材料牌号及规格、炉（批）号、国家安全监察机构认可标志、材料生产单位名称及检验印签标志，是否与材质证明书完全相同。合格后，方可入库。编号入库的钢板在钢板的一端应有材质钢印，至少包括材料名称、规格及编号，编号可以是原始编号或受检企业自编号，后者必须是能和原始材料证明相对应。对于不允许打钢印的薄板、不锈钢板和低温容器用板则可以用其他方法做标记，如油漆等。

监检员确认主要受压元件材料和焊接材料，应符合设计图样和工艺文件要求。用于压力容器主要受压元件的材料还应符合《容规》第11～14条（压力容器常用材料）、

第 15 条（铸铁）、第 16 条（铸钢）、第 17 ~ 21 条（有色金属）的要求。

采用国外材料应符合《容规》第 22 条的要求；采用新研制的材料（包括国内外没有应用实例的进口材料）或未列入 GB 150 等标准的材料试制压力容器应符合《容规》第 23 条的要求。用于压力容器受压元件的焊接材料应符合《容规》第 26 条要求。

材料在投用前应检查有效的材料标志。用于制造受压元件的材料在切割（或加工）前应进行标志移植，确保材质标记的可追踪性。如卷制筒节将钢印卷入内壁则应转移到外表面来，经过金加工车光的零部件如法兰、管板、高压管件、高压零部件等，应在端面或外周面再打上钢印，送到热处理炉中的零部件要事先挂牌栓标记以免弄混等。产品焊接试板和筒体同时下料，并严格作好标记和办理移交手续。抽查材料标记移植，对外协、外购件，特别是管板、法兰、封头等部件进行核对，确认主要受压元件实际用材，应正确无误。

主要受压元件代用材料的选用和材料代用手续，应符合有关规范和标准的要求。原则上应事先取得原设计单位出具的更改批准文件，对改动的部位应在竣工图上做详细记载，对受检企业有使用经验且代用材料性能优于被代用材料时（仅限 16MnR、20R、Q235 系列钢板、16Mn、10#、20# 锻件或钢管的相互代用），如受检企业有相应的设计资格，可由受检企业设计部门批准代用并承担相应责任，同时须向原设计单位备案。原设计单位有异议时，应及时向受检企业发表意见。

3. 焊接监督检验

产品施焊所采用的焊接工艺评定，必须是按有关规范和标准经焊接工艺评定合格的，并且选用正确。对评定未合格或未经评定的，必须经评定合格后方可采用。钢制压力容器的焊接工艺评定应符合 JB 4708《钢制压力容器焊接工艺评定》标准的有关规定。有色金属制压力容器的焊接工艺应符合有关标准的要求。

检查受检企业的焊接工艺，要求如下：产品的 A、B、C、D 类焊缝应有焊接工艺卡；所有焊接工艺卡的编制应有合格的焊接工艺评定为依据：焊接工艺卡与所选用的焊接工艺评定应一致。

必须严格按照《容规》中第 77 条和有关标准、设计图样、制造技术要求的规定制作产品焊接试板。产品焊接试板代表整台产品焊接接头和其他受压元件的力学性能和弯曲性能，监检员应确认产品焊接试板的数量、材料牌号与产品一样，并在筒体纵焊缝延长线上同时焊接。如果产品焊接试板按《容规》中第 77 条第 3 款的要求是以批带台的，监检员则要确认以批代台的焊接工艺纪律检查试板。检查所代产品的钢号、焊接工艺、批量及投料间隔时间等应符合有关规范和标准规定。焊接工艺纪律检查试板代表整批产品焊接接头质量。一旦发现焊接工艺纪律检查试板的制作和检查与有关规范、标准不符合的，应立即停止以批代台制作试板。

产品焊接试板的制备可按 A 类项目监检，也可按 B 类项目监检。如果按 A 类项目监检，则必须在产品焊接试板与筒节分割前，经监检确认，并在产品试板上打监检钢印；若按 B 类项目监检，则必须有产品焊接试板与筒节纵向接头连接部位的射线检测底片。审查产品焊接试板（焊接工艺纪律检查试板）性能报告，主要审查试验项目是否符合有关标准的要求并且项目齐全，对照合格标准，确认试验结果。力学性能试验不合格项目，允许取双倍试样复验，复验不合格，则试板所代表的焊缝为不合格。当试板被判为不合格时，应分析原因，采取相应措施（如增加热处理等），然后按上述要求重新进行试验。

现场抽查焊工钢印，以及施焊焊工资格是否符合规定，并详细记录抽查结果。焊接压力容器的焊工，必须按照《焊工考试与管理规则》进行考试，取得焊工合格证后，才能在有效期内担任合格项目范围内的焊接工作。原工应按焊接工艺指导书或焊接工艺卡施焊。压力容器主要受压元件焊缝附近50mm处的指定部位，应打上焊工代号钢印。对无法打钢印的，应用简图记录焊工代号，并将简图放入产品质量证明书中提供给用户。

焊接环境的控制：现场无有效防护，雨雪环境、手工焊时风速大于10m/s、气体保护焊时风速大于2m/s或相对湿度大于90%时严禁施焊。现场巡检焊接工艺执行情况，检查下列几个方面是否符合规定，并详细记录巡检结果。焊接设备、电流表、电压表的完好使用；坡口形式、尺寸是否符合设计图样或有关技术条件；焊接材料的烘干情况和干燥设备是否符合技术文件的要求；对焊前需预热的焊缝，预热设备和预热温度记录是否符合有关规定；检查焊接工艺参数是否与焊接工艺规程一致；检查产品焊接试板的加工、焊接位置、施焊工艺参数和试板数量，是否符合《容规》、焊接工艺规程的规定；对要求控制层间温度的焊缝，应检查层间温度。

对焊接接头的同一部位（指焊补的填充金属重叠的部位）的返修次数超过两次以上的返修，应经受检企业技术总负责人批准，并将返修的次数、部位、返修后的无损检测结果和技术总负责人批准字样记入压力容器质量证明书的产品制造变更报告中。监检员应检查审批手续，必要时应审核缺陷产生原因分析和返修工艺。返修的现场记录应详尽，其内容至少包括坡口形式、尺寸、返修长度、焊接工艺参数（焊接电流、电弧电压、焊接速度、预热温度、层间温度、后热温度和保温时间、焊材牌号及规格、焊接位置等）和施焊者及钢印等。要求焊后热处理的压力容器，应在热处理前焊接返修；如在热处理后进行返修，返修后应再作热处理。有抗晶间腐蚀要求的奥氏体不锈钢制压力容器，返修部位仍需保证原有的抗晶间腐蚀性能。耐压试验后需返修的，返修部位必须按原要求经无损检测合格。由于焊接接头或接管泄漏而进行返修的，或返修深度大于1/2壁厚的压力容器，还需再一次进行耐压试验。

4.外观和几何尺寸监督检验

焊接接头形状、尺寸以及外观应符合技术标准和设计图样的规定。焊缝与母材应圆滑过渡，焊缝上的熔渣和两侧的飞溅物必须清除。抽查角焊缝焊角尺寸，角焊缝的焊角高度，应符合技术标准和设计图样要求，外行应平缓过渡。对平封头与圆筒连接的角焊缝、多层圆筒上接管的角焊缝、管板与筒体连接的角焊缝、主体法兰角焊缝、人孔接管角焊缝和直径大于250mm的接管角焊缝等必须检查。对所有焊接接头应重点检查有无表面裂纹、咬边、未焊透、未熔合、表面气孔、弧坑、未填满和肉眼可见的夹渣等缺陷。焊缝的咬边应符合《容规》中第76条第4款的要求。母材表面不得有机械问题、工卡具焊迹，缺陷打磨时，应保证材料的设计最小厚度且平滑过渡。

组对质量和几何尺寸。检查焊缝棱角度、对口错边量、筒体直线度、最大内径与

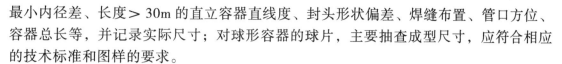

最小内径差、长度＞30m 的直立容器直线度、封头形状偏差、焊缝布置、管口方位、容器总长等，并记录实际尺寸；对球形容器的球片，主要抽查成型尺寸，应符合相应的技术标准和图样的要求。

5. 无损检测监督检验

无损检测人员是否取相应项目和资格，且在有效期内。压力容器的无损检测是否按 JB/T 4730—2005《承压设备无损检测》标准执行。检查布片（排版）图和检测报告，核实检测比例和位置，对局部检测产品的返修焊缝，应检查按有关规范、标准要求进行扩探情况。是否按规定进行了扩探，对扩探仍然不合格的焊缝，应检查是否进行了100% 检测。对超声波检测和表面检测除检查报告外，监检员还应不定期地到现场对产品进行实地监检。对有裂纹倾向的材料应在焊接完成后至少 24h 后，才能进行无损检测。

抽查射线检测底片，数量不得少于该台射线检测底片总数的 30%（若底片数少于10 张的，则全部审查），T 形接头底片、超标缺陷片、返修片必须复查。发现评片有误时，应适当增加抽查比例。审片工作应在热处理或耐压试验前完成。受检企业应在有利于产品返修前送审射线报告和底片，这样是为了保证一旦发现底片存在问题，可以及时安排返修，以避免热处理或液压试验后返修造成浪费或无法返修。如：换热器壳程在穿管前和夹套容器上夹套前，有热处理工序要求的在热处理前完成；没有热处理工序要求的在液压试验前完成。审查底片时主要检查底片评定结果（缺陷的定性和底片级别的评定）正确性和底片本身质量（如黑度、像质指数、像质计和标记设置、缺陷假象等）。对所抽查的底片应在上面适当位置做出标记或在《监检项目表》相应栏目中注明片号。对于返修后焊缝重新照相的底片必须全部进行检查，要特别注意返修处缺陷的消除情况和是否产生了新生缺陷。核对返修片与原片部位是否一致，扩拍片应在返修片焊缝延长线上。

6. 热处理监督检验

监检员应检查最终热处理前的所有工序质量的检验结果和热处理方案；高压容器、中压反应容器和储存容器、盛装混合液化石油气的卧式储罐、移动式压力容器应采用炉内整体热处理。大型压力容器，可采用分段热处理，其重叠热处理部分的长度应不小于 1500mm，炉外部分应采取保温措施。其他压力容器应采用整体热处理。产品试板应与压力容器同炉热处理。监检员应不定期对热处理装置（炉）的完好情况进行检查，热处理装置（炉）应配有自动记录曲线的测温仪表，并保证加热区内最高与最低温度之差不大于 65℃（球形储罐除外）。热处理后，应检查热处理工艺执行情况（记录曲线）及热处理报告。

7. 耐压试验监督检验

耐压试验前，监检员应确认需监检的项目均监检合格，受检单位应完成的各项工作均有证明。耐压试验时，监检员必须亲临现场，检查试验装置、准备工作和安全防范措施，确认试验过程和结果，应符合《容规》中第四章第七部分的要求。

8. 安全附件检查

检查安全附件规格、数量，应符合计图样和《容规》第七章的要求。对于快开门式压力容器的安全联锁装置应符合《容规》中第49条的要求。

9.气密性试验监督检验

对易燃易爆、有毒介质或图样要求的容器,应进行气密性试验。应检查气密性试验的试验压力,保压时间和试验介质温度等,确认试验结果是否符合有关规范、标准、设计图样和《容规》中第四章第七部分的要求。

10.出厂资料审查

检查产品合格证、产品质量证明书的内容,应正确、齐全,最终签发签字(盖章)手续完整无误。竣工图能反映该产品的实际制造情况。竣工图样上应有设计单位资格印章(复印章无效)。若制造中发生了材料代用、无损检测方法改变、加工尺寸变更等,制造单位应按照设计修改通知单的要求在竣工图样上直接标明。标注处应有修改人和审核人的签字及修改日期。竣工图样应加盖竣工图章,竣工图章上应有制造单位名称、制造许可证号和"竣工图"字样。

11.产品铭牌检查

检查产品铭牌的内容、参数,应符合该产品设计图样和《容规》中附件六的要求。在铭牌上打监督检验钢印。

12.出具"监检证书"

经监检的项目,符合规范、标准的,在"检验结果"栏内填"合格",并在"工作见证"栏内填有监检员签字的见证件名称或见证件的编号。不符合规范、标准的,应在"检验结果"栏内填写实测数据或存在问题,并在记事栏中用文字记录不符合规范、标准的具体情况和情节,以及受检单位处理情况。

全部检查合格结束后,监检员应及时出具"监检证书",并按规定进行审核和批准。"监检证书"一式三份,正本一份随压力容器产品出厂资料交使用单位;副本两份,由监检单位及受检企业分别存档。

三、压力管道元件制造监督检验

根据TSG D7001《压力管道元件制造监督检验规则》,现仅适用于《条例》所称压力管道元件中埋弧焊钢管(螺旋缝埋弧焊钢管、直缝埋弧焊钢管和双缝埋弧焊钢管,下同)和聚乙烯管的制造监检。监检机构对埋弧焊钢管、聚乙烯管产品的制造监检按批进行,制造单位应当按照产品标准要求进行组批,对于埋弧焊钢管,按同一机组、同一牌号、同一外径、同一壁厚、同一工艺,生产周期不超过–周,且数量不超过200根为一批。产品安全性能稳定,同牌号、同规格(同一外径、同一壁厚)、同工艺产品连续一年未发现安全性能问题的,制造单位可以向所在地的省级质量技术监督部门提出增加组批管子数量的要求。获得同意的,可以增加组批的数量,但每批不得超过600根,对于增加组批量的数量,产品安全性能如果出现问题,应当恢复组批原规定的数量。

对于执行的产品规范、标准,应核查产品选用的标准是否符合安全技术规范的规定,是否遵循国家现行标准的要求;如果执行企业标准,该标准是否按照国家有关标准化法规的规定进行备案,而且有关产品安全性能的要求不得低于相关安全技术规范和国家现行标准的要求；当执行国外标准时，检查批准手续是否符合规定。应当由型式试验机构审查的设计文件，审查其是否经过审查，审查结果是否符合规定；不需要经过型式试验机构审查的设计文件，审查其设计、审核、审批人员签字是否齐全，是否符合标准并且适应生产需要，核查标注的试验、检验和无损检测标准是否符合要求；对于设计文件修改，查阅设计文件的修改（包括材料代用）手续是否齐全，修改后的内容是否符合要求。设计文件一般应当独自编制，也可将设计文件作为工艺文件的一部分。

对于工艺文件，审阅制造、试验和检验工艺文件，审查是否符合安全技术规范、产品标准、设计文件和合同规定的技术要求的规定，编制、审核、审批手续是否齐全。对于焊接工艺评定，检查制造单位是否根据产品焊接需要，按照标准要求进行焊接工艺评定，并且形成焊接工艺评定报告，是否建立焊接工艺评定档案，是否完整的保存焊接工艺评定试样；审查焊接工艺评定报告的编制、审改、审批人员的签字是否符合要求。

对埋弧焊钢管、聚乙烯管出厂产品标志的方法、位置、内容、顺序、字体进行巡查，每批每班至少抽查一根，检查是否符合要求。每批每班至少抽查 1 根钢管，核查是否在产品上做出了安全标记，是否与向发证的机关报送的有关安全标记文件的规定相符，安全标记的大小、位置和工整、清晰程度是否符合要求。产品铭牌或标识与实物是否一致；铭牌或标识内容是否符合规程和标准要求，是否与出厂合格证出具的内容一致。产品出厂文件应有：产品合格证、质量证明书、产品设计文件（图样）产品制造变更报告。逐批审查出厂文件，审查质量证明书（含合格证）、使用说明书的内容是否齐全、正确，是否符合要求。审查后在制造单位存档的质量证明书上签字确认。审阅存档文件，审查出厂文件的内容、原材料质量证明书、工序检验记录、最终检验记录和性能试验报告是否符合规定；审阅存档文件项目和内容，审查是否能够确保该批产品（安全性能）有可追溯性，存档文件的管理是否符合规定。经过监检合格的产品由监检员填写"压力管道元件产品安全质量监督检验记录"和出具监督检验证书。

用于长输（油气）管道的埋弧焊钢管产品的监检人员，应当具有国家质检总局颁发的压力管道检验师以上（含检验师）资格证书（具有制造监检项目，下同）；其他埋弧焊钢管和聚乙烯管产品的监检人员应该具有国家质检总局颁发的压力管道检验员以上（含检验员）资格证书。

第三节　安装维修改造监督检验

一、锅炉安装、维修、改造监督检验

锅炉安装、维修、改造质量的好坏，直接关乎到锅炉的安全运行，锅炉安装、维修、改造质量监督检验的内容包括两个方面：一是对锅炉施工单位质量管理体系运转情况的监督检查；二是对锅炉安装、维修、改造过程中涉及锅炉安全运行的项目进行监督

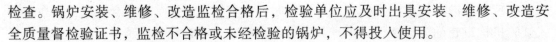

检查。锅炉安装、维修、改造监检合格后，检验单位应及时出具安装、维修、改造安全质量督检验证书，监检不合格或未经检验的锅炉，不得投入使用。

1. 锅炉安装监督检验

（1）安装前检验，锅炉安装施工前，对锅炉制造质量的复查、确认。出厂资料包括锅炉图样；受压元件的强度计算书或计算结果汇总表；安全阀排放量计算书或计算结果汇总表；锅炉质量证明书；锅炉安装说明书或使用说明书；受压元件重大设计更改资料等。安装资料主要是锅炉平面布置图及标明与有关建筑距离的图纸；锅炉施工组织设计或施工技术措施、焊接、胀接、砌筑、检验工艺等，同时对锅炉范围内的管材、焊材及阀门、管件等的质量证明书，其内容应符合现行有关标准、规程及技术文件的规定。

锅炉房应符合《蒸规》和《热水规》的要求，锅炉设备布置应保证设备安装、运行、检修安全和方便，使风、烟流程短，锅炉房面积和体积紧凑。锅炉操作地点和通道的净空高度不应小于 2m，在锅筒、省煤器及其他发热部位的上方，当不需操作和通行时其净空高度可为 0.7m。锅炉前端净距离不宜小于 3.0m（1～4t/h）、4.0m（6～20t/h），锅炉侧面和后面的通道净距离不宜小于 0.8m（1～4t/h）、1.5m（6～20t/h）；当需吹灰、拨火、除渣、安装或检修除渣机时，通道距离应能满足操作的要求。

锅炉产品制造质量的复查主要是对产品的外观质量、几何尺寸等进行检查，有怀疑时可做进一步的检查，如无损检测、光谱分析等。对锅炉产品制造质量的复查及旧锅炉移装前检验按《锅炉压力容器产品安全质量监督检验规则》、《锅炉定期检验规则》及本书 8.2.1 和 8.4.1 的内容进行。

（2）基础验收，基础检查验收记录应包括混凝土试样强度试验记录、外观检查（表面质量、几何尺寸）记录。表面质量主要是看基础表面是否有蜂窝、麻面、裂纹等缺陷，基础尺寸和位置偏差应符合 GB 50273 和 DL/T 5047 的规定，锅炉基础上应划出纵、横向中心线和标高基准点，纵、横向中心线应互相垂直；相应两柱子定位中心线的间距允许偏差为 ±2mm；各组对称四根柱子定位中心点的两对角线长度之差不应该大于 5mm。

（3）钢架安装检验，锅炉钢架（也称钢结构）是整个锅炉的骨架，它几乎承受着锅炉的全部重量。查阅钢架安装前检查记录、安装施工记录及检查记录，检查钢架划线、组装及焊接质量；抽测钢架安装尺寸偏差记录等；外观检查钢架的焊接质量，对接焊缝和角焊缝的外形尺寸应符合设计图样和工艺文件的要求，对接焊缝的焊缝高度不得低于母材，角焊缝的焊角尺寸不允许有负偏差；焊缝表面不得有裂纹、夹渣、密集气孔和烧穿等缺陷，焊缝咬边深度不大于 0.5mm。钢架安装允许偏差应满足 GB 50273 和 DL/T 5047 要求。

（4）锅筒、集箱安装检验，当锅炉主要钢架安装完毕，立柱底板下浇灌混凝土的强度达到 75% 以上时，便可进行锅筒、集箱的安装，锅筒、集箱有的是安装在支座上，有的是靠管束支撑的。检验时首先应查阅施工单位的锅筒、集箱安装前检查记录；锅筒、集箱安装检查记录；现场检测就位后锅筒、集箱的标高及水平度偏差；纵、横中心线与基础纵、横中心线的相对位置；锅筒找正概括讲就是锅筒的纵、横、水平中心线与基础纵、横中心及标高线的相对误差，锅筒与集箱的相对位置误差等。锅筒、集箱就位后，其允许偏差应符合 GB 50273 和 DL/T5047 要求。

锅筒、集箱支吊装置应符合接触部位圆弧应吻合，局部间隙不大于 2mm；支座与梁接触良好，不得有晃动现象；吊挂装置应坚固，弹簧吊挂装置应整定并应临时固定。锅筒、集箱的膨胀方向及间隙应符合设计规定，支座必须有一端是活动的。支吊装置及膨胀间隙检查：观察支吊装置的安装是否符合要求、接触部位圆弧是否吻合（可用塞尺检测），用手摇动吊杆或用手锤敲击检查是否有松动现象。观察膨胀预留方向是否正确、能否自由膨胀，测量间隙是否符合设计要求。

（5）受热面管子安装检验，受热面管子安装监检的主要内容有管子安装前的检查记录、试胀记录和胀接记录、焊接记录等；现场检查管子组装、焊接及胀接质量等。管子表面不应有重皮、裂纹、压扁、严重锈蚀等缺陷。合金钢管应逐根进行光谱检查，并进行焊接模拟检查试件（0.5% 接头数，并不少于一套）；受到热面管子应作通球检查，通球直径应符合 JB/T 1611 的规定。

胀接质量检查记录包括胀接前管端及管孔质量检查记录、管端与管板硬度及退火记录、试胀记录和胀接记录。主要查阅胀管率是否在规定的范围内，采用内径控制法时，胀管率一般应控制在 1% ~ 2.1% 范围内。管子排列应整齐，不影响砌（挂）砖；管端伸出长度以 6 ~ 12mm 为宜；管端喇叭口的扳边应与管子中心线成 12° ~ 15° 角，扳边起点与管板（锅筒）表面以平齐为宜；对于锅壳锅炉，直接与火焰（烟温 800℃以上）接触的烟管管端必须进行 90°扳边；扳边后的管端与管板之间的最大间隙不得大于 0.4mm，且间隙大于 0.1mm 的长度不得超过管子周长的 20%；胀接后，管端不应有起皮、皱纹、裂纹、切口和偏斜等问题。

（6）焊接质量检验，整装锅炉现场焊接主要是管道焊接，散装锅炉现场焊接主要是钢结构、管子、管道焊接。锅炉的修理或改造，其主要工作量也焊接，焊接质量检验是锅炉安装、修理或改造监督检验的一个重要环节。监督检验方法：查阅焊接工艺评定报告、焊工资格证、焊接检查记录、无损检测记录等；现场检查焊工钢印及焊缝外观质量，几何尺寸是否符合设计规定，必要时采用测量；对于合金钢需做光谱检查、力学性能试验、金相和断口检验的，可查报告；抽查射线检测底片，数量不少于20%；对焊接质量有怀疑时，也可以进行无损检测抽查。

焊缝外形尺寸应符合设计图样和工艺文件的规定，焊缝高度不得低于母材表面，焊缝与母材应平滑过渡；焊缝及其热影响区表面无裂纹、夹渣、弧坑和气孔；焊缝咬边深度不应大于 0.5mm，管子焊缝两侧咬边总长度不超过管子周长的 20%，且不超过40mm；受热面管子及其本体管道的焊缝对口，内壁应对齐，其错口应不大于壁厚的10%，且不应大于 1 mm；管子由焊接引起的弯折度，在距焊缝中心 200mm 处的间隙不应大于 1 mm；管子一端为焊接，一端为胀接时，应先焊后胀。

管子、管道和其他管件的环焊缝，无损检测应《蒸规》和《热水规》的规定。对于采用无直段弯头的，无直段弯头应满足 GB/T 12459-2005《钢制对焊无缝管件》的有关要求，且无直段弯头与管道对接焊缝应进行 100% 射线检测。

（7）过热器、省煤器安装检验，查阅过热器及省煤器安装记录、通球记录、水压试验记录；对于采用合金钢的过热器管子应查阅光谱检查记录；现场检查过热器及省煤器安装质量，必要时采用拉线、钢卷尺等测量方法进行测量相关尺寸。工业锅炉的过热器及省煤器一般是整体出厂，安装监检时主要是检查其组合安装质量。省煤器支承架安装允许偏差、钢管省煤器组合安装允许偏差、过热器组合安装允许偏差应符合 GB 50273 和 DL/T 5047 的规定。

（8）水压试验，水压试验前，应审查基础与钢架安装记录；炉排安装记录；锅筒、集箱、管子安装记录；通球试验记录；试胀及胀接记录；焊接质量记录；无损检测报告；水压试验方案及试验用表的校验记录等。

锅炉受热面、汽、水压力系统必须安装完毕，并进行锅筒、集箱等受压部（元）件内部清理和表面检查，水冷壁、对流管束及其他管子应流畅；主汽阀、出水阀、排污阀和给水截止阀等应与锅炉一起作水压试验。

（9）炉墙砌筑检验，查阅炉墙砌筑质量检验记录、隐蔽工程记录等。现场检验炉墙砌筑质量，主要有：外观目测；用吊线坠的办法测量炉墙的垂直度，可在不同侧面分别进行；砌体表面平整度可用 2m 长靠尺检查靠尺与砌体之间的间隙；用钢板尺或钢卷尺测量砖缝大小；灰浆饱满程度可用塞尺检测或拆砖抽查。砖砌体的允许偏差、砌体砖缝的允许厚度应符合 GB 50273 和 DL/T 5047 的规定，砖缝灰浆的饱满程度不应低于 90%。

（10）主要附件和辅机安装检验，主要附件和仪表主要包括：安全阀、压力表、水位表、排污和放水装置、温度仪表、保护装置及主要阀门等。对于安全附件及仪表阀门的安装检查，主要是检查其选用是否符合规定、安装记录是否齐全、现场检查安装质量，总体验收时要进行必要的试验等。

辅机和附属设备主要有：水泵、风机、除渣机、除尘器、水处理设备等。检验内容为所选设备是否与锅炉设计配套；设备安装记录、检查记录、调试记录及单机试运转记录；现场检验安装质量。检验方法主要是宏观检查设备及烟风道布置是否符合设计要求，安装质量是否满足相关规定与要求，必要时按规定现场抽查安装质量。主要依据 GB 50231《机械设备安装工程施工及验收通用规范》、GB 50275《压缩机、风机泵多装工程施工及验收规范》及设计图样、安装说明书等。

（11）烘炉、煮炉及试运行的监检，烘炉作用主要是排出炉墙、炉拱中的水分，水分不排除或排除过快，容易致使炉墙开裂。煮炉主要是清除锅内铁锈、油污等。烘炉、煮炉可参照 GB 50273 或 DL/T 5047 进行。审查烘、煮炉方案及记录；检查烘炉效果，查看炉墙、保温层有无开裂，炉墙有无漏烟现象；检验煮炉情况，查看煮炉是否达到煮炉的标准；安全阀定压：安全阀定压一般应在现场由法定的检验单位进行，现场定压时监检人员必须到场确认；查看锅炉试运行记录。

（12）总体验收，审查锅炉安装质量证明资料及记录；检查锅炉安全附件、保护装置、附属设备、辅机运行情况；检查锅炉热膨胀情况；检查锅炉房综合情况；审查安装工程技术档案（包括竣工图及安装单位、建设单位存档资料）；现场察看锅炉及附属设备运行状况及锅炉房综合管理情况等。

整装锅炉安装验收应具备的资料为：告知手续；锅炉技术文件清查记录（包括设

计修改的有关文件）；设备复查记录；基础检查记录；锅炉本体安装记录；风机、除尘器、烟囱安装记录；给水设备安装记录；阀门水压试验记录；炉排冷态时运行记录；水压试验记录及签证；安全附件安装记录；烘炉、煮炉记录；带负荷持续 24h 时运行记录。

散装锅炉安装验收应具备资料为：告知手续；锅炉技术文件清查记录（包括设计修改的有关文件）；设备复查记录；基础检查记录；钢架安装记录；钢架柱腿底板下的垫铁及灌浆层质量检查记录；锅炉本体受热面管子通球试验记录；阀门水压试验记录；锅筒、集箱、省煤器、过热器及空气预热器安装记录；管端退火记录；胀接管孔及管端实测记录；锅筒胀接记录；受热面管子焊接质量检查记录；无损检测记录；水压试验记录及签证；锅筒密封检查记录；炉排安装及冷态时运行记录；炉墙施工记录；风机、除尘器、烟囱安装记录；给水设备安装记录；安全附件安装记录；仪表试验记录；烘炉、煮炉和严密性试验记录；安全阀调整试验记录；带负荷连续 72 ~ 168h 时运行记录及签证。

2. 锅炉装维修、改造监督检验

锅炉维修、改造修理受压元件的几何尺寸和它们之间装配的尺寸偏差和焊缝的外观质量应符合《蒸规》、《热水规》和 JB/T 1609，JB/T 1619，JB/T 1610，JB/T 16 Ⅱ 标准的要求。修换炉胆最短一节的长度不应小于 300mm；修换集箱最短一节长度应不小于 500mm；炉管插入锅筒、集箱的长度不能太长，焊接烟管伸出管板的长度应控制在 3 ~ 4mm；严格控制胀管率，一般控制在 1%-2.1% 范围内；锅壳式锅炉的拉撑件与受压元件的连接焊缝的焊接质量是非常重要的，检查结构是否合理、焊缝切忌点焊而忘了焊接；受热面管子经对接焊接后，应按 JB/T 16 Ⅱ 进行通球试验。无损检测、水压试验同制造或安装监督检验，对维修改造锅炉，压力 P 可按实际最高工作压力。

锅炉改造指改变锅炉结构，改变锅炉受热面配比（增加受热面管子），改变运行参数，改变燃烧方式，蒸汽锅炉改热水锅炉等。在改造工作中需要加以利用的主要受压元件如锅筒、集箱等应能充分利用，首先要查明主要受压元件的材质应符合要求，结构、焊缝的质量和胀接管孔基本正常，强度能满足要求。锅炉经检验检测合格后方能对锅炉进行改造。改造后的锅炉结构要合理，要消除原锅炉存在的不合理或不完善的因素，新增受压元件应符合安全要求，要便于操作管理；充分发挥原受压元件的作用，减少金属消耗量，降低改造费用；燃烧系统要先进，以节约燃料，提高热效率；提高机械化、自动化程度，改善劳动环境；烟尘排放量要符合国家规定的标准；应有适应新炉型需要的水处理措施。

二、压力容器安装、维修、改造监督检验

球形储罐的安装监督检验可依照 GB 12337—1998《钢制球形储罐》及 GB 50094—1998《球形储罐施工及验收规范》进行，塔器等现场组焊的化工类设备安装可参照 JB/T 4710-2005《钢制塔式容器》及 HG 20236—1993《化工设备安装工程质量检验评定标准》等标准执行，对制冷及空气分离类设备安装工程还可参照 GB 50274《制冷设备、空气分离设备安装工程施工及验收规范》。全国对压力容器安装、改造、

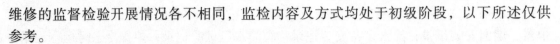

维修的监督检验开展情况各不相同，监检内容及方式均处于初级阶段，以下所述仅供参考。

1.压力容器安装监检

对压力容器整体安装就位工程，安装单位对压力容器的安装质量负责；建设单位对压力容器的采购、安装、验收质量等负责；监检单位对监检工作质量负责。监检工作应首先审核安装单位的资质及告知情况，从事压力容器安装的单位应是已取得相应的制造、安装、改造、维修资格的单位或者是经安装单位所在地的省级特种设备安全监察机构批准的安装单位。压力容器安装前，安装单位应提供安装资格复印件及告知当地特种设备安全监督管理部门的书面材料。建设单位应提供压力容器产品合格证、产品质量证明书、竣工图、监督检验证明，必要时提供强度计算书。

（1）监检工作应至少包含以下项目，制造质量的复验，若压力容器产品合格证、产品质量证明书、竣工图、监督检验证明、强度计算书等资料齐全；且已经当地监检机构监检合格的压力容器，一般应予认可，不再复验其制造质量，以审查资料为主，并检查容器外表面如本体金属、法兰等质量。对运输、安装过程中发生损坏的压力容器，检验员根据实际情况增加检验项目。对在用压力容器，移装前必须进行全部检验，合格后方可移装，移装后应进行耐压试验。

检查基础有无倾斜，基础是否能满足承重要求。地脚螺栓应安装齐全，并检查滑动侧地脚螺栓及支座长圆形孔不阻碍容器膨胀滑动，固定侧地脚螺栓的螺母紧固均匀可靠。与设备的连接情况，特别检查容器与动态设备（振动设备）的连接是否为软连接，以避免容器产生破坏。法兰垂直度应符合 GB 15.的规定，检查连接坚固螺栓是否齐全，检查保温层完好情况，检查防腐层完好情况，检查其排污结构是否能将污物排尽，排污口是否设置在最低处及安全附件检查，检验员认为有必要的其他项目检查：如壁厚测定、真空度测量等。

（2）压力容器安装监督检验常见问题，常见问题有：如安装单位不具备安装资格；压力容器无安全技术资料、无铭牌、制造厂家不明的；结构不合理、存在自行改装等无法保证安全使用的；容器安全状况等级为4.5级的；按规范规定不能移装的，这些经监检核查必须终止安装工作。还有如容器移装前未经全面检验合格；容器存在制造缺陷；容器运输过程中因故导致变形的，仍然进行安装工作，这些压力容器本身存在缺陷修复后方可进行安装工作。

地脚螺栓未安装或安装不符合要求，特别是卧式容器安装后无法自由膨胀滑动。容器安装前罐内未及时清理，导致杂物遗留；安全附件安装不当，如安全阀按规定调节、压力表未检定；爆破膜拱形方向安装错误；安全阀前设置的阀门通径偏小，导致卡口现象，排放量受限。

2.维修改造监检

对于容器的重大维修改造，安全监察机构要委派监检人员对维修改造施工进行现场监督检验，现场监督检验工作一般包括以下内容：

（1）焊工资格的审查，焊接容器受压元件及与受压元件相连的非承压焊缝的焊工，应持有与维修改造焊接结构的材料种类相适应的考试合格的焊工。

（2）原材料管理的监督，维修改造容器所用的原材料，应尽量与容器原实际用材相一致，容器的材质不明时，应通过化学分析或光谱分析等手段查明。维修改造容器所用的板材、管材、型材、焊接材料等必须有质量证明书，并按有关规定进行复验，无质量证明书或复验不合格的材料严禁在容器受压元件上使用。容器维修改造如出现材料代用情况，必须小心对待，应征得容器使用单位、维修改造单位、监检单位的同意。还应征得容器原设计单位的同意并办理材料代用手续。在施工现场，原材料必须按材质，规格码放整齐，做好标记，严防用错材料。焊条使用前应按规范要求烘干，焊工领取后应立即放入保温筒。

（3）缺陷预处理，焊接缺陷及表面裂纹的预处理，一般先采用无损检测方法核实缺陷的位置和尺寸，譬如采用超声波定位，然后最好采用机械方法从距缺陷浅的表面将缺陷消除。对深度较大的裂纹特别是穿透性裂纹，如果使用碳弧气刨等热源，应该在裂纹的两端开止裂孔或止裂槽，以防止裂纹受热后继续扩展。表面裂纹清除后还应进行表面无损检测，以保证裂纹完全消除，焊缝缺陷的修补长度不宜小于100mm。

局部腐蚀需进行堆焊的，应对腐蚀部位进行除锈，清洗或打磨，露出金属光泽。局部腐蚀、磨损，变形需挖补或更换筒节的，如用气割方法切掉缺陷，气割后应对切口进行打磨，消除渗碳层。

容器衬里局部损坏需修补时，应对衬里损坏部位的容器本体及其周围仔细检查，查明腐蚀状况和其他缺陷情况，方可修补。

（4）现场施焊及焊后热处理监检，监督检验人员应对维修改造焊接环境温度，风速等进行检查，如不符合焊接规范要求时，维修改造单位应采取有效的措施。焊接工作应严格按焊接工艺进行。对于更换筒节的修理，还应作焊接试板，以检查焊缝的力学性能。

由于现场条件所限，通常只能对维修改造部位进行局部热处理。热处理应选择合理的加热和保温方法。目前较好的加热方法是用电阻块加热，其加热温度比较容易控制，不允许采用气焊枪直接烘烤的方法进行加热处理。热处理加热的范围应根据不同的板厚确定。容器热处理时，应布置足够的测量点，严格按工艺控制加热温度和保温时间，并认真做好记录。

（5）外观检查、无损检测和耐压试验，压力容器维修改造后，其维修改造部位的几何尺寸偏差，及焊缝外观、质量，应符合该容器的制造标准GB 150或GB 12337要求，堆焊部位必须磨平。对表面裂纹补焊部位和堆焊部位，应进行表面无损检测。对焊缝缺陷的修补部位及挖补焊缝，更换筒节的焊缝，应该按容器制造标准规定的方法进行无损检测，无损检测比例不低于制造标准的要求，其中焊缝缺陷的维修进行100%无损检测，无损检测工作应由维修改造单位具有相应资格的人员进行。压力容器维修改造后，一般应进行耐压试验，耐压试验的方法、压力及合格标准应符合《容规》要求，有气密性试验要求的容器，还应进行气密性试验，压力P可取容器维修改造后核定的最高工作压力。

（6）维修改造竣工资料的监检，维修改造竣工资料一般包括：容器维修改造方案及审批手续；维修改造施工工艺；焊接性试验及焊接工艺评定报告；维修改造所用原材料（包括焊材）的质量证明书及复验报告；维修改造施工记录；施焊记录及焊缝返修记录；焊后热处理报告；容器维修改造外观检查记录；无损检测报告；耐压试验报告；气密性试验报告。

3. 球形储罐现场组焊的监督检验

球形储罐现场组焊的监督检验工作程序与压力容器制造过程监督检验基本一样，但由于球罐的特殊组焊的特殊性，其监检工作带有安装监检成分，监检项目如下：

（1）审查安装资格、施工方案及图纸、设计文件

1）审查施工单位安装资格；

2）审查施工单位质量保证体系，各责任人员的资格、资历；

3）审查施工单位焊接、无损检测等主要工种人员的相应资格级别证书；

4）审阅现场焊工技能考核计划；

5）审阅与工程有关的设计技术文件和图纸资料，确认符合要求；

6）审阅施工单位施工组织设计、工程质量计划、施工技术方案及所采用的规程、规范和标准等。

注：现场监检项目负责人，对以上各项审查、审阅情况须留有相应的见证资料，并在工程竣工后存档。

（2）开工前各项准备工作

1）审查各种材料质量证明书、球罐制造监检证书及球壳板材料的复验报告；

2）审查球壳板超声波检测报告和零部件检测报告；

3）审查球板凸缘、法兰和人孔补强圈等受压元件用锻件的级别及验收项目；

4）审查到场球壳板复验的超声波测厚报告；

5）审查到场球壳板超声波检测复验报告；

6）审查到场球壳板几何尺寸复验报告，并现场抽查；

7）审查基础检验报告；

8）审查焊接工艺评定；

9）到现场监督上岗焊工技能考核、评定；

10）检查现场施焊条件以及焊材一、二级库，确认了现场是否具备焊接条件；

11）审查电焊条质保书和复验报告。

注：现场监检人员对以上审查的各种报告、证书上应签字确认。

（3）组对结束检查

1）审查施工单位整球组对后的检验记录、报告；

2）抽查各球壳板之间的错边量、棱角度和对口间隙；

3）检查各支柱的垂直度；

4）检查相邻上、下两带纵缝、支柱与球壳板角焊缝、球壳板的对接焊缝间隔距离；

5）检查球罐直径和椭圆度。

注：现场检查（抽查）结束后，监检人员应在相应检验报告上签字确认。

（4）球罐施焊过程检查施焊过程中，监检人员应采用抽查和巡查的措施，现场检查焊条烘烤、领用和发放记录，焊工资格等。按提供的球罐焊接工艺参数，检查执

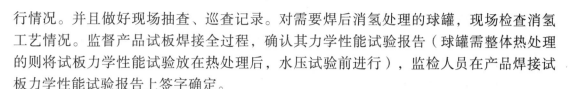

行情况。并且做好现场抽查、巡查记录。对需要焊后消氢处理的球罐，现场检查消氢工艺情况。监督产品试板焊接全过程，确认其力学性能试验报告（球罐需整体热处理的则将试板力学性能试验放在热处理后，水压试验前进行），监检人员在产品焊接试板力学性能试验报告上签字确定。

（5）整体焊接完成后的检查

1）审查施工单位整球焊后几何尺寸检验记录、报告；

2）抽查对接焊缝余高、咬边、错边量、棱角度、最大与最小直径差及母材表面质量；

3）检查各焊缝实际布置；

4）对超次返修的焊缝，检查审批手续与返修工艺。

注：监检员在完成以上各项工作后，在相应检验报告上签字确认。

（6）无损检测

1）检查射线检测报告及布片图，对射线底片进行审核；

2）审查超声波、磁粉、渗透检测报告，监检员应依据现场检验情况，进行必要的抽查确认。

注：监检员对射线底片进行不少于20%复查，在相应检测报告上签字确认。

（7）热处理

1）审查、确认热处理方案；

2）现场热处理条件检查确认；

3）监督热处理实施全过程，着重点放在温差控制。

注：监检员在热处理报告及记录曲线上签字确认。

（8）耐压试验、气密性试验

1）审查耐压试验方案和气密性试验方案；

2）现场检查确认耐压试验条件、气密性试验条件。

注：全过程到场监检确认，并在耐压试验、气密性试验报告上签字确认。

（9）审查交工资料及竣工图

1）审查汇总的全部交工资料；

2）核对竣工图、交工验收报告及产品铭牌。

注：出具监检证书，打监检钢印。监检归档资料为监检协议书；监检大纲；监检中有关的来往文件、信函及检验联络单、意见书等资料；监检记录和监检证书。

三、压力管道安装的监督检验

压力管道是指生产、生活中使用的可能引起燃烧爆炸或中毒等危险性较大的特种设备，按其用途划分为工业管道、公用管道及长输管道三种。

监督检验工作应在压力管道安装现场，并且在安装施工过程进行。压力管道安装单位、监理单位、检测单位、防腐单位应做到：建立项目质量保证体系并组织实施，建立并妥善保存必要的施工记录及见证文件；配合监督检验单位实施检查检验工作，为监督检验工作的正常开展提供必要条件，包括监督检验人员查阅有关资料和进入现场检查，及时通知监督检验人员作业施工进度等；压力管道施工前，安装单位应向管道安装地市级安全监察机构办理告知手续。跨省、自治区、直辖市长输管道，向国家安全监察机构办理告知手续；检验单位必须在取得监督检验资格认可并得到相应监督检验工作任务授权后，监督检验人员经压力管道安全检验技术专业培训和考核后，方可从事检验资格证书允许范围内的监督检查工作。

第四节　定期检验

一、锅炉定期检验

根据《锅炉定期检验规则》，将锅炉检验分成内部检验、外部检验和水压试验三种形式。内部检验是指锅炉在停炉状态下对锅炉安全状况进行的检验，主要是检验锅炉承压部件是否在运行中出现裂纹、起槽、过热、变形、泄漏、腐蚀、磨损、水垢等影响安全的缺陷，其检验的主要部件为：锅筒（壳）、封头、管板、炉胆、回燃室、水冷壁、烟管、对流管束、集箱、过热器、省煤器、外置式汽水分离器、导汽管、下降管、下脚圈、冲天管和锅炉范围内的管道等部件，分汽（水）缸原则上应跟随一台锅炉进行同周期的检验。外部检验是指锅炉在运行情况下对其安全状况进行的检验，包括锅炉管理检查、锅炉本体检验、安全附件、自控调节及保护装置检验、辅机和附件检验、水质管理和水处理设备检验等方面，检验方法以宏观检验为主，并配合对一些安全装置、设备的功能确认，但不得因检验而出现不安全因素。

正常情况，外部检验每年进行一次，内部检验每二年进行一次，水压试验一般每六年进行一次，对于无法进行内部检验的锅炉应该每三年进行一次水压试验。应依次按内部检验、水压试验、外部检验的程序进行检验，只有当内部检验、外部检验和水压试验三种检验均在合格有效期内，锅炉才能投入运行。在下列特殊情况应进行内部检验：移装锅炉投运前；锅炉停止运行一年以上恢复运行前；新安装的锅炉在运行一年后；受压元件经重大修理或改造后及重新运行一年后；根据上次内部检验结果、外部检验结果和锅炉运行情况对设备安全可靠性有怀疑时。

检验人员在锅炉检验时，要根据锅炉的结构形式及锅炉以往存在的缺陷，确定内部检验的重点。历次检验在同一部位的缺陷未构成威胁安全运行，或经过修复后继续运行，如卧式外燃快装锅炉后管板高温区裂纹补焊后还有可能发生，本次检验应作为检验的重点，应采用同样的检验方法或增加相应的检验方法对存在缺陷或缺陷修复的部位进行重点复检复测。

二、压力容器定期检验

在用压力容器的检验，一般是指压力容器从办理使用登记投入使用开始到报废为止，即在整个使用期间进行的各种检验，包括年度检查和定期检验，定期检验包括全面检验和耐压试验。

年度检查，是指为了确保压力容器在检验周期内的安全而实施的运行过程中的在

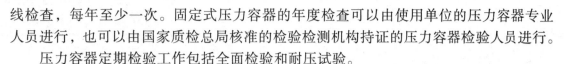

线检查，每年至少一次。固定式压力容器的年度检查可以由使用单位的压力容器专业人员进行，也可以由国家质检总局核准的检验检测机构持证的压力容器检验人员进行。

压力容器定期检验工作包括全面检验和耐压试验。

全面检验是指压力容器停机时的检验。投用后首次全面检验周期一般为三年。全面检验应当由检验单位有资格的压力容器检验人员进行。其检验周期按容器安全状况等级，以及材料、介质、使用条件确立。安全状况等级为 1.2 级的，一般每六年一次；安全状况等级为 3 级的，一般 3 ~ 6 年一次；安全状况等级为 4 级的，其检验周期由检验机构确定。压力容器安全状况等级的评定按《锅炉压力容器使用登记管理办法》及《压力容器定期检验规则》进行。

耐压试验是指压力容器全面检验合格后，所进行的超过最高工作压力的液压试验或者气压试验。每两次全面检验期间内，原则上应当进行一次耐压试验。

当全面检验、耐压试验和年度检查在同一年度进行时，应当逐个进行全面检验、耐压试验和年度检查，其中全面检验已经进行的项目，年度检查时不再重复进行。

设计图样注明无法进行全面检验或耐压试验的压力容器，由使用单位提出申请，地、市级安全监察机构审查同意后报省级安全监察机构备案。因情况特殊不能按期进行全面检验或耐压试验的压力容器，由使用单位提出申请并经使用单位技术负责人批准，征得原设计单位和检验单位同意，报使用单位上级主管部门审批，向发放"压力容器使用证"的安全监察机构备案后，方可推迟或免除。对无法进行全面检验和耐压试验或不能按期进行内外部检验和耐压试验压力容器，使用单位均应制定可靠的监护和抢险措施。

三、压力管道定期检验

工业管道是具有爆炸危险的特种承压设备，承受着高压、高温、低温、易燃、易爆、有毒或腐蚀介质，一旦发生爆炸或泄漏，往往并发火灾、二次爆炸与中毒等灾难性事故，造成严重的环境污染，并造成巨大损失和危害。

参考文献

[1] 方久文 . 燃煤锅炉运行技术 [M]. 西安：陕西科学技术出版社，2021.

[2] 陈刚 . 锅炉原理 第 2 版 [M]. 武汉：华中科技大学出版社，2021.

[3] 程显峰 . 锅炉节能减排技术 [M]. 哈尔滨：哈尔滨工程大学出版社，2021.

[4] 陈丽霞，谢新 . 电厂锅炉设备及运行 [M]. 北京：机械工业出版社，2021.

[5] 黄中 . 循环流化床锅炉技术标准与应用 [M]. 北京：中国电力出版社，2021.

[6] 李勇 . 互联网 + 工业锅炉制造质量控制与溯源 [M]. 郑州：黄河水利出版社，2021.

[7] 陆慧林，刘国栋，刘欢鹏 . 工业锅炉水动力学及锅内设备 [M]. 哈尔滨：哈尔滨工业大学出版社，2021.

[8] 白良成，徐文龙 . 生活垃圾焚烧锅炉工程基础 [M]. 北京：中国建筑工业出版社，2021.

[9] 陶永明 . 锅壳式燃油燃气锅炉原理与设计 [M]. 苏州：苏州大学出版社，2021.

[10] 张顺林 . 神华煤性能及锅炉燃用技术问答 [M]. 北京：中国电力出版社，2021.

[11] 刘洋，范海波 . 锅炉水工系统技术 [M]. 哈尔滨：哈尔滨工程大学出版社，2020.

[12] 李之光，梁耀东，张仲敏 . 锅炉工程强度 [M]. 北京：中国标准出版社，2020.

[13] 王前，姜燕霞 . 锅炉设备及运行 [M]. 哈尔滨：哈尔滨工业大学出版社，2020.

[14] 刘洋，白凤臣 . 锅炉招投标与验评 [M]. 哈尔滨：哈尔滨工程大学出版社，2020.

[15] 朱跃 . 火电厂锅炉设备运行维护与升级改造关键技术 [M]. 北京：中国电力出版社，2020.

[16] 郭俊杰 . 动力设备拆装 [M]. 大连：大连海事大学出版社，2020.

[17] 张栓成 . 锅炉水处理技术 [M]. 郑州：黄河水利出版社，2019.

[18] 何方，郭迎利 . 电厂锅炉设备及运行 [M]. 北京：中国电力出版社，2019.

[19] 刘洋，张福强 . 锅炉设备制造技术 [M]. 哈尔滨：哈尔滨工程大学出版社，2019.

[20] 苏磊，范红途 . 锅炉课程设计指导 [M]. 南京：南京大学出版社，2019.

[21] 刘海力，林道光，许君 . 生物质锅炉技术 [M]. 北京：中国水利水电出版社，2019.

[22] 党林贵 . 工业锅炉设备与检验 [M]. 郑州：河南科学技术出版社，2019.

[23] 刘洋 . 锅炉设备安装技术 [M]. 哈尔滨：哈尔滨工程大学出版社，2019.

[24] 姜建华 . 工业锅炉检验检测技术 [M]. 长春：东北师范大学出版社，2019.

[25] 陈超，张硕 . 锅炉运行维护与检修技术 [M]. 北京：北京工业大学出版社，2019.

[26] 赵振宁，张清峰，李战国 . 电站锅炉及其辅机性能试验 [M]. 北京：中国电力出版社，2019.

[27] 朱志平 . 锅炉补给水中有机物去除技术 [M]. 北京：化学工业出版社，2019.

[28] 李伟忠，许建国 . 工业锅炉安全操作与节能技术 [M]. 杭州：浙江科学技术出版社，2019.

[29] 彭小兰，刘志强，黄霄 . 锅炉炉管泄漏检测方法及装置研究 [M]. 北京：机械工业出版社，2018.

[30] 崔艳华，郭吉鸿，刘海燕 . 锅炉设备与运行 第 2 版 [M]. 北京：化学工业出版社，2018.

[31] 韩沐昕 . 锅炉及其附属设备 [M]. 北京：中国建筑工业出版社，2018.

[32] 刘彤 . 电站锅炉运行特性 [M]. 北京：中国电力出版社，2018.

[33] 高雷，韩秀秀 . 工业锅炉水处理技术 [M]. 长春：吉林大学出版社，2018.

[34] 柴景起，孟祥泽，王建新 . 循环流化床锅炉设备及运行 [M]. 北京：中国电力出版社，2018.

[35] 杨申仲，岳云飞，王小林 . 工业锅炉管理与维护问答 第 2 版 [M]. 北京：机械工业出版社，2018.